日本图解机械工学入门系列

从零开始学 机械控制

（原著第2版）

（日）宇津木谕◎著

王明贤◎译

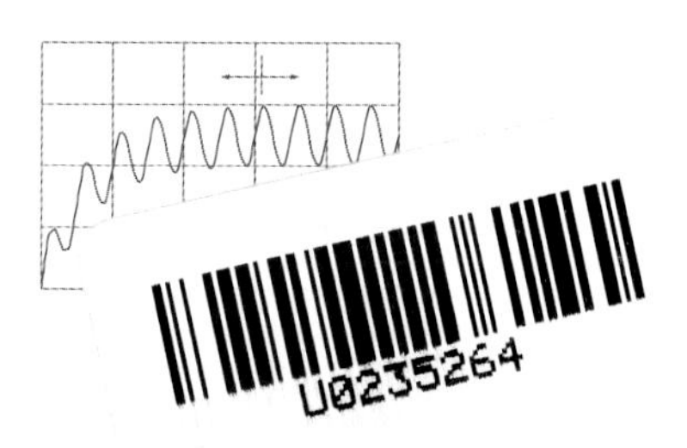

化学工业出版社

·北京·

内 容 简 介

该书从机械工程控制的基础理论入手，通过图解的形式，描述了拉普拉斯变换、典型环节传递函数的分析方法、反馈控制、控制系统的结构图、瞬态响应、频率响应等。该书理念先进，形式活泼，图文并茂，通俗易懂。书中每个知识点后面都设有例题，并给出了题目分析和解答的详细步骤，易于理解。每章后还附有习题，书后有习题解答，可供读者巩固学习和参考之用。

本书适合普通本科非机械类、高职机械类专业的学生阅读，也适合对相关知识感兴趣的自学者阅读。

Original Japanese Language edition
ETOKI DE WAKARU KIKAI SEIGYO (DAI 2 HAN)
by Satoshi Utsugi

Published by Ohmsha, Ltd.
Chinese translation rights in simplified characters arrangement with Ohmsha, Ltd.
through Japan UNI Agency, Inc., Tokyo

北京市版权局著作权合同登记号：01-2020-5200

图书在版编目（CIP）数据

从零开始学机械控制/（日）宇津木谕著；王明贤译. —北京：化学工业出版社，2022.2（2024.6重印）
（日本图解机械工学入门系列）
ISBN 978-7-122-40534-0

Ⅰ.①从… Ⅱ.①宇… ②王… Ⅲ.①机械工程-控制系统-图解 Ⅳ.①TH-39

中国版本图书馆CIP数据核字（2022）第000225号

责任编辑：王　烨　　　　装帧设计：王晓宇
责任校对：李雨晴

出版发行：化学工业出版社（北京市东城区青年湖南街13号　邮政编码100011）
印　　刷：三河市航远印刷有限公司
装　　订：三河市宇新装订厂
710mm×1000mm　1/16　印张13¾　字数264千字　2024年6月北京第1版第3次印刷

购书咨询：010-64518888　　　　售后服务：010-64518899
网　　址：http://www.cip.com.cn
凡购买本书，如有缺损质量问题，本社销售中心负责调换。

定　　价：59.80元　

原著第2版前言

本书自第1版发行以来，有幸获得大家的认同而多次重印，并得到这次修订的机会。

当今社会，自动控制已经成为工厂中的机械设备和装置、飞机、火箭等必不可少的功能，即使是对在日常生活中不可或缺的家用电器和汽车等而言也是如此。人们对控制的认识也已经从原来的“有这一功能更好”转变为“就应该具备这一功能”。甚至可以认为我们所能见到的机械或器具已经离不开控制的应用。一般来说，我们由这些装置的控制状况会联想到计算机控制，但是在机械或者电气等工程领域中，控制是指对位移、速度、电压、电流、温度以及压力等“物理量”进行控制的一种方法。在这类控制中也采用和普及微机等计算机，但需要注意的是自动控制理论构成了控制的基石。然而由于控制理论严重依赖于数学，所以往往给初始学习控制的人带来困惑。

因此，本书所涉及的范围是机械工程控制的基础内容，而且尽可能简单易懂地阐述，并精心配置插图进行解释说明。

在此修订之际，笔者参考了读者以前反馈的宝贵意见和指导，重新探讨了表达方式和内容。此外，在各章的内容之后都布置了练习题，希望读者通过自己努力地解答练习题，确认对本章内容的理解程度。期望读者通过对本书的学习，能对机械控制工程产生兴趣。

最后，本书此次修订，笔者得到了恪尽职守的欧姆出版社及同公司书籍编辑部的各位的莫大支持，在此由衷地向他们表示感谢。

作者

2018年7月

原著第1版前言

通常，机械是由众多的零部件组合而成，为了将外部提供的动力有效地转换为功，各构件之间进行着相对而且固定的运动。为了提高机械运动的精确程度并切实将动力有效地转换为功，需要进行机械控制。另外，用于制造机械装置的机床或设备等也需要利用控制技术。控制是指“为达到某种目的，对控制对象施加所需的操纵”，能够自动完成这一操纵的就是自动控制。控制这一概念历史悠久，如水表在公元前就已被单纯地应用在流量控制中，但是直到18世纪中叶，得益于英国工业革命的发生，自动控制技术才取得最迅速的发展。甚至可以说，詹姆斯·瓦特发明的用于保持蒸汽机转速的离心调速器是控制技术的起点。现如今，控制技术已从简单的控制方式发展到精度更高的控制方式，从机械式控制向电子式控制、计算机控制以及微机控制发展。

本书的第1章，介绍了应用在机械工程领域的自动控制的类型和基本概况。从第2章开始，为了理解机械工程控制中最常用的反馈控制，解释说明了拉普拉斯变换、拉普拉斯变换表的使用方法、典型环节传递函数的分析方法、采用图解方法分析控制系统的结构框图、瞬态响应以及频率响应等，进而阐述了在实际反馈控制系统中不可或缺的PID控制方法、控制系统中必不可少的传感器和驱动器的基础知识等。

在学习机械工程控制理论的基本知识方面，三角函数和拉普拉斯变换等是非常方便的工具，也是一定会用到的。所以，本书按照具有高中毕业程度数学知识的人也能够读懂的原则进行编写，并使用插图进行解释说明。希望本书的读者至少能够对机械控制技术产生兴趣。

最后，在本书的出版过程中，笔者得到了欧姆出版社的各位的帮助，在此由衷地向他们表示感谢。

作者

2006年8月

目　录

第4章 方框图

第5章 瞬态响应

第6章 频率响应

第7章 反馈控制系统

第8章 传感器和驱动器的基础

第 1 章

机械工程控制概述

控制是指通过适当的调整，而使机床、机械设备以及化学装置等能够按照预期设定的目标状态运行。

例如，对没有采用控制的制暖装置而言，它的温度会上升，直到与周围环境温度达到平衡的状态，而在制冷装置运转时，它的温度下降情况也是如此。因此，为了使居住环境更加美好，控制系统在制冷装置和制暖装置中都是至关重要的。另外，在当今的汽车中，自动控制已成为动力辅助（助力）的转向机构（即动力转向）、悬架以及制动系统等装置中必不可少的环节。

在本章中，我们将理清机械工程领域中应用控制的必要性，并就控制的类型以及基本概念进行说明。首先需要了解自动控制的基本概况。

1.1 控制的必要性

控制就是如你所愿地达到所需的要求

❶ 舒适的空调制暖和制冷需要控制。
❷ 动力辅助（助力系统）需要控制。
❸ 为保持动力机械的恒定转速需要控制。

在使用简单的电加热器进行供暖或者加热（图1.1）时，温度会一直上升到发热量与空间的温度达到平衡为止。另外，在使用冷却装置进行制冷时，温度会一直下降到制冷能力与空间的温度达到平衡为止。也就是说，如果不控制电加热器的电流或制冷装置输出的话，温度都会达到各自的极限（供暖时的极限温度或者制冷时的极限温度）。无论哪种情况，如果要将房间内的温度保持在某一恒定温度（设定温度）的一定范围内，就需要采取某种控制措施。在我们的日常生活中就有很多这样需要进行温度控制的事例。例如，浴池（特指加热式浴缸）、电热水壶、空调以及电冰箱等。也许有人认为，采用手动控制（重新燃火等）也能够实现浴池的温度控制，但自动控制在高精度的控制方面是必不可少的。

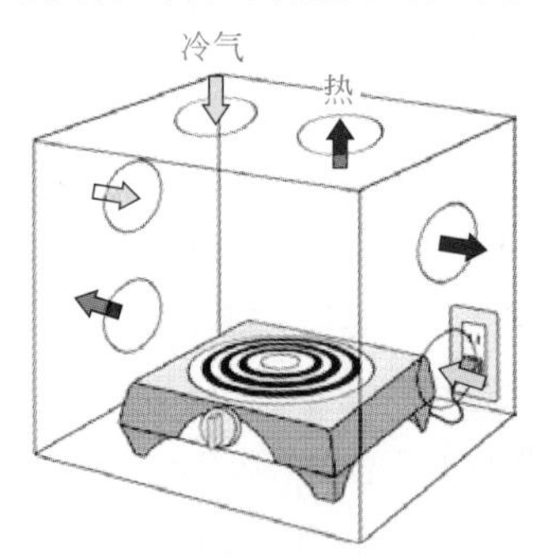

图1.1　使用电加热器的房间供暖示意图

图1.2所示的是蒸汽机的工作原理：锅炉内产生的蒸汽从位于上部的蒸汽入口进入，通过滑阀装置进入汽缸内，推动活塞运动。滑阀装置是能够实现交替改变蒸汽入口和出口的装置，使活塞能够在左右方向上进行移动。据说人类最早的原动机就是这样的蒸汽机，当时它是作为推动磨小麦的磨以及水泵等的动力源使用的。但是，在这种蒸汽机中，输出轴的转速是随着蒸汽的流量增加而变快的。因此，在通过锅炉使蒸汽直接流入汽缸的情况下，就不能按照用途适当地调整转

动速度。也就是说，为了获得适当的转速，就需要控制蒸汽的流入量。

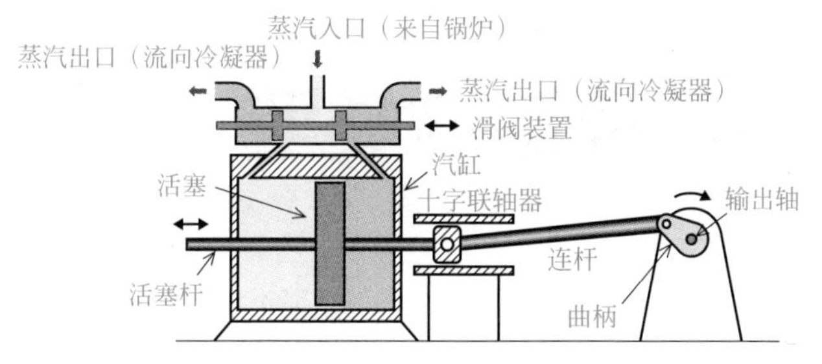

图1.2　蒸汽机的原理示意图

进而，在高温状态、极低温状态以及其他操作人员不能轻易进入的原子炉内或者下水管道等场合下，对所使用的机器设备和装置等采用远程遥控或者自动控制是必不可少的。

另外，自汽车诞生以来，随着汽车的普及和安全性的强化以及车辆重量的增加，汽车也逐步使用更宽的轮胎。进而，从性别无差异化和省力化驾驶的观念出发，需要能够以更小的力进行操作的动力辅助装置（助力机构）。

事实上，几乎所有车辆的转向机构（即转向装置，正式名称为操纵装置）都带有动力辅助装置（图1.3）。转向机构是指当转动方向盘时，运动通过连杆机构传递给传动件（齿轮和齿条或者滚珠丝杠），并能够改变轮胎方向的装置。例如，当向右转动方向盘时，动力辅助装置不需要操作者使用较大的转动力矩就能辅助轮胎按照要求的角度向右转动，但绝对不可转过头。

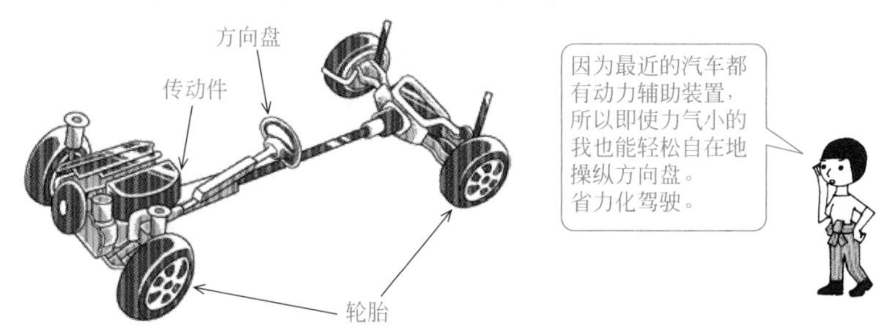

图1.3　汽车转向机构（转向装置）的原理示意图

正如示例所示，为了如你所愿自由而且安全地操纵机械设备或装置，使其能够以适当的状态进行运转，就需要进行调节，这就是控制。

1.2

机械自动控制的类型

在我们的身边到处都存在控制措施

❶ 按照规定的顺序所进行的控制属于顺序控制。
❷ 基于判断的结果所进行的控制属于反馈控制。
❸ 过程控制是反馈控制的一种。

(1) 顺序控制

顺序控制是一种按照预先确定的顺序或条件进行控制的方法。图1.4所示的路口信号灯也是按顺序进行的控制。单个信号灯通常按照图1.5所示的顺序进行信号灯(或LED)的点亮。

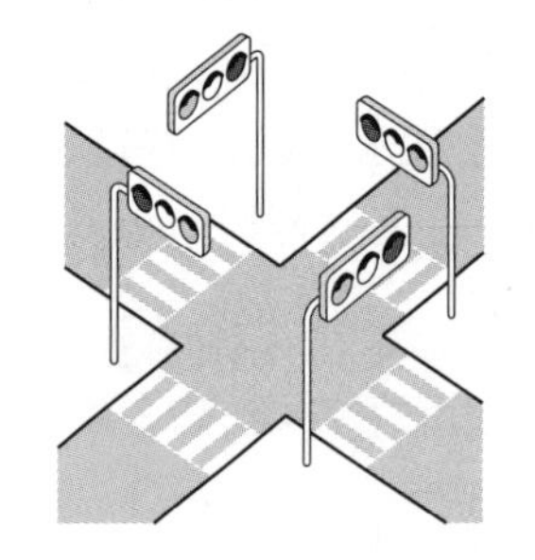

图1.4 顺序控制的信号灯

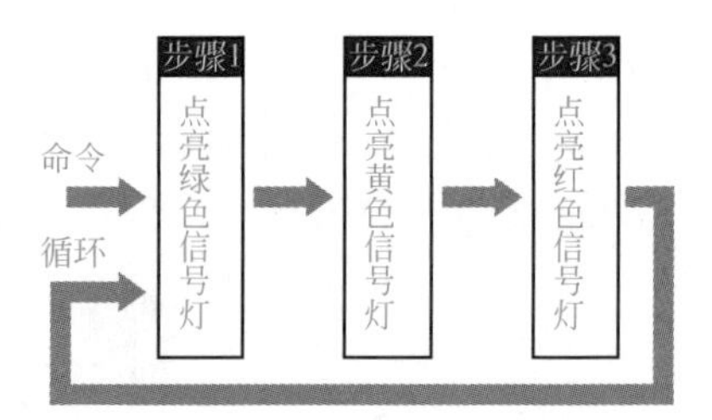

图1.5 信号灯点亮的顺序

在现实中的交通路口,执行的规则是汽车交互通行,或者如行人通行专用信号灯或人车分离路口那样只允许行人通行。另外,按键式行人过街信号灯系统执行的是使按键方向的人行信号灯变绿,或者使汽车通行方向的信号灯变绿。进而,还有按照交通流量进行信号灯控制等的方式。对顺序控制的详细解说将在第1.3节进行。

(2) 反馈控制

反馈控制是机械控制中最基本的控制方法,是“不管怎样先尝试一下看看,然后基于其结果再进行完善”的控制方法。现以图1.6(a)所示的保温电热水壶为例进行说明。先向保温电热水壶中灌入水,并将水壶的加热器通电。在这之后,测量(检测、反馈)出水壶中的热水温度(控制量)。控制装置给出的执行指令是若壶中热水温度高于设定温度的话，加热器就断电并进行自然冷却；反之，若壶中热水温度低于设定温度的话，加热器就通电并进行加热。

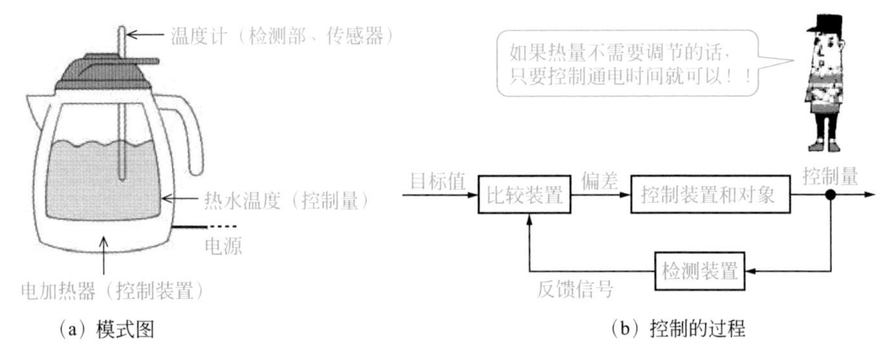

（a）模式图 （b）控制的过程

图1.6 保温电热水壶的保温流程示意

因此，这种控制方式的特点就是：即使有干扰因素存在（在保温电热水壶的场合，干扰控制的外界因素有外部温度及其变化等），控制结果也不受影响。图1.6（b）是图1.6（a）所示控制模式的方框图。对反馈控制的详细解说将在第1.4节进行。

（3）前馈控制

前面讲述的反馈控制是需要不断检测其控制量并反馈到控制系统中的，因此，在抗拒无法预测的干扰能力强的方面，存在着控制时间变长的缺点。例如，在基本上不存在干扰的控制系统或者从经验上可以预测到干扰存在的场合，就没有必要特意地去设定反馈控制。在这种场合下，如果假设可以预测到干扰，就可以通过目标值的设定，如预期的那样实现快速的控制。这种控制方法就是前馈控制。

我们以图1.6为例，此时的前馈控制就可以不采用通常一边检测热水温度一边进行加热量调整的方式，而是采用根据过去的经验，依据季节和使用地区以及昼夜等的时间来进行判断，从而提前设定通电和加温时间的控制方式。人们抓取物品的行为虽然不属于机械范畴，但是，这也是人类根据经验进行的与前馈控制类似的动作调整。

（4）过程控制

过程控制是指在从原油中提炼出煤油、柴油以及汽油等的炼油厂，以及诸如化学工业的工厂中所采用的控制方法。如图1.7所示，当通过化学反应由2种原料（A和B）获得合成材料C时，反应结果的纯度或浓度等信息无法在瞬间进行反馈。因此，将我们认为影响反应结果（纯度或浓度）的液体量、温度以及压力等作为控制变量，进行部分影响因素的反馈控制，这从设备整体的角度上使自动运转成为可能，而且作为反应结果的产品纯度或浓度也似乎能达到目标值。这种控制方法就是过程控制。

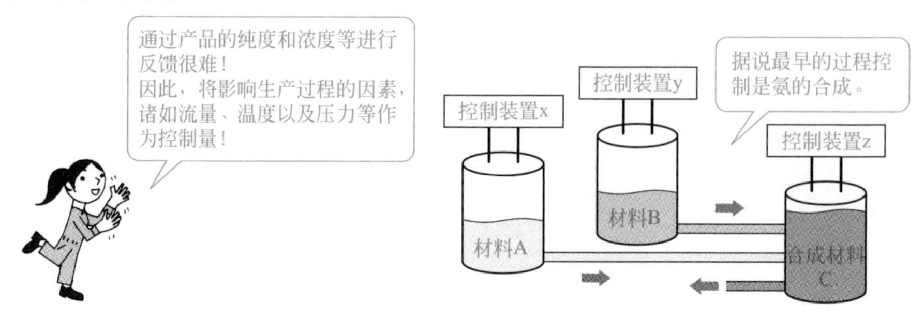

通过产品的纯度和浓度等进行反馈很难！

控制装置x
控制装置y
据说最早的过程控制是氨的合成。
控制装置z

图1.7　化学装置的示例

(5) 计算机控制

在一般的机器和机械装置控制中，虽然计算机［使用图1.8所示的MPU微处理器或者PC（即“个人计算机”）等］并不是必需的，但是，在需要更准确和精密的控制或对多台机器实行统一控制的场合，使用计算机进行控制通常都是不可缺少的。

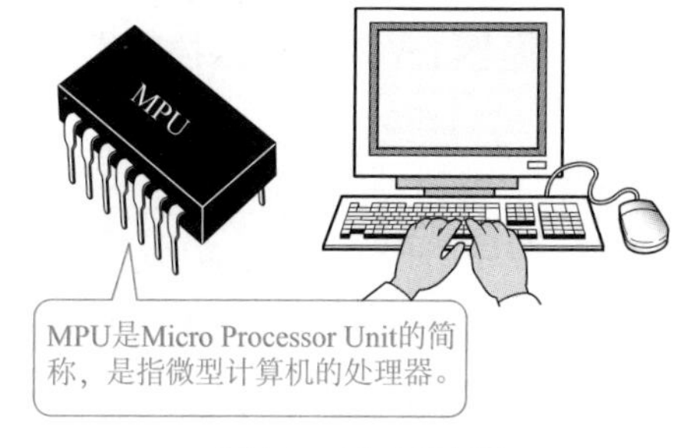

MPU
MPU是Micro Processor Unit的简称，是指微型计算机的处理器。

图1.8　MPU和PC

在大多数的场合，计算机控制的关注点是计算机能处理的信号是数字信号（离散量）。顺序控制由于通常采用开-闭控制，所以使用容易。在反馈控制中，由于处理的是诸如电压、电流以及位移等模拟量（连续量），所以为了能够通过计算机来处理这些模拟量，需要使用将模拟量转变成数字量的变换装置即A/D变换器和与之相反的D/A变换器等。

计算机控制的优点是控制系统的主体是软件（程序），因此，对所控制内容的随时变更和复杂的控制都可以方便进行。因此，现在的大多数机器和机械装置都使用计算机控制，即使说如今的机器人和汽车等都是计算机控制的集成也不过分。

(6) 模糊控制

“模糊（fuzzy）”意味着“不清晰”。在通常的控制中，使用的一般都是基于“0”和“1”的数字的控制方法，没有相对设定值为“略微多”或者“略微少”这样的考虑方法。因而，模糊控制是基于人所感觉的表现，这是基于模糊理论，将模拟量的“略微污浊”“略微多”以及“略微少”这种模棱两可的想法引入到控制中的一种控制方法。

全自动洗衣机是顺序控制的代表性产品，但在部分产品中也应用了模糊控制方法。另外，电饭锅和空调以及抽水马桶的自动清洁系统等也应用了模糊控制方法。

（7）鲁棒控制

“鲁棒（robust）”具有“强健”或者“牢固”等的意义。图1.9是通用的汽车悬挂装置的机构原理示意图。悬挂装置由弹簧和缓冲器构成，用于吸收车体的振动。但是，只靠弹簧和缓冲器的调节，就使汽车兼备乘坐舒适性和好的操作性能是困难的。于是，采用鲁棒控制的主动悬挂机构就出现了，这是采用液压缸（如图1.9所示）取代弹簧和缓冲器，计算机依据驾驶操作进行液压缸的控制。

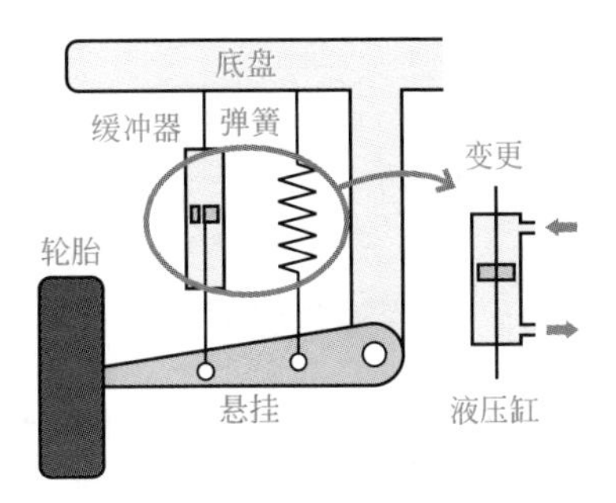

图1.9 汽车的悬挂机构

鲁棒控制是一种新的控制方法，被应用于新干线等的悬挂机构、钢铁生产流程以及电动机等的控制系统。

1.3 顺序控制

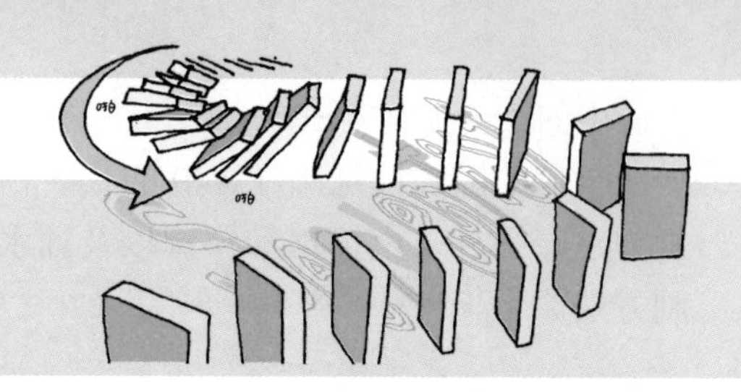

顺序决定多米诺骨牌倒下的时机

❶ 顺序控制是按照预先设定的顺序和条件进行的控制。
❷ 顺序控制的基础是AND、OR以及NOT逻辑回路。

(1) 顺序控制概述

顺序控制是指按照某种条件或时间顺序执行所设定动作的控制方法。它通常用于企业的生产线、化学工厂的原料输送线以及机床等的工具交换装置，日常生活中常见的自动售卖机、全自动洗衣机以及交通信号灯等也是利用这种控制方法。另外，在机械和系统的紧急情况以及故障时的应急处理场合，如关机处理等，也采用了顺序控制。最初的顺序控制是通过继电器（一种电控制器件，通过电气回路控制其中的开关进行自动闭合）的组合构成，最近越来越多的是采用专用控制器的程序控制器（程序和控制器）。

产生这种变化的理由之一是在继电器回路中，实际的控制电路要通过接线作为硬件组成回路，但是在程序控制器回路中，是以软件的形式构成控制电路，因此逻辑的变更只需进行程序的更改，非常简单方便。

(2) 基本逻辑回路

细化顺序控制的状态，就会得到开和关，或者0和1这样数字化的二值逻辑命题。这就是说，在顺序控制中，系统由AND（逻辑值）回路、OR（逻辑值）回路，以及NOT（逻辑值）回路这三种基本回路组成。这样的回路虽然是开和关的简单组合，但通过这种简单回路的组合也能构成复杂的逻辑回路。图1.10为基本回路的继电器开关图。

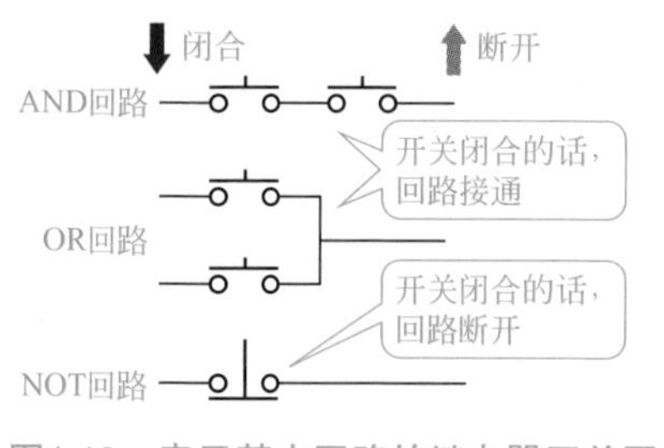

图1.10　表示基本回路的继电器开关图

① AND（逻辑值）回路。两个开关串联配置，只在两个开关都闭合的场合下回路才能接通。

② OR（逻辑值）回路。两个开关并联配置，当任意一个开关闭合时，回路就能接通。

③ NOT（逻辑值）回路。在开关断开的场合，回路接通，而在开关闭合的场合，回路断开。

（3）控制系统的组成

顺序控制系统如图1.11所示，由控制指令处理器、驱动处理器、执行装置以及检查处理器等四个部分组成。现在以自动售卖机为例，进行各构成部分的功能说明。

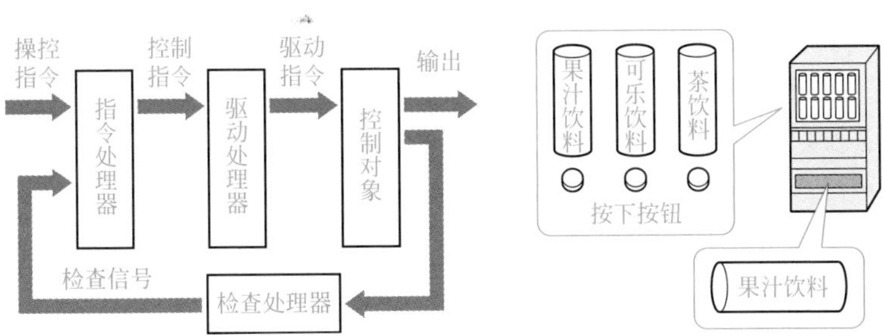

图1.11 顺序控制的组成和自动售卖机

① 控制指令处理器。在自动售卖机中，对应被按下的商品按钮，控制指令处理器向驱动处理器发出弹送这一商品的指令。也就是说，控制指令处理器是按照被按下的按钮而发出指令（对应检查处理器输出结果的控制命令）的装置。

② 驱动处理器。驱动处理器接收到指令，使对应商品的挡板或者调节板等工作。也就是说，驱动处理器是接收到来自控制指令处理器的控制指令后，立即使驱动装置进行相应运动的装置。为了直接控制控制对象，需要将控制指令信号进行功率放大和转换（转换为电信号、位移、液压或气压等），而后进行驱动。

③ 执行装置。在自动售卖机中，执行装置负责完成向取货口弹出商品这一动作。也就是说，执行装置接受驱动处理器装置的驱动并实际执行具体的操作，即进行“机械式的动作”。

④ 检查处理器。对自动售卖机而言，检查处理器负责检查投入的金额和某种商品按钮是否被按压等信息，并将检查结果传送给控制指令处理器。也就是说，检查处理器是对使机械动作的条件进行判断的装置。

（4）顺序控制的控制方式

在顺序控制的各组成装置中，所执行的控制是顺序控制、条件顺序控制、时间顺序控制和计数控制的组合。

① 顺序控制。顺序控制是将控制中最基本的机械动作按照“什么样的顺序执行”，各个执行机构则按照顺序有秩序地进行操作。对自动售卖机而言，是按照售卖商品有无的确认、货币的投入、商品的选择、商品的投放以及下一个商品的

准备这样的顺序进行。

② 条件顺序控制。条件顺序控制是指预先制定出能够确认执行所规定动作的条件，并且在这一条件满足之前，使机械一直保持停止动作的状态。这样的条件包含贩卖商品的有无、所找零钱的有无，以及与贩卖商品相关联的一系列操控是否可行等（图1.12）。

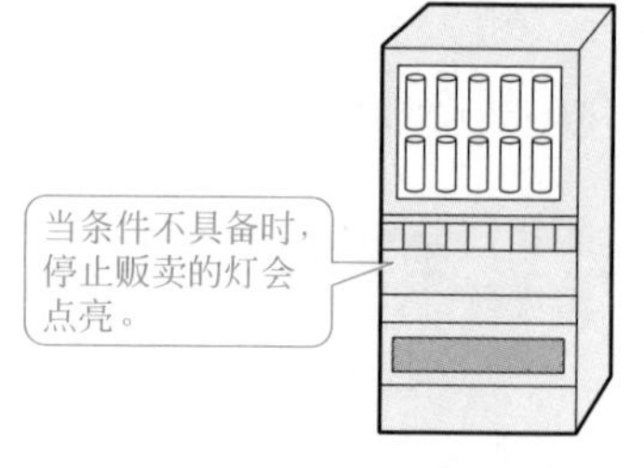

当条件不具备时，停止贩卖的灯会点亮。

图1.12 条件顺序控制

③ 时间顺序控制和计数控制。时间顺序控制和计数控制是指按照时刻、经过的时间、个数以及执行次数等的时间或计数方式控制机械的方法。例如，对自动售卖机而言，在贩卖某种商品时需要考虑的条件有研磨、蒸煮以及滴漏等需要花费的时间，或者到某一时刻就停止贩卖，或者一次性购买多个相同商品等。另外，对自动洗衣机而言，对洗涤时间、漂洗时间以及脱水时间等的控制也属于这种情况。

我们通过以上的说明知道，顺序控制是采用闭合、断开以及条件等的顺序组合而构成的软件式控制。顺序控制是自动控制领域的一项重要内容，但本书的重点放在接通电源或者改变目标值时“机械将如何随着时间进行变化”或者“在时间的变化过程中产生影响的因素是什么”等问题，因此，有关顺序控制的说明就介绍到这种程度。

专栏 顺序控制和反馈控制的区别

[顺序控制]

工作原理：如图1.13所示，在水箱上设置有水位的上限限位开关和下限限位开关，一旦水位到达下限值，自来水的水龙头就会开启，而当水位到达上限值时，自来水的水龙头就会关闭。

现象：如果流量为$Q_1>Q_2$，水位就会在上限和下限之间浮动。如果使上限和下限的限位开关相互接近，似乎水位就不会大幅度地上下变动，但是，实际的控制精度受到限位开关和水龙头的灵敏度以及流量大小的影响。

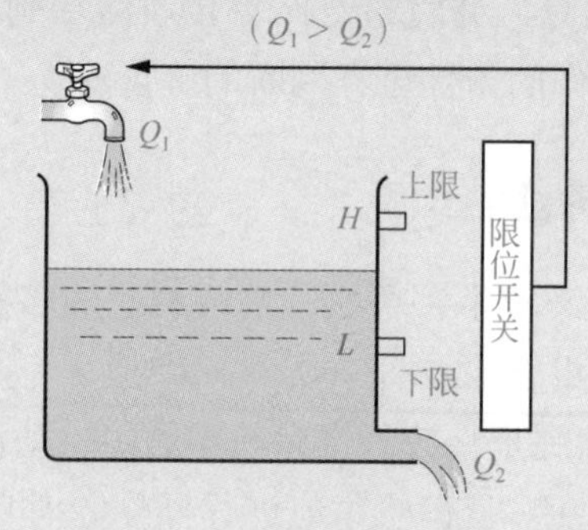

图1.13 采用开关的液面控制

［反馈控制］

工作原理：如图1.14所示，在水箱中设置以水位上限为目标值的液位传感器。如果水位低于目标值，自来水的水龙头就开启；当水位接近目标值时，水龙头就减小开口度，并最终关闭。

现象：如果流量为$Q_1 > Q_2$，水位就在上限（目标值）和略微低于目标值的水位之间浮动。这种控制方法的控制精度取决于传感器的灵敏度和水龙头的感应度以及流量。期待这种控制方法能够实现更高的控制精度。

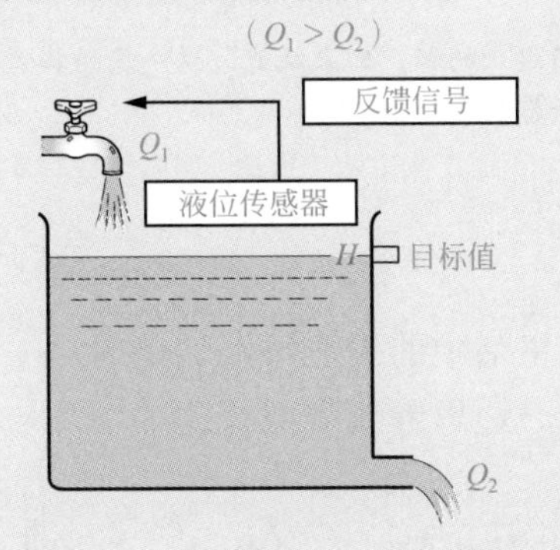

图1.14　采用传感器的液面控制

1.4

反馈控制

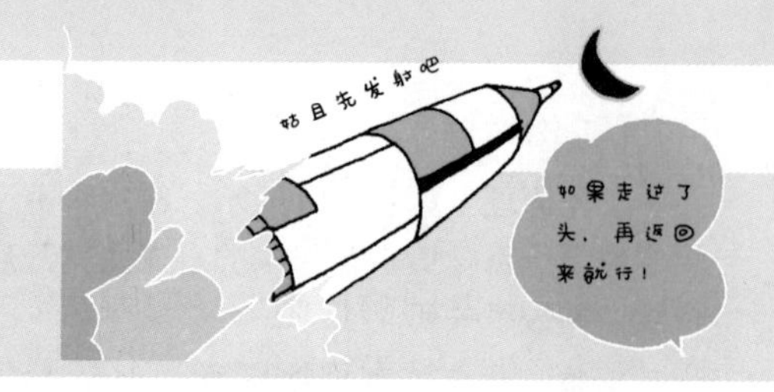

姑且先试一下，如果行过头的话，回来就好

❶ 反馈控制是基于“行过头的话，回来就好”这一思维模式。

❷ 反馈控制抵御外界干扰的能力强。

（1）反馈控制

让我们一边回想日常生活中的加热浴缸和保温电热水壶等的事例，一边思考温度控制这一问题。

加热浴缸中适宜的水温一般是在（40±2)℃左右。另外，保温电热水壶的设定温度是根据热水的使用目的（例如用于冲婴儿奶粉、用于泡茶或者用于泡方便面等）而宽泛地设定的，范围大约是在60～98℃之间。实际上，市场上销售的保温电热水壶一般设定有2～3个温度挡位。

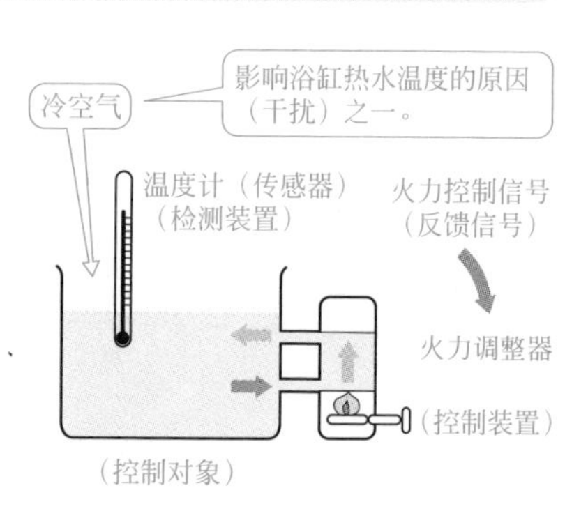

图1.15　浴缸加热的过程示意

我们以图1.15所示的加热浴缸原理图为例进行具体的分析。目标值（设定温度）是浴缸中的热水温度，假设设定为41℃。控制装置是浴缸的加热装置（也可以认为是热水器或再加热功能），控制的输出量是热能（燃烧），控制对象是加热浴缸（浴缸中的热水温度），控制量是热水的温度。

现在，假如热水温度下降到39℃，于是有：

$$偏差=目标值-控制量=41℃-39℃=2℃$$

为了减小这一温度差，将加强火力（增燃）的信号传送给控制装置。下一次测量，在热水温度变成40℃的情况下，则有：

$$偏差=目标值-控制量=41℃-40℃=1℃$$

因为温度的偏差减小，所以略微减弱火力。但是，继续加热（增燃）这样的信号仍然要传送给控制装置。理论上，这样的信号传送一直要到浴缸中的热水温度（控制量）达到41℃的状态为止。这时有：

$$偏差=目标值-控制量=41℃-41℃=0℃$$

在这种场合下，火力为0。也就是说，火力（热量）输出处于停止状态。然而，热水温度一旦下降，就会再次点火，升高热水的温度。

其次，分析图1.15所示的影响热水温度的冷气的吹入状态。来源于外部且与操纵变量无关的影响控制对象的因素称为干扰。在这种场合下的干扰，有春夏秋冬的气温变化、一天内的气温变化、自来水的温度变化以及浴室窗户开闭引起的温度变化等。在这些干扰因素存在的情况下，只采用恒定火力和以燃烧时间为被控变量的前馈控制，是不可能保持浴缸中的热水温度的。

然而，因为反馈控制是不断地对控制量与目标值进行比较，所以即使是在控制系统中存在干扰（noise）的情况下，最终的控制目标也不会受到影响。另外，如果是反馈控制的话，即使在控制过程中将目标温度从41℃变更为42℃，系统的控制也能实现。综上所述，反馈控制是能够适应干扰和目标值变更的方法，因此在机械控制中起到重要的作用。

图1.16是用符号表示图1.15所示的包含干扰的控制过程。这是控制系统中经常使用的图，被称为方框图。具体的介绍在第4章进行。

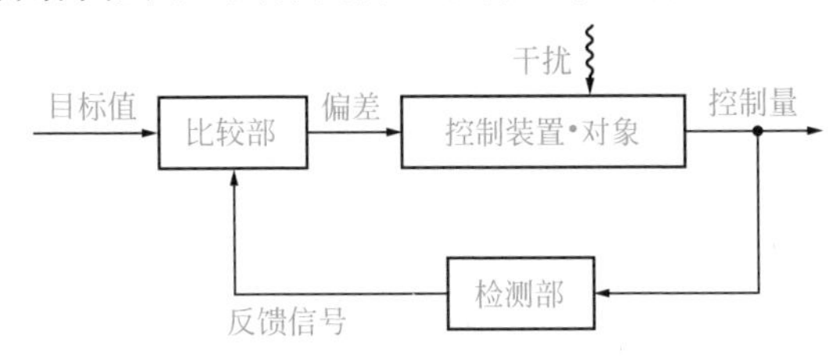

图1.16 存在干扰的某加热浴缸的加热流程

(2) 机械控制的出现

图1.17所示的是第一次工业革命时期，瓦特（J.Watt）发明的离心调速器（调节器），据说它是机械控制的起源。

在如图1.2所示的蒸汽机的初始状态下，由于没有控制系统，所以难以维持整体装置在负载下的适当转速。于是，为了能够控制水蒸气的流入量（开闭阀门），设计出了图1.17左上方所示的调速器（控制装置）。

现在，蒸汽流入图1.17所示的蒸汽机中，设蒸汽机以回转速度N进行转动。蒸汽机的转动通过齿轮和带轮等传递到调速器，砝码A在离心力的作用下向外侧张开，使离心力和作用在砝码A上的重力处于平衡状态。由于某种原因致使蒸汽的流量增加，所以蒸汽机的转动速度N加快。与此同时，调速器的转动速度N'也变快，离心力变大，砝码A进一步向外侧张开，套筒B向上移动。套筒B一开始向上运动，连接杠杆和套筒的阀（阀门）C就将下降（关闭），流入蒸汽机中的蒸汽量就开始减少，蒸汽机的转动速度就下降。而当蒸汽机的转动速度下降时，这

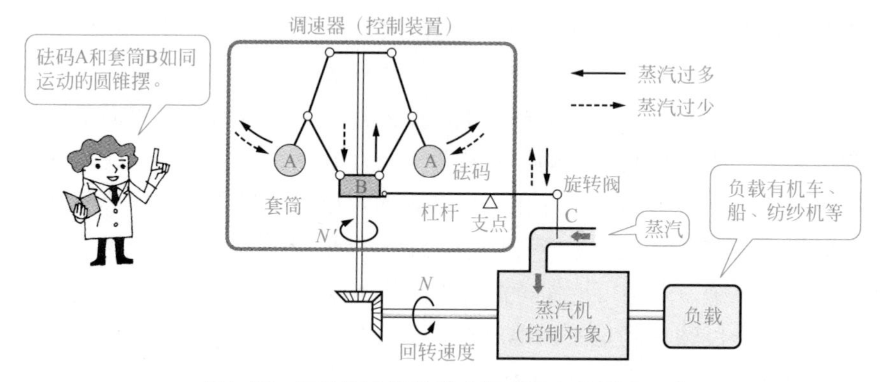

图1.17 瓦特离心调速器（调节器）的原理示意

一过程与上述的过程相反，从而使蒸汽机的转动速度上升。也就是说，这种调速机是通过砝码A的重量和安装位置以及杠杆长度等来调控蒸汽机所保持的转动速度。这种场合的转动速度是保持目标值（被控变量）为恒定值的控制，称为定值控制。

（3）伺服机构

在图1.3所示的汽车转向机构中，为了能够以微弱的力转动方向盘，可以采用增大传动机构的齿轮比、加大方向盘直径等措施。然而，这些措施都具有极限。为此，作为一个应用的实例，使用液压伺服机构（图1.18）。

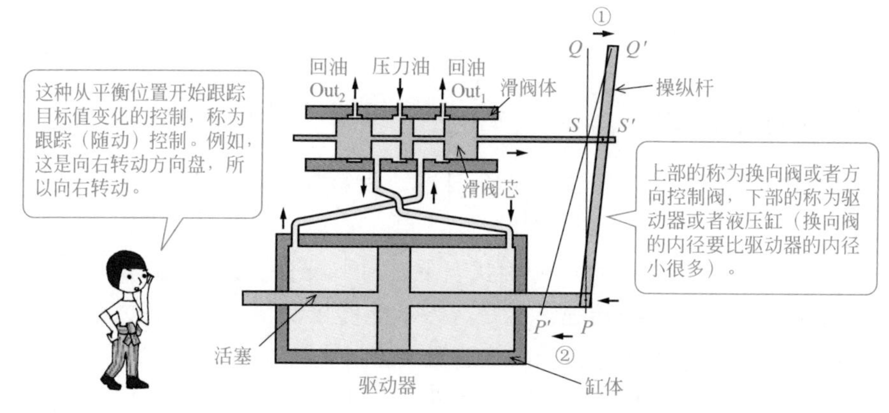

图1.18 液压伺服机构（液压式动力辅助机构的示例）

在图1.18中，设右侧的操纵杆在QP位置上，处于平衡（换向阀堵住液压油的出入口，使液压油不能流入驱动器）。在将操纵杆从Q位置拉动到Q'位置（然后固定在Q'位置）的场合，基于换向阀和驱动器缸体的大小（横截面积）比例，由于难以推动驱动器的活塞，所以以P点为支点，拉动操纵杆如$Q'P$般移动（①）。由于换向阀的移动，液压油从换向阀的左侧向驱动器流动，其结果是驱动器的活塞杆向左移动。在这种场合下，设活塞移动时的液压油压为p(Pa)，活塞的受压面积为A(m^2)，于是产生的压力为$F=Ap$(N)。这样一来，伴随着活塞杆的移动，操纵杆从$Q'P$位置向$Q'P'$位置移动（②），换向阀的阀芯从S'位置向原来的位置S移动，液压油不再流入驱动器，驱动器的活塞移动也就停止。这就是说，使用这种机构能够以较小的力为起因，诱发较大的力出现。这种机构最早应用于大型蒸汽船的方向舵驱动，后来也被应用于汽车的动力转向装置等。

如表1.1所示，伺服机构属于以位置和角度作为控制量的反馈控制。在反馈控制的场合，也将以温度、湿度以及压力等作为控制量的控制称为过程控制。

表1.1 基于控制量的反馈控制分类

控制系统	控制量
伺服机构	位置、角度等
过程控制	温度、湿度、压力、液量、液面等

在第2章以后，为了能使读者更好地深入理解反馈控制，将介绍所需的数学分析方法、方框图的应用、瞬态响应以及频率响应等。

习题

习题1 基于控制的角度分析“用单手去握住盛有饮料的杯子”这一动作，简述这一动作的着眼点。

习题2 顺序控制大致由控制指令处理器、执行装置、控制对象以及检测装置等四个部分组成。以全自动洗衣机为例，简述相当于顺序控制各组成部分的动作。

习题3 简述顺序控制和反馈控制的差别。

习题4 属于指令控制类的顺序（程序）控制、条件顺序控制、时间顺序控制以及计数控制是按照程序判断进行控制的，请分别列举3个控制的实例。

习题5 从控制的角度分析“煮饭”这一行为，简述工艺流程和特征。

习题6 从控制的角度分析将长杆立在手掌之上并保持平衡这一游戏，简述这一动作和特点。

第2章

机械控制系统的分析方法

在进行机械设备或装置等的控制时，需要掌握任意的输入量（输入信号或控制量等）是如何变化的以及变化了多少，其控制的结果就是确定任意的输出量（输出信号或被控制量等）是如何随时间的变化而变化的。

解决这一问题的方法有实验方法和理论分析方法。

实验方法的优点在于能够验证实际的问题，所以非常有效。但是，由于需要制作实物，所以其成本也比较高，这是其缺点。另外，在进行样机试验的场合，很难实现样机的条件与实际的诸多条件都相同。

另一方面，理论分析的方法虽然存在着只能解决简单问题的局限性这一缺点，但是它能够估算大多数的实际问题，因此，这是一种有效而低成本的方法。

在本章中，我们将学习控制理论分析的拉普拉斯变换的基本知识和使用方法，但是它的应用只限于解决线性问题。

2.1 线性和非线性

控制的理论分析是从线性假设开始的

❶ 所谓的线性，简单地说就是可以叠加。
❷ 如果是线性的话，就既能进行合成也能进行分解。

线性的具体表现是对象之间能够进行叠加，或者说它们之间的相互关系可以表示为比例关系（成直线关系）。简单地说，这就意味着“叠加”这一关系在输入（原因）和输出（结果）之间成立。另一方面，非线性属于线性之外的问题，非线性问题不仅是在控制领域，在其他的场合进行数学分析时通常也都是很困难的。

如图2.1所示，当在长度为l_0的弹簧上悬挂质量为m_1的重锤时，假设弹簧的拉长为x_1；悬挂质量为m_2的重锤时，弹簧的拉长为x_2。如果弹簧是线性的话，那么在悬挂两个质量之和为（m_1+m_2）的重锤时，就能推测出弹簧的拉长是两次结果之和，即总和为x_1+x_2。

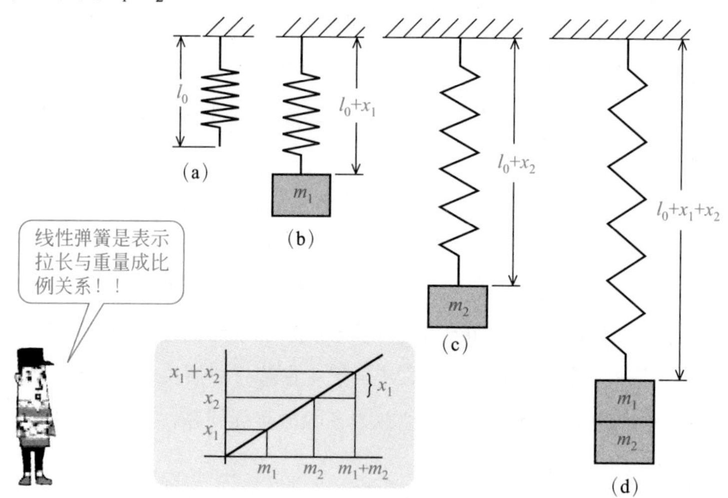

图2.1　弹簧–质量系统的叠加

但是，采用实际的弹簧进行试验，测量弹簧从无载荷的状态到悬挂重锤后的拉伸状态时，却测得如图2.2所示的变化。

在如图2.2（a）所示的载荷-拉长关系图中，在初始悬挂载荷的部分和拉长将要结束的部分，载荷和拉长之间的关系并不是线性的，即为非线性的关系。另一

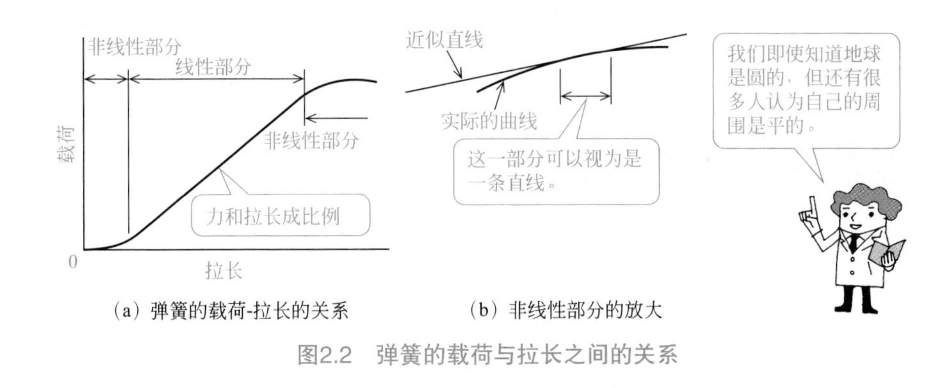

（a）弹簧的载荷-拉长的关系　（b）非线性部分的放大

图2.2　弹簧的载荷与拉长之间的关系

方面，即使是在图2.2（b）所示的非线性范围内，如果范围缩小的话，也可以将关系曲线看作直线，即将其视为线性关系也无妨。在这里，“狭小的区间”并不是绝对性的，而是基于分析对象的大小所确定的相对范围，进而根据要求的精度和误差的允许值等变化。

图2.3所示的是质量-弹簧系统的振动场合，通常将空气阻力忽略，假设质量在一条直线上（图中是上下振动）进行振动。通过这样的假设关系，系统的振动就能够用线性二阶微分方程建立，使理论上的分析成为可能。只要能够获得这个理论分析的结果，根据分析结果就能大致推测出偏离平衡位置的振动状况，这就是这种分析方法的优点。

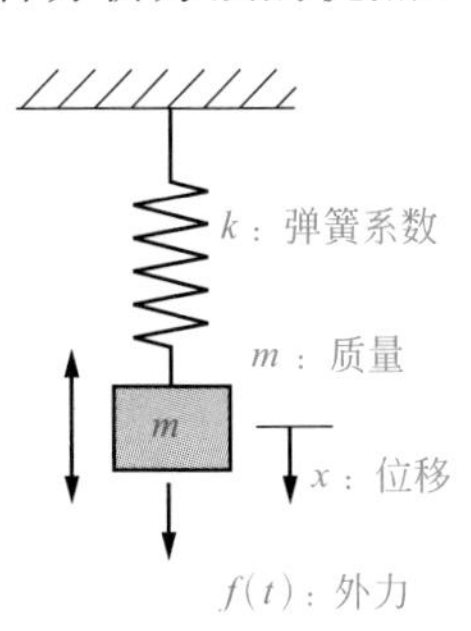

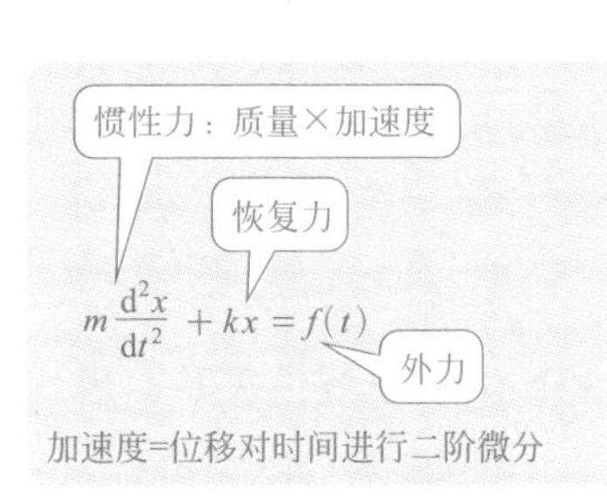

位移对时间进行一阶微分获得的是速度，进行二阶微分获得的是加速度！

图2.3　质量–弹簧系统的振动

2.2 叠加原理和应用

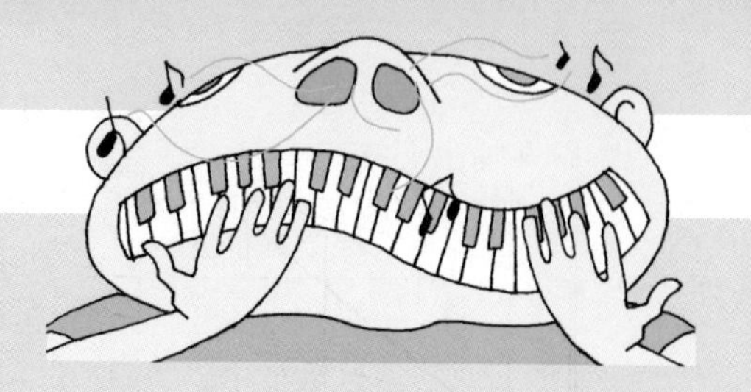

将右侧的声响与左侧的声响叠加得到的就是立体声

❶ 整体的分析是通过各单元的分析之和获得。

❷ 通过各单元的分析就能够理解和掌握各单元的特点。

在图2.4所示的电阻和电容串联连接的电路中，当分别接通两个输入电压$e_{i1}(t)$和$e_{i2}(t)$时，所获得的输出电压分别是$e_{o1}(t)$和$e_{o2}(t)$。现在，假设这时的输入电压和输出电压（即电容两端的电压）分别呈线性关系，因而叠加（加法）关系成立。

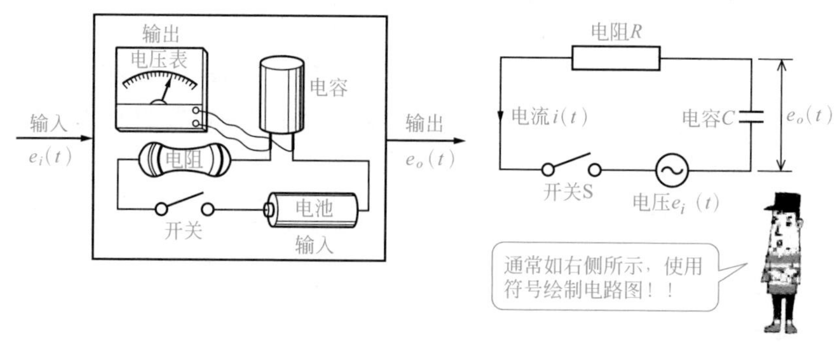

图2.4　线性系统的叠加

两个输入电压$e_{i1}(t)$和$e_{i2}(t)$若呈线性关系，也就意味着，在任意的时刻T_0，输入电压存在如下的形式：

$$e_{i1}(T_0)=a,\quad e_{i2}(T_0)=b$$

叠加的输入电压就有如下的关系成立（图2.5）：

$$e_{i3}(T_0)=e_{i1}(T_0)+e_{i2}(T_0)=a+b$$

另外，在这种场合下，如图2.6所示的输出电压在任意的时刻T_0具有如下的形式：

$$e_{o1}(T_0)=f,\quad e_{o2}(T_0)=g$$

其叠加的输出电压就可以表示为如下的关系：

$$e_{o3}(T_0)=e_{o1}(T_0)+e_{o2}(T_0)=f+g$$

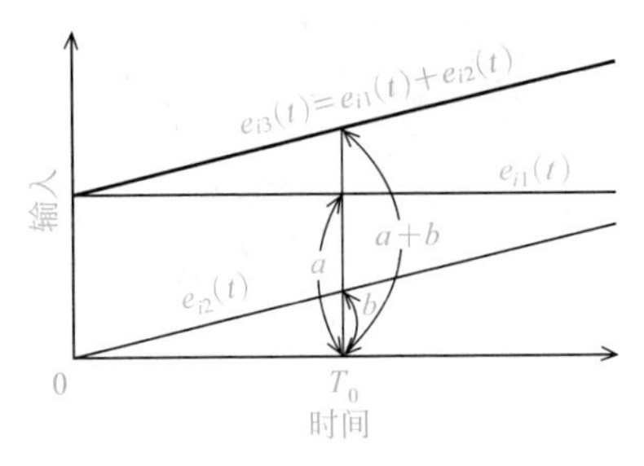

图2.5 输入信号的叠加

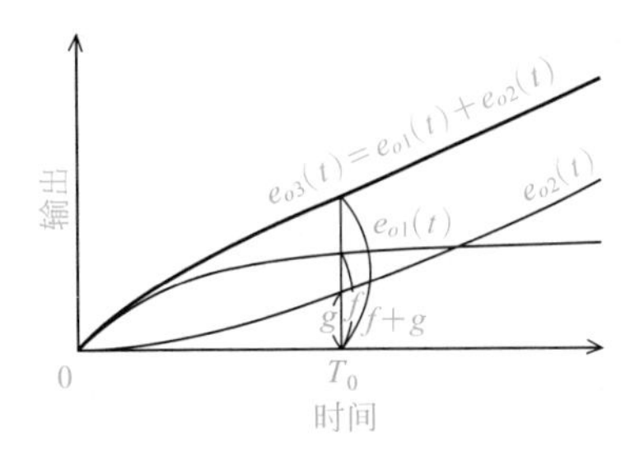

图2.6 输出信号的叠加

进而，在图2.5所示的叠加输入电压$e_{i3}(t)$接入到回路时，图2.6所示的电压$e_{o3}(t)$就是回路的输出电压。

既能单独求解，也能从总和中减去。只要选择简便的方法就行。

在理解图2.6时，需要注意的是，从输出信号随时间的变化来看，它是非线性的，但不能认定这个回路就是非线性的。在这一关系图中，虽然各输出与时间不是线性关系，但各输出之间能够进行叠加。也就是说，这个回路是线性回路。

另外，即使是在控制系统为非线性的场合，大多数情况下也是将系统作为近似的线性问题进行分析。这是因为，对于实际的问题来说，按照近似线性问题进行处理能够获知更多的控制特性，或者利用将非线性系统近似成线性系统进行求解，能够估计非线性问题的一些实际状况。

2.1 在如下的示例中，x和y的关系为线性的有哪些？

（1）$y=5x$　（2）$y=5\sqrt{x}$

解：

（1）假设当$x=x_1$时，有$y=y_1$，当$x=x_2$时，有$y=y_2$。于是有$y_1=5x_1$，$y_2=5x_2$。因此，在$x=x_1+x_2$的场合，求y的值就能得到：

$$y=5\left(x_1+x_2\right)=5x_1+5x_2=y_1+y_2$$

因此，这一计算式是线性的。

（2）类似地，当假设$x=x_1$时，有$y=y_1$，当假设$x=x_2$时，有$y=y_2$。于是有$y_1=5\sqrt{x_1}$，$y_2=5\sqrt{x_2}$。因此，在$x=x_1+x_2$的场合，求y的值就能得到：

$$y=5\sqrt{\left(x_1+x_2\right)}\neq 5\sqrt{x_1}+5\sqrt{x_2}=y_1+y_2$$

由此可见，这时的线性叠加关系不成立。

2.3

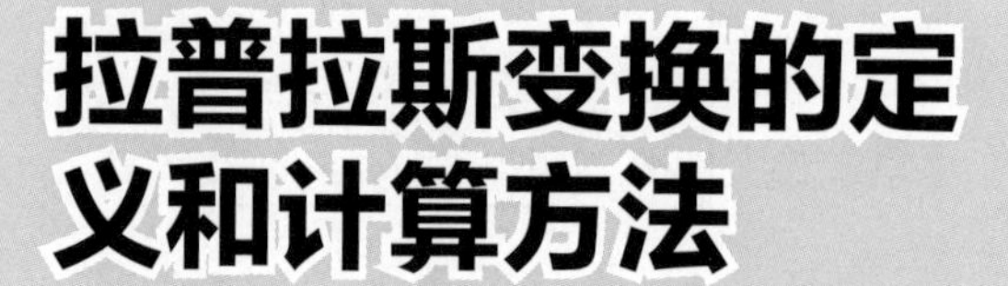

拉普拉斯变换的定义和计算方法

在经过拉普拉斯变换的频域，可以将复杂运算变得容易解决。

要点

拉普拉斯变换邀请我们进入的是复数域（频域s）

❶ 在拉普拉斯变换中，函数的定义域是$t>0$。因此，可认为函数在$t\leqslant 0$时为0。

❷ 拉普拉斯变换是对乘以e^{-st}的原函数进行定积分。

（1）拉普拉斯变换的定义

众所周知，如同图2.3所示的弹簧振动问题那样，由于随时间变化的某些问题一般都涉及速度和加速度，所以大多数场合都适用线性微分方程。拉普拉斯变换是线性微分方程的分析方法之一，利用拉普拉斯变换能够将微分方程的求解变换成简单的加减乘除计算（代数计算）。

特别是在自动控制领域，拉普拉斯变换也是求解和分析控制系统随时间变化（瞬态现象）的有效手段。

另外，拉普拉斯变换也能用于后续将学习到的传递函数和频率响应的求解。在这里，我们先学习拉普拉斯变换的方法和基于变换方法的简单计算。

首先，有一个以自变量$t>0$定义的实变函数$x(t)$，当其定积分存在时，定义$X(s)$是$x(t)$的拉普拉斯变换。

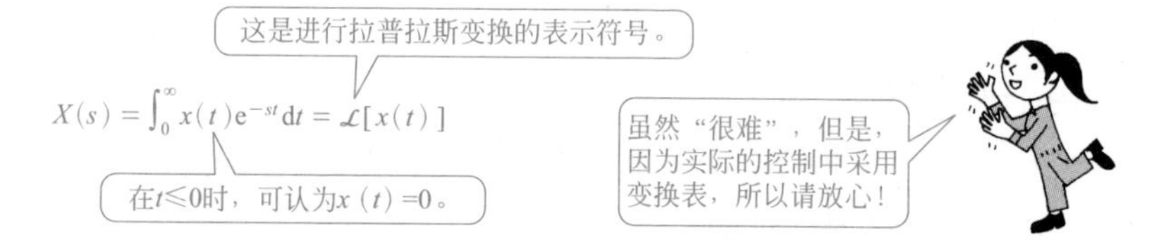
这是进行拉普拉斯变换的表示符号。
$X(s)=\int_0^{\infty} x(t)e^{-st}dt=\mathcal{L}[x(t)]$
在$t\leqslant 0$时，可认为$x(t)=0$。
虽然“很难”，但是，因为实际的控制中采用变换表，所以请放心！

在这里，公式中的$x(t)$称为原函数，一般用小写的函数表示，$X(s)$称为$x(t)$的象函数，用大写表示。另外，变量s通常是复变数。

在实际的机械或设备运转场合，将机械开关闭合的瞬间或者开始计量的瞬间定义为0时刻，这样一来，各种控制活动就与拉普拉斯变换的定义（在$t>0$时，定义原函数）一致，这一点也成为在机械控制上使用拉普拉斯变换的原因之一。

（2）拉普拉斯变换的计算方法

在控制中使用拉普拉斯变换时，通常不会进行繁杂的计算，而多数会利用拉普拉斯变换表（附录2）进行。尽管如此，如果能掌握基本的变换方法，将有利于理解方程式的变换。因此，我们在这里给出几个例题并进行实际的求解。

2.2 对下面的函数进行拉普拉斯变换。

$$x(t)=a\ (\text{常数})\quad (t>0)$$

解：

由于有$x(t)=a$（常数），所以能够按照拉普拉斯变换的定义式进行变换，有：

$$\begin{aligned}\mathcal{L}(a)&=\int_0^{\infty} a\mathrm{e}^{-st}\mathrm{d}t\\&=a\int_0^{\infty}\mathrm{e}^{-st}\mathrm{d}t\\&=a\left[-\frac{1}{s}\mathrm{e}^{-st}\right]_0^{\infty}\\&=\frac{a}{s}\end{aligned}$$

因为常数a与积分无关，所以能放到积分符号外面。

$\int \mathrm{e}^{xt}\mathrm{d}t=\frac{\mathrm{e}^{xt}}{x}$，$[\mathrm{e}^{-t}]_0^{\infty}=-1$要牢记！

2.3 进行下面函数的拉普拉斯变换。

$$x(t)=\mathrm{e}^{-at}\quad (t>0)$$

解：

由于有$x(t)=\mathrm{e}^{-at}\ (t>0)$，所以能够按照拉普拉斯变换的定义式进行变换，有：

$$\begin{aligned}\mathcal{L}(\mathrm{e}^{-at})&=\int_0^{\infty}\mathrm{e}^{-at}\mathrm{e}^{-st}\mathrm{d}t\\&=\int_0^{\infty}\mathrm{e}^{-(a+s)t}\mathrm{d}t\\&=\left[-\frac{1}{s+a}\mathrm{e}^{-(a+s)t}\right]_0^{\infty}\\&=\frac{1}{s+a}\end{aligned}$$

按指数法则进行变换。

然后，计算方法与例题2.1相同。

s是复变量，但在这种场合下能认为其是常数。

2.4 拉普拉斯变换的基本定理

只要掌握了t和s的性质，就更简单

❶ $t\to 0$和$s\to\infty$，$t\to\infty$和$s\to 0$是相互对应的。

❷ 无论是微分还是积分，通过拉普拉斯变换都将成为乘法和除法计算。

在采用拉普拉斯变换的场合，重要的基本定理汇总见表2.1，现就其内容进行简要的说明。

表 2.1　拉普拉斯变换的基本定理

项目	公式
线性（叠加）定理	$\mathcal{L}[ax_1(t)\pm bx_2(t)]=aX_1(s)\pm bX_2(s)$
	$\mathcal{L}[ax(t)]=a\mathcal{L}[x(t)]=aX(s)$
微分定理	$\mathcal{L}[x'(t)]=sX(s)-x(0)$
	$\mathcal{L}[x''(t)]=s^2X(s)-sx(0)-x'(0)$
积分定理	$\mathcal{L}\left[\int_0^t x(\tau)\mathrm{d}\tau\right]=\frac{1}{s}X(s)$
时域位移定理	$\mathcal{L}[x(t-L)]=\mathrm{e}^{-sL}X(s)\quad(L>0)$
复频域位移定理	$\mathcal{L}[\mathrm{e}^{-at}x(t)]=X(s+a)$
终值定理	$\lim\limits_{t\to\infty}x(t)=\lim\limits_{s\to 0}sX(s)$
初值定理	$\lim\limits_{t\to 0}x(t)=\lim\limits_{s\to\infty}sX(s)$
卷积定理	$\mathcal{L}\left[\int_0^t x_1(t-\tau)x_2(\tau)\mathrm{d}\tau\right]=X_1(s)X_2(s)$

在表2.1中，$x(t)$、$x_1(t)$、$x_2(t)$的拉普拉斯变换分别为$X(s)$、$X_1(s)$、$X_2(s)$。另外，$x'(t)$、$x''(t)$是指$x(t)$对t进行一阶微分、二阶微分的函数。但是，$x(0)$、$x'(0)$是各自函数的初始值（t=0时的值）。

(1) 线性定理

拉普拉斯变换本来就是在函数具有线性特性时成立的。另外，线性在经过拉普拉斯变换后也是成立的。也就是说，一是先进行原函数的加法和减法计算，然后将计算的结果通过拉普拉斯变换获得象函数；二是先将各自原函数进行变换获得象函数，然后进行加法和减法计算。这两种方法所得的结果相同。

将原函数乘以常数求得的象函数和由原函数求得象函数后再乘以常数的结果相同。

（2）微分定理和积分定理

对原函数进行微分所得的函数或者对原函数进行上限为t时刻的定积分所得的函数，通过拉普拉斯变换的结果与原函数通过拉普拉斯变换获得的象函数乘以s（乘的幂次与微分的阶数相同），或者与由原函数所获得的象函数除以s（除的幂次与积分的次数相同）的结果相同。也就是说，在拉普拉斯变换的领域中，象函数乘以s相当于按照乘的幂次对原函数进行微分，象函数除以s相当于按照除的幂次对原函数进行积分。

在机械系统的问题中，通常的速度或加速度等就相当于进行一阶微分或二阶微分，因此，利用这一定理非常方便！！

（3）位移定理

在这里，所谓的位移是指原函数中的$x(t-L)$或者象函数中的$X(s+a)$这样的函数。前者是时域中的位移（平行移动），后者是复频域中的位移。

当设$x(t)$的拉普拉斯变换为$X(s)$时，$x(t-L)$的拉普拉斯变换能用$e^{-sL}X(s)$的形式求出。$x(t-L)$实际上是使$x(t)$向右移动L，作为实际的问题就意味着某种现象延迟L（等待时间）之后发生。适用这种原函数位移的象函数位移公式有利于拉普拉斯逆变换（从象函数求原函数）。

（4）终值定理

在$t \to \infty$（意味着时间流逝而平静）时的$x(t)$值是稳定状态（见后述，参照5.1节）下的原函数值，这在分析控制方面是重要的依据之一。

但是，在控制系统中，大多数场合都是象函数$X(s)$已知，而原函数$x(t)$未知。于是，这时使用的就是终值定理。在$X(s)$乘以s之后，只要设$s \to 0$，就能求出$x(t)$在$t \to \infty$时的值。

（5）初值定理

这一定理是与终值定理成对的定理，用于求解原函数$x(t)$在$t \to 0$时的值（初始值）。在象函数$X(s)$已知而原函数$x(t)$未知的场合，使用这一初值定理。在$X(s)$乘以s之后，只要设$s \to \infty$，就能求出$x(t)$在$t \to 0$时的值$x(0)$。

（6）卷积定理

卷积（Convolution）也被称为褶积，卷积定理是控制中非常重要的定理。

在控制系统中，给系统输入为$x(t)$时的输出$y(t)$可用如下的步骤求出。在此，设传递函数为$G(s)$。

① 由输入$x(t)$，用拉普拉斯变换求其象函数$X(s)$。

② 设$Y(s)=G(s)X(s)$，用拉普拉斯变换求$y(t)$的象函数$Y(s)$。

③ 对$Y(s)$进行拉普拉斯逆变换，求解$y(t)$。

另一方面，如果使用卷积定理，就有：

$$④\quad y(t)=\int_0^t x(t-\tau)g(\tau)\mathrm{d}\tau =\int_0^t g(t-\tau)x(\tau)\mathrm{d}\tau$$

后续讲述的主要函数
x(t) 和G(s) 等都是
相对简单的，因此，
这个卷积公式在理论
上分析控制时很方便。

由上式，用卷积定理就能求出输出$y(t)$。

在控制系统中，输出$y(t)$的求解很重要。简而言之，步骤①到要进行拉普拉斯逆变换（后面讲述）的步骤③的计算结果和步骤④的积分同等重要。尽管不能说步骤④的积分是容易的，但至少比拉普拉斯逆变换（后面讲述）的复数积分要简单。

2.4 设m和k是常数，在如下的初始条件下，将微分方程的一部分进行拉普拉斯变换。

$$mx''(t)+kx(t)\quad [\text{初始条件：}x(0)=x'(0)=0]$$

解：

这一例题是在如图2.7所示的质量-弹簧系统的振动问题中，将微分方程式中涉及外力项的部分移除。

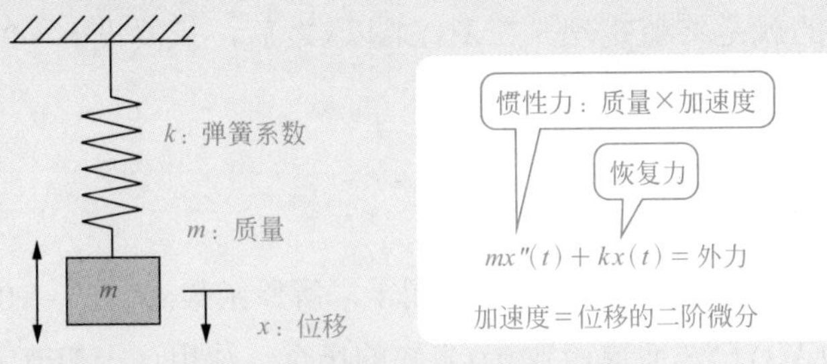

图2.7 质量-弹簧系统的振动

查表2.1的微分定理，设$\mathcal{L}[x(t)]=X(s)$，则有下式成立：

$$\mathcal{L}\left[x''(t)\right] = s^2 X(s) - sx(0) - x'(0)$$
$$= s^2 X(s)$$

于是有

在含有质量和弹簧的问题中，这种计算必然会出现。

$$\mathcal{L}\left[mx''(t) + kx(t)\right] = m\mathcal{L}\left[x''(t)\right] + k\mathcal{L}\left[x(t)\right]$$
$$= ms^2 X(s) + kX(s)$$
$$= \left(ms^2 + k\right) X(s)$$

这时，方程式中的微分项被代数式取代。

进行如此拉普拉斯变换，自动控制系统中常见的微分方程式也能变换成简单的代数方程式。

如果是实际的微分方程式，只需对方程式右边（相当于图2.7中的外力）也进行拉普拉斯变换，求出$X(s)$，再进行拉普拉斯逆变换，就能求出$x(t)$。

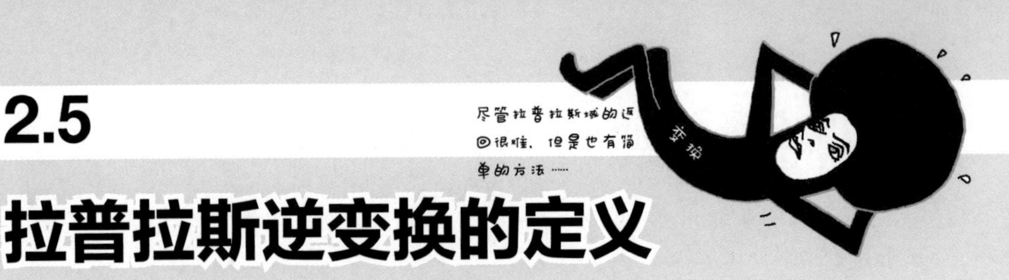

2.5 拉普拉斯逆变换的定义

去时容易，返程困难，难的是不同的路径

❶ 拉普拉斯逆变换是复数的积分。
❷ 遵循定义进行拉普拉斯逆变换很难，因此，要利用变换表。

在上一节中，我们学习了遵循定义进行从原函数$x(t)$到象函数$X(s)$的变换计算。另外，在拉普拉斯变换中，方程式中所含的微分和积分运算也能置换为乘以s或除以s，微分方程等也能变换成象函数以及关于s的简单的代数方程。

通常我们想要了解的不是象函数$X(s)$，而是实际的原函数$x(t)$，这并不只局限于自动控制系统。为此，需要掌握由$X(s)$求解$x(t)$的方法。这种方法称为拉普拉斯逆变换。在这里，简单地说明与拉普拉斯变换定义成对的拉普拉斯逆变换的定义。

拉普拉斯逆变换的定义为：

$$x(t)=\frac{1}{2\pi j}\int_{\gamma-\mathrm{j}\infty}^{\gamma+\mathrm{j}\infty}X(s)\mathrm{e}^{st}\mathrm{d}s$$

γ是希腊字母，读作伽马。在这里，γ表示X（s）所有的特异点都位于γ左侧的常数。

$$=\frac{1}{2\pi j}\int_{\mathrm{Br}}X(s)\mathrm{e}^{st}\mathrm{d}s$$

上式也被称为布罗姆维奇积分，有时用加上了“Br”的积分符号表示。

$$=\mathcal{L}^{-1}[X(s)]$$

这是表示“进行拉普拉斯逆变换”的符号，在$\mathcal{L}$符号上带有-1表示反向之意。

这是一个复数积分。在这里，j是虚数单位（$\mathrm{j}^2=-1$），γ是实数。

在数学中，虚数单位常采用i表示。但是，在涉及电流的控制学科中，已经用i表示了电流。因此，在涉及电流应用的工程领域中，虚数单位不能再用i表示，而是使用j。这是因为人们在后来才知道，与电相关的领域也需要使用复数。这样一来，为进一步学习复数而参照数学书籍时，要注意数学书中的虚数单位i和本书中使用的j是指同样的事项。

只要学习了基本的积分方法，就能在某种程度上遵循定义进行拉普拉斯变换的计算。但是，拉普拉斯逆变换的积分则不同，如果没有充分学习复数、部分分式法以及留数定理的话，实际计算是困难的。

在本章中，目标是能够利用拉普拉斯变换表（逆变换表），遵循拉普拉斯变换/拉普拉斯逆变换的步骤，熟练地进行计算。

在上节学习了拉普拉斯变换，本节给出拉普拉斯逆变换的定义。尽管难学，但希望有兴趣的读者参考专业书籍。

重要的是要知道输出＞输入会如何变化！！
现在，先学习更多的分析方法！！

专栏　希腊文字的字母表

表2.2给出了希腊文字字母的标准符号。希腊字母中所包含的脑电波中的阿尔法（α）波、营养素中的贝塔（β）胡萝卜素，以及圆周率派（π）等被广而周知。

在一般的数学公式或图表等的符号中使用的符号和文字是来源于古代罗马人母语的拉丁语。在大多数的场合下，采用的是英语的字母，但只采用英语字母表达会出现类型不足或难以区分的情况时就使用希腊字母。

表2.2　希腊文字的字母

大写字母	小写字母	中文注音	大写字母	小写字母	中文注音
Α	α	阿尔法	Ν	ν	纽
Β	β	贝塔	Ξ	ξ	克西
Γ	γ	伽马	Ο	ο	奥密克戎
Δ	δ	德尔塔	Π	π	派
Ε	ε	伊普西龙	Ρ	ρ	柔
Ζ	ζ	截塔	Σ	σ	西格马
Η	η	艾塔	Τ	τ	套
Θ	θ	西塔	Υ	υ	宇普西龙
Ι	ι	约塔	Φ	φ	佛爱
Κ	κ	卡帕	Χ	χ	西
Λ	λ	兰布达	Ψ	ψ	普西
Μ	μ	缪	Ω	ω	欧米伽

2.6 时域t向频域s的变换

不可思议的国境检查站的通行证是变换表

❶ 拉普拉斯变换基本上利用变换表进行。
❷ 在实际的计算中按照变换表的格式进行公式的变换。

(1) 时域t和频域s的特征

设原函数为$f(t)$，经过拉普拉斯变换得到的象函数为$F(s)$，试利用各自函数的自变量t和s进行分析。另外，要注意拉普拉斯变换中定义的变量t在一般情况下取正值（$t>0$）。

在机械控制系统中，t是相当于时间（时刻）的变量，对此想一想位移、应变、温度等物理量随时间变化的例子就容易理解。另一方面，拉普拉斯变换中的s通常是复变量（设α和β为实数，则$s=\alpha+j\beta$），$F(s)$和s不能与实际的物理现象相对应。因此，人们容易认为拉普拉斯变换很困难。

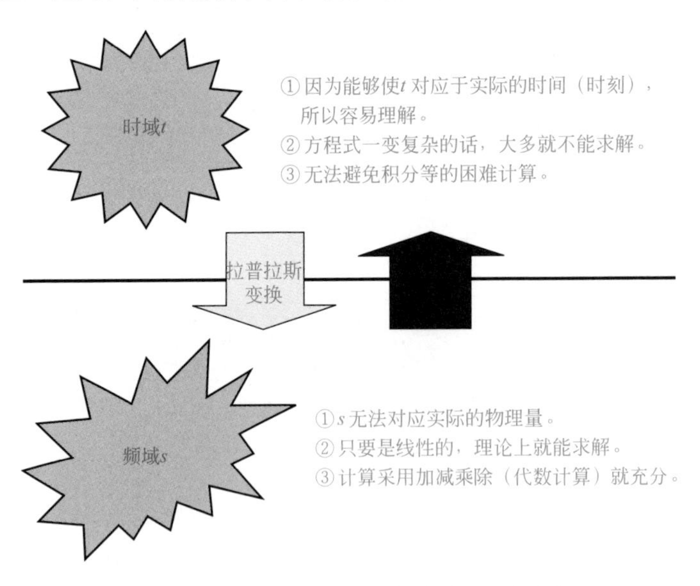

时域t
①因为能够使t对应于实际的时间（时刻），所以容易理解。
②方程式一变复杂的话，大多就不能求解。
③无法避免积分等的困难计算。
拉普拉斯变换
频域s
①s无法对应实际的物理量。
②只要是线性的，理论上就能求解。
③计算采用加减乘除（代数计算）就充分。

故而，没有尝试就先厌恶是很可惜的。你要是着急，就转而进行拉普拉斯变换。

图2.8 拉普拉斯变换的思路

在对大量的物理现象进行理论分析的场合，通常是用以时间（时域t）为自变量的微分方程（在方程式中含有微分项）或者积分方程（在方程式中含有积分项）的形式表示。但是，一般直接求解微分方程或者积分方程都比较困难，而且求解这些方程式需要一定的数学知识。

然而，如果采用拉普拉斯变换的频域s进行计算的话，所有的这些方程式就能够转换为代数方程式。代数方程的解一般能通过加减乘除的运算轻易求得。还有，通过对求解的结果进行拉普拉斯逆变换，就相当于求出时域t的微分方程或者积分方程的解（图2.8）。

（2）跨入频域s的领域

在2.3节，我们学习了遵循拉普拉斯变换定义式的计算。在这里，所涉及的不是基于拉普拉斯变换定义的计算，而是为了实际进行拉普拉斯变换，学习变换表的利用方法。表2.3所示的是拉普拉斯变换表的节选（详细表见本书附录2）。

表2.3　拉普拉斯变换表的使用方法

从左向右 ⟹ 拉普拉斯变换	
原函数$f(t)$　$(0<t)$	象函数$F(s)$
$1(0<t)$，$u(t)$	$\frac{1}{s}$
t	$\frac{1}{s^2}$
t^2	$\frac{2}{s^3}$
$e^{-\alpha t}$	$\frac{1}{s+\alpha}$
$\sin\omega t$	$\frac{\omega}{s^2+\omega^2}$
$\cos\omega t$	$\frac{s}{s^2+\omega^2}$
$e^{-\alpha t}\sin\omega t$	$\frac{\omega}{(s+\alpha)^2+\omega^2}$
$e^{-\alpha t}\cos\omega t$	$\frac{s+\alpha}{(s+\alpha)^2+\omega^2}$
拉普拉斯逆变换 ⟸ 从右向左	

在进行拉普拉斯变换的场合，从左向右读表。

通常$1(t>0)$表示成$u(t)$

在拉普拉斯逆变换时，从右向左读表。进行逆变换时，最好是通过因式分解的方法将方程式整理成表右侧的形式。

在基本的控制问题分析中，对于所使用的拉普拉斯变换的积分来说，只要我们具有包含指数函数和三角函数的积分和分部积分的知识，就可以充分地完成求解工作。

为了使读者能熟练地使用拉普拉斯变换表进行拉普拉斯变换或拉普拉斯逆变换，在这里通过几个例题学习拉普拉斯变换表的使用方法。

2.5 使用拉普拉斯变换表，试求下列函数的拉普拉斯变换。

$x(t)=10 \quad (t>0)$

解：

查阅变换表（参考表2.3）的原函数栏，表中有常数为1的拉普拉斯变换。于是，通过因式分解有：

$$x(t)=10\times 1$$

首先，要查找原
函数栏，确定后
再向右侧查看！！

由于1的拉普拉斯变换是1/s，所以变换结果为：

$$\mathcal{L}[x(t)]=10\times\frac{1}{s}=\frac{10}{s}$$

2.6 使用拉普拉斯变换表，试求下列函数的拉普拉斯变换。

$x(t)=\sin 2t \quad (t>0)$

解：

查阅变换表的原函数栏，表中有$\sin\omega t$的拉普拉斯变换。变换的结果为：

$$\frac{\omega}{s^2+\omega^2}$$

于是，在这里设ω=2，则变换的结果如下：

$$\mathcal{L}[\sin 2t]=\frac{2}{s^2+2^2}=\frac{2}{s^2+4}$$

2.7 使用拉普拉斯变换表，试求下列函数的拉普拉斯变换。

$x(t)=t(t-5) \quad (t>0)$

解：

查阅变换表的原函数栏，就会发现没有以$t(t-5)$这一形式表示的函数。因此，将原函数展开能得到下式：

$$t(t-5)=t^2-5t$$

于是，发现展开式各项t^2和t的拉普拉斯变换在拉普拉斯变换表中存在。因此，上式的拉普拉斯变换为：

$$\mathcal{L}(t^2-5t)=\mathcal{L}(t^2)-5\mathcal{L}(t)$$
$$=\frac{2}{s^3}-\frac{5}{s^2}$$

本节讲述了拉普拉斯变换表的使用，从已知的原函数$x(t)$求解通过拉普拉斯变换的象函数例题。例题2.5与所设例题2.2中的a=10完全相同。例题2.5和例题2.6是将要进行拉普拉斯变换的原函数直接从拉普拉斯变换表（表2.3）中查出，只使用表中对应栏右侧的象函数就可以完成。然而，例题2.7是将原函数$x(t)$按照表2.3存在的函数形式进行因式分解。

正如这些例题所给出的提示那样，大多数的问题是通过比较拉普拉斯变换表和要进行拉普拉斯变换的函数，将函数展开或者整理成拉普拉斯变换表中存在的形式。

不要考虑“原函数是时间t的函数，那么像函数的s是什么？”这一问题。无论如何，只按照变换表进行变换即可。

于是，为了减少方程式的展开或者整理的繁琐程度，需要有刊载更多原函数进行拉普拉斯变换的变换表。

但是，在机械控制工程领域的初级阶段所使用的函数几乎都是常数a、t、t^2等的代数函数、三角函数以及指数函数的组合，所以表2.3和附录2这一程度的拉普拉斯变换表已能充分满足使用。

专栏　汽车和零部件等的模型

对图2.9（a）所示的汽车进行模型化就能得到图2.9（b）。另外，如果将前轮部分独立考虑的话，其模型就成为图2.9（c）。再进一步简化，只考虑弹簧的话，其模型就简化为图2.9（d）。

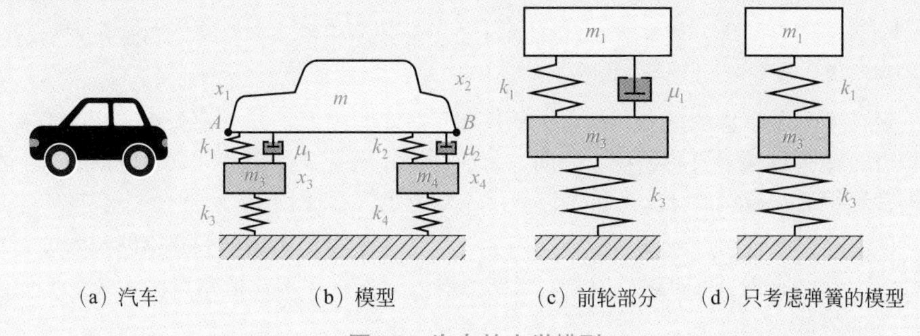

（a）汽车　（b）模型　（c）前轮部分　（d）只考虑弹簧的模型

图2.9　汽车的力学模型

在这里，m是汽车的质量，m_1是作用在前轮的当量质量，m_3是前轮的质量，m_4是后轮的质量。

此外，各参数所表示的含义如下：k_1是前轮悬挂弹簧等的弹簧刚度，k_2是后轮悬挂弹簧等的弹簧刚度，k_3是前轮的轮胎等的弹簧刚度，k_4是后轮的轮胎等的弹簧刚度，μ_1是前轮悬挂装置阻尼器等的黏性阻力系数，μ_2是后轮悬挂装置阻尼器等的黏性阻力系数，x_1是A点的位移，x_2是B点的位移，x_3是前轮的轮胎位移，x_4是后轮的轮胎位移。

其次，图2.10（a）所示的汽油发动机的气门机构能够简化成图2.10（b）所示的模型。在这里，m是阀门的质量，k是推压阀门的弹簧刚度，k_1是从阀门到凸轮的零件具有的弹簧刚度。

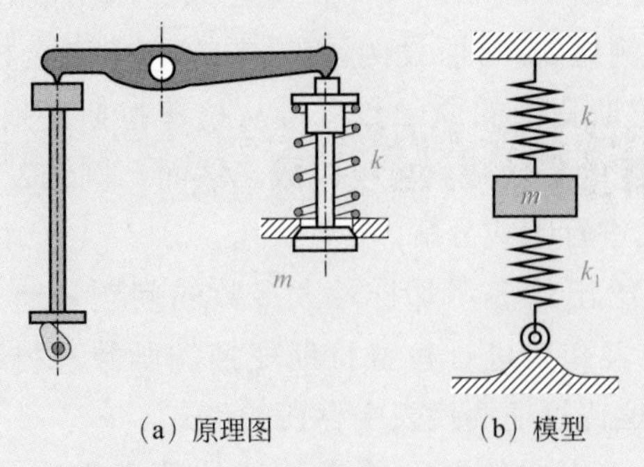

（a）原理图　　（b）模型

图2.10　气门机构的力学模型

在电气系统的场合，实际使用的电阻（R）、电容（C）以及电感（L）简化为模型就容易理解。另一方面，在机械系统的模型化过程中，可以使用质量和弹簧以及阻尼这3个基本元件代替螺钉、齿轮以及轴等具体零件。

因此，学习机械、器具以及零部件等的力学性能时，重要的是充分掌握这三个元件的各种组合以及功能特点。

专栏　无人自动驾驶系统

除去法律上的问题以及驾驶汽车的乐趣以外，可以说无人自动驾驶汽车是汽车制造所追求的最终目标之一。

只要设定目的地，汽车就能够自动行驶，避开障碍物，在交通路口进行左转、右转或直行等，安全行驶到目的地。

现在市场上销售的汽车，基本上都搭载了汽车导航系统，一部分汽车还装备有低速行驶时减轻碰撞损失的系统。进而，有的厂家还有装载了自动驾驶系统的汽车。如果综合运用这些技术的话，实现全自动无人驾驶也就不是梦想。

但是，还有很多问题需要解决。例如，在行驶的过程中如何判断道路的宽度、车道数、白线的有无、T字路口以及Y字路口等。当然，从控制的角度去思考这些问题也是一种乐趣。

2.7 频域s向时域t的转换

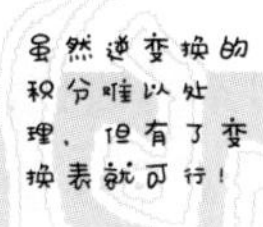

灵活利用变换表就能够回到故国家园

❶ 拉普拉斯逆变换基本上利用变换表进行。

❷ 拉普拉斯逆变换需要按照变换表上的形式进行方程式的整理。

在求解拉普拉斯逆变换时，只是反向地利用拉普拉斯变换表。例如，在表2.3所示的拉普拉斯变换表的栏目中，原函数位于左侧，相应的象函数位于右侧。在这种场合下，拉普拉斯逆变换则是从右栏来查找出相同的象函数，然后给出相应地左栏的原函数。

当查找不到相同形式的象函数时，由于存在着“原函数是线性的话，象函数也一定是线性的”这一特征，所以无论是按整体计算还是分别计算后求和，结果都是相同的。于是，可将方程式按项进行分解，整理成变换表的右栏（拉普拉斯变换后的形式）已有的形式，然后分别套用变换表左侧的对应栏的函数。

下面，举几个例题进行说明。

2.8 试求下列象函数的拉普拉斯逆变换。

$$X(s)=\frac{1}{s-5}$$

解：

查找变换表的象函数栏，有：

$$F(s)=\frac{1}{s+\alpha}$$

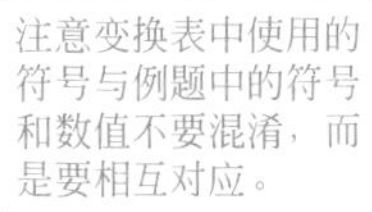

注意变换表中使用的
符号与例题中的符号
和数值不要混淆，而
是要相互对应。

这是原函数 $f(t)=\mathrm{e}^{-\alpha t}$ 的象函数。例题中的常数 $\alpha=-5$，所以相应的原函数为：

$$x(t)=\mathrm{e}^{5t}$$

2.9 试求下列象函数的拉普拉斯逆变换。

$$X(s)=\frac{s+1}{s^2+5s+6}$$

解：

查找变换表的象函数栏，没有发现例题中所给形式的函数。在这里，由于分母能因式分解成$(s^2+5s+6)=(s+2)(s+3)$，所以设例题中的象函数可以展开成下列的部分分式形式。

$$X(s)=\frac{s+1}{s^2+5s+6}=\frac{s+1}{(s+2)(s+3)} \tag{1}$$

$$=\frac{A}{s+2}+\frac{B}{s+3} \tag{2}$$

式中，A和B都是未知的常数。比较式（1）和式（2），发现只要确定了未知常数A和B，原式就有解。这里，求解方法之一是对上式进行通分，然后与已知方程式进行比较。式（2）通分后，有：

$$\frac{A}{s+2}+\frac{B}{s+3}=\frac{(A+B)s+3A+2B}{s^2+5s+6} \tag{3}$$

比较通分之后的式（3）和例题的式（1），得到联立的方程组：

$$\begin{cases}A+B=1\\3A+2B=1\end{cases}$$

通过对二元一次方程的求解，得到$A=-1$，$B=2$。

于是，已知方程式成为：

$$X(s)=-\frac{1}{s+2}+\frac{2}{s+3}$$

首先进行部分分式展开，然后通分，最终是建立联立方程组！！

这是部分分式的形式，可以利用变换表求解。

因此，原函数为：

$$x(t)=-e^{-2t}+2e^{-3t}$$

2.10 试求下列象函数的拉普拉斯逆变换。

$$X(s)=\frac{s^2+11}{(s-3)(s^2+1)}$$

解：

查找变换表的象函数栏，没有发现已知形式的函数。在这里，进行分母$(s-3)(s^2+1)$的分解，假设能展开成如下形式的部分分式。

$$X(s)=\frac{s^2+11}{(s-3)(s^2+1)}$$

常数　一次式
↓　↓

$$=\frac{A}{s-3}+\frac{Bs+C}{s^2+1}\qquad(1)$$

↑
二次式

在分母含有不能因式分解的s^2（2次式）项的场合，分子取比分母幂次少1的1次式，即$Bs+C$。

在这里，A和B以及C是未知常数。然后，确定未知常数A和B以及C。上题采用通分，通过两式对比的方法求解。虽然本题也可以采取同样的方法，但是，这里我们采用其他的方法求解。

首先，确定未知常数A。将A的分母（s−3）这一分式同时乘式（1）的两边，得到：

$$\frac{(s^2+11)(s-3)}{(s-3)(s^2+1)}=\frac{A(s-3)}{s-3}+\frac{(Bs+C)(s-3)}{s^2+1}\qquad(2)$$

整理式（2），得到：

$$\frac{(s^2+11)}{(s^2+1)}=A+\frac{(Bs+C)(s-3)}{s^2+1}\qquad(3)$$

在式（3）中，如果设s=3的话，方程式右边第2项就成为0，所以右边就只有A，方程的左边为：

$$\frac{(3^2+11)}{(3^2+1)}=\frac{20}{10}=2$$

例如，由于式(1)只是展开的部分分式，所以无论s取何值，方程式的左边和右边都相等。利用这一点进行求解时，要考虑在式(3)的s中代入什么样的值才能使计算简单。

由此，A=2。

同样地，在式（1）的两边乘以（s^2+1），整理后，得：

$$\frac{(s^2+11)}{(s-3)}=\frac{A(s^2+1)}{s-3}+(Bs+C)\qquad(4)$$

在这里，设s^2+1=0，将s=j和s=−j（j是虚数单位）分别代入式（4），得到联立方程：

$$\begin{cases}\mathrm{j}B+C=-3-\mathrm{j}\\-\mathrm{j}B+C=-3+\mathrm{j}\end{cases}$$

求解联立方程式，得到B=−1，C=−3。于是，已知方程展开成如下形式：

$$X(s)=\frac{2}{s-3}-\frac{s+3}{s^2+1}$$
$$=\frac{2}{s-3}-\frac{s}{s^2+1^2}-\frac{3}{s^2+1^2} \quad (5)$$

查找变换表，则原函数为：

$$x(t)=2\mathrm{e}^{3t}-\cos t-3\sin t$$

其他解法：

在求出A=2后，将求得的A=2代入，求未知常数B和C的方程式（1），得到：

$$\frac{s^2+11}{(s-3)(s^2+1)}=\frac{2}{s-3}+\frac{Bs+C}{s^2+2}$$
$$\frac{Bs+C}{s^2+1}=\frac{s^2+11}{(s-3)(s^2+1)}-\frac{2}{s-3}=-\frac{(s-3)(s+3)}{(s-3)(s^2+1)}$$

因此，有：

$$\frac{Bs+C}{s^2+1}=-\frac{s+3}{s^2+1}$$

通过方程式两边的分子比较，得到B=−1，C=−3。

如上所述，在计算时，不要只局限于各例题中所示的一系列方法，而是每次都要按实际情况选取最方便适宜的方法。

2.11 试求下列微分方程满足已知初始条件的解。

$$y''+3y'+2y=0 \quad [初始条件：y(0)=1，y'(0)=1]$$

解：

求解控制系统的瞬态响应（在第5章进行说明）的方法与控制系统微分方程的求解方法相同。如果是经典的控制问题，就属于线性控制问题，这种问题能够应用拉普拉斯变换，按照下面的步骤就可以比较简单地求解微分方程式。

用拉普拉斯变换求解微分方程的步骤：

① 对已知的微分方程两边进行拉普拉斯变换，使微分方程变为复变量s的代数方程（称为变换方程）。

② 求解变换获得的代数方程。

③ 对代数方程的解再进行拉普拉斯逆变换。

首先，对已知方程的两边进行拉普拉斯变换。在这种场合下，由于方程右边是0，所以拉普拉斯变换后也等于0。在这里，设$y(t)$的拉普拉斯变换为Y，则有：

$$\mathcal{L}[y'] = sY - y(0)$$
$$= sY - 1$$
$$\mathcal{L}[y''] = s^2Y - sy(0) - y'(0)$$
$$= s^2Y - 1s - 1$$

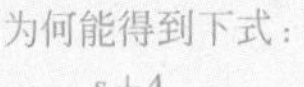

为何能得到下式：

试看前面的例题 2.9 就会知道原因。

列出按项分别求出的拉普拉斯变换式，获得代数方程，结果为：

$$(s^2Y - 1s - 1) + 3(sY - 1) + 2Y = 0$$

整理上式，得到：

$$s^2Y + 3sY + 2Y = s + 4$$

在这之后，与上面的例题 2.9 一样，展开成部分分式！

由此方程求 Y，得到：

$$Y = \frac{s+4}{(s+2)(s+1)} = -\frac{2}{s+2} + \frac{3}{s+1}$$

进行拉普拉斯逆变换，求解到的 $y(t)$ 如下所示；

$$y(t) = \mathcal{L}^{-1}(Y)$$
$$= -2e^{-2t} + 3e^{-t}$$

例题 2.12 试求下列象函数的拉普拉斯逆变换。

$$X(s) = \frac{3}{s^2 + 2s + 2}$$

解：

试查找变换表中的象函数栏，发现已知问题形式的函数不存在。而且，式 $s^2 + 2s + 2$ 也不能进行因式分解。在这样的二次式的场合下，考虑采取平方的形式。也就是说，因为存在 $s^2 + 2s + 2 = (s+1)^2 + 1$，所以原式可以转化为：

$$X(s) = \frac{3}{s^2 + 2s + 2}$$
$$= \frac{3}{(s+1)^2 + 1}$$

在不能因式分解时，化成完全平方。
然后，将剩余的常数化成二次方。

将上式与拉普拉斯变换表进行比较，设原式为：

$$X(s) = \frac{3 \times 1}{(s+1)^2 + 1} = \frac{3 \times 1}{(s+1)^2 + 1^2}$$

于是，查找变换表，得到：

$$x(t) = 3e^{-t}\sin t$$

在这一例题中，象函数分母为二次函数$(s^2 + as + b)$，能转换成如下的几种形式之一。

①$(s+\alpha)^2$

②$(s+\alpha)^2 + \beta^2$

③$(s+\alpha)(s+\beta)$

在③的场合下，再进一步展开成部分分式形式，进行求解（参照例题2.9）。

2.8 传递函数

传递函数表示输入和输出之间的关系

❶ 所谓函数，指的是两个及以上事物间的关联关系。
❷ 传递函数可以用输入和输出的拉普拉斯变换之比进行求解。

(1) 函数的概念

在分析数学方程式的场合，经常出现函数这一表现形式。例如，自己获得的零花钱的金额会随着年龄增加而变化，因此，也可以认为零花钱是年龄的函数。

另外，由于气温是随时间变化的，所以气温是时间的函数。还有，因为春夏秋冬不断循环，所以可以认为这是以1年即365日为一个周期的周期函数。

进而，因为人的体重也随着时间（长时间跨度，即使考虑年或月也无妨）而变化，所以也可以将其视为时间的函数。

通常，在辞典上记载有“有两个变量x、y，当x值确定之后，y值也就相应地确定时，y是x的函数”。[通常用$y=f(x)$这一符号表示。]

如上所述，能够认为具有函数关系的事物是随处存在着的。不过，“能否用数学式表示”或者“是否具有意义”等是另外一回事。

(2) 传递函数的概念

机械或者机械装置是由多个零部件组成的，但站在机械自动控制的角度分析时，可以认为“它是由多个传递元件组成”。因此，当信号施加到这一机械或机械装置的输入部位时，信号会在元件间依次变化而传递，而最终成为由输出部分传出的输出信号。例如，如果将图1.17中蒸汽机使用的离心调速器的控制装置的原理表示成输入和输出关系，就得到图2.11。

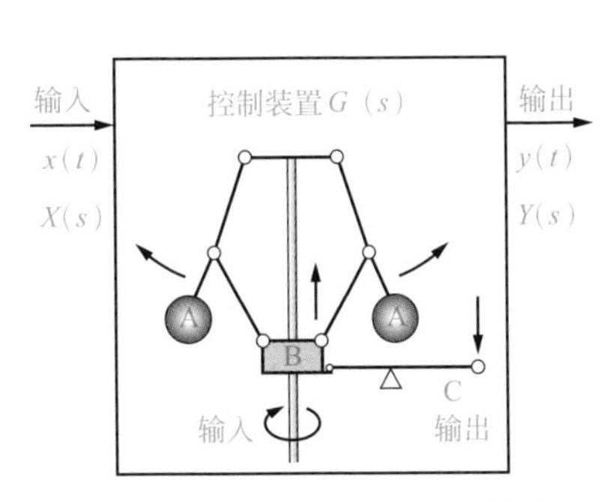

图2.11　离心调速器的控制装置

当给这个控制装置施加输入信号（转动速度）时，就有输出信号（杠杆的上下运动）的输出。如果转动速度发生变化，杠杆的上下运动也随之发生变化。也就是说，可以认为输入信号$x(t)$和输出信号$y(t)$之间存在着函数关系。特别是在控制系统中，将表示输入信号和输出信号之间关系的函数称为传递函数。

（3）传递函数的定义

假设如图2.11所示的控制系统的输入信号和输出信号分别为$x(t)$和$y(t)$，各自的初始值（t=0时的值）设为0时的拉普拉斯变换为$X(s)$和$Y(s)$，则传递函数$G(s)$的定义如下。

输入信号和输出信号是以t为变量的函数，用小写字母表示，而分别通过拉普拉斯变换得到的函数以s为变量，用大写字母表示。

$$G(s)=\frac{Y(s)}{X(s)} \text{ 或者 } Y(s)=G(s)X(s)$$

传递函数表示的是输入信号和输出信号之间的关系，只要知道传递函数、输入信号以及输出信号三者中的任意两个，理论上就能求出剩余的一个。

另外，通过分析传递函数$G(s)$，就能够掌握传递元件的特征。例如，如果将传递函数中的s用$\mathrm{j}\omega$进行置换，就得到$G(\mathrm{j}\omega)$，可以求解出传递函数的频域特性。

在这里，j是虚数单位。另外，如果设ω是角频率（角速度）、f是频率，则有$\omega=2\pi f$的关系。

如图2.12所示，通过分析传递函数的频域特性，能够获知输入信号频率变化时的输出状态，也就是能分析由于输入信号的频率不同所引起的振幅比的变化等。

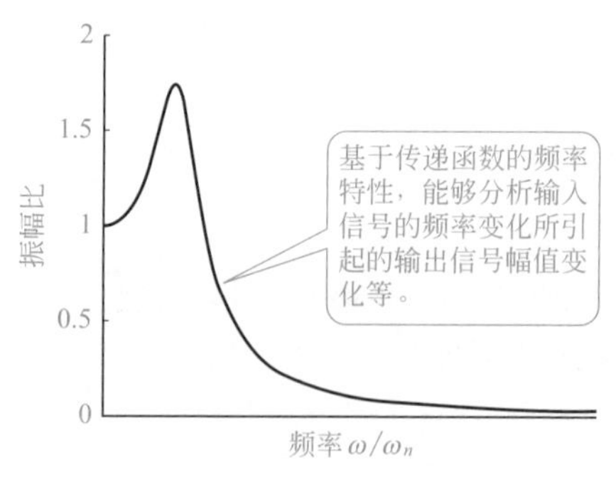
2
1.5
1
0.5
0
振幅比
基于传递函数的频率特性，能够分析输入信号的频率变化所引起的输出信号幅值变化等。
频率 ω/ω_n

图2.12　振幅比随频率变化的示例

习题

习题1 试求下列所示函数的拉普拉斯变换。

$x(t)=\mathrm{e}^{-\alpha t} \quad (0<t)$

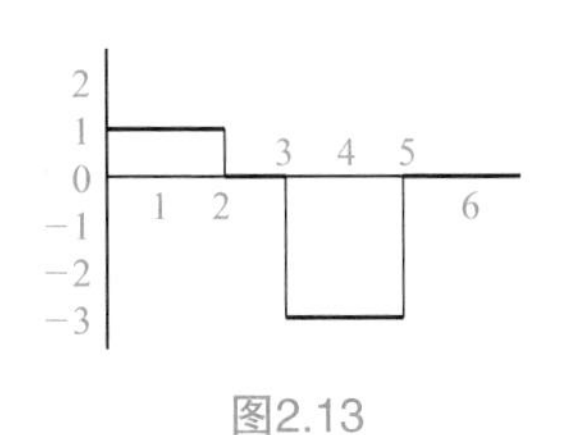

图2.13

习题2 试求图2.13所定义函数的拉普拉斯变换。

$x(t)=1 \qquad (0<t<2)$

$x(t)=0 \qquad (2<t<3)$

$x(t)=-3 \qquad (3<t<5)$

$x(t)=0 \qquad (5<t)$

习题3 当$y(t)$满足下列的微分方程时，试求y（$t\to\infty$）的值。

（1）$y'(t)+2y(t)=5 \quad [y(0)=0]$

（2）$y'(t)+2y(t)=4 \quad [y(0)=3]$

习题4 使用拉普拉斯变换表，试求下列函数$f(t)(t>0)$的拉普拉斯变换。

（1）$f(t)=5-\mathrm{e}^{-3t}+\mathrm{e}^{-2t}$ （2）$f(t)=\sin 5t-3\cos 5t$

（3）$f(t)=3\mathrm{e}^{-2t}(2\sin 3t-3\cos 3t)$ （4）$f(t)=3+2t^2-6t^3$

习题5 试求下列象函数的拉普拉斯逆变换。

$$X(s)=\frac{s}{s^2+4s+5}$$

Memo

第3章

典型环节的传递函数

在控制系统中，传递函数（在第2章曾简要提到）是用输出信号的拉普拉斯变换和输入信号的拉普拉斯变换之比求出的，它是控制系统中的重要内容。

例如，若控制系统的传递函数已知，只要给出输入信号，就可以通过计算而求出输出信号。

相对而言，如果对输出信号有具体要求，则能够推测出满足输出要求的输入信号，这是能够实现的。

尽管如此，实际的机械或机械装置等的控制并不是那么简单的。因此，要从控制的角度对机械或机械装置进行分类，通过分析各个组成机构的基本传递函数，可以在某种程度上推测出由这些机构组合而成的实际装置的控制。

在本章中，我们对典型元件的传递函数进行分类，并分析传递函数的特征。

3.1 机械模型化的典型元件

通过模拟进行控制系统的分析!

❶ 机械或机械装置是由零部件组合而成。
❷ 机械系统的模型化就是采用质量和弹簧以及阻尼对结构进行化简。

所谓的机械的定义如下。

① 机械是由具有抵御外力并保持自身不发生变形的部件组合而成。

② 各部件是相互独立的，并能够实现相对运动。

③ 将外部施加的能量转变为有效的机械功。

另一方面，随着电子学和计算机（包括微机和PC）的发展，也有一种在“有效的机械功”基础上添加“信息”的构想，促使机械的类型在不断增加。

为了更安全地使用机械，不仅要进行静态强度的计算，也要进行动态强度的验证。在进行动态强度验证的场合，通常的方法是使用简单的质量和弹簧以及阻尼对机械进行模型化。在这里，我们从控制的角度，在学习典型元件的模型的同时，也学习电气元件的模型。

（1）弹簧

任何材料都不是严格意义上的刚体，而是弹性体，这就是说，只要施加了外力，它多少都会出现变形。例如，如图3.1（a）所示的小型千斤顶，在顶起物体时大多也都会收缩变形。如果考虑这种方式，就可以认为这种情况与图3.1（b）所示的弹簧情况相同。

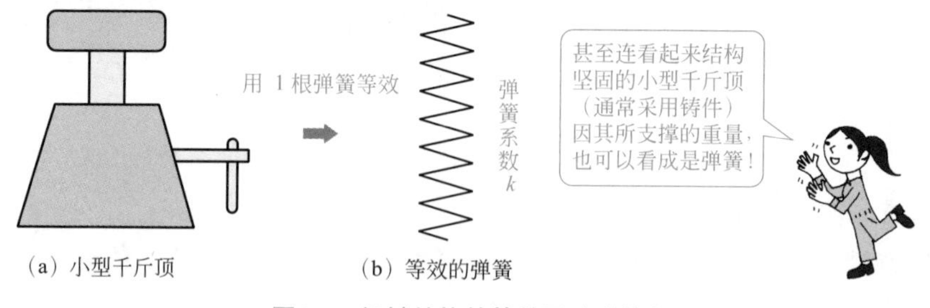

图3.1　机械结构的等效图（弹簧）

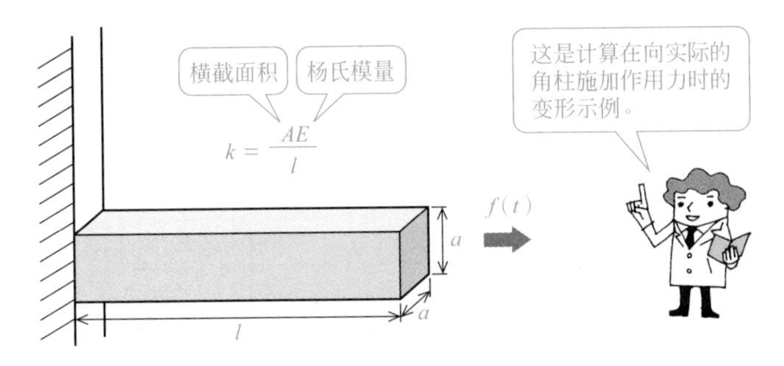

图3.2　角柱的变形

在图3.2中，假设l=100cm、a=1cm，以及$E=2\times10^4$MPa（相当于低碳钢），则弹簧系数$k=2\times10^7$N/m。顺便提示一下，如果设拉伸载荷f=100N（大约为10kg物体所受重力），伸长就是5×10^{-6}m=5×10^{-3}mm。

在图3.1中，用1根弹簧等效地表示千斤顶，但由于各构件的尺寸和材质不同，所以用3根弹簧进行等效建模也是一种方法。在这里，究竟使用多少根弹簧进行等效建模取决于对整体的考虑或者具体要细化到什么程度等。

另外，还可以采用数值分析中使用的FEM（有限单元法，Finite Element Method）进行弹性问题分析，数值计算时原则上是将材料近似成有限数量的弹簧，并根据外力和弹簧的变形力平衡的观点，计算结构的应力和应变。

（2）减振器

当将一个普通的球以一定的角度向斜上方抛出时，球所显示出的运动轨迹如图3.3所示。也就是说，球从最初的高度H_0自由落下的话，会弹起到比最初的高度低的位置H_1，然后再次落下，并再次弹起到高度H_2。

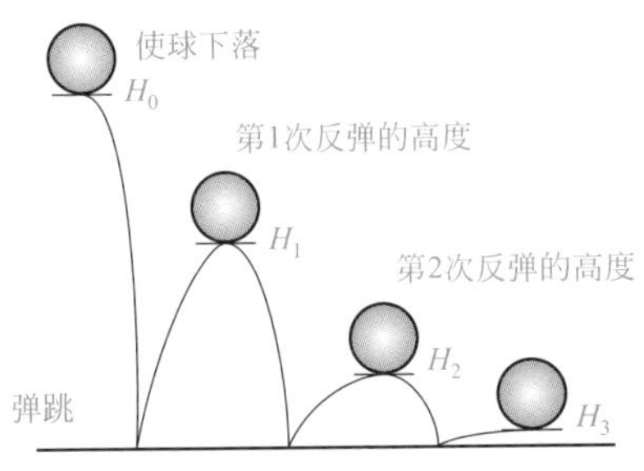

图3.3　球做落体运动的示意

然而，在忽略空气阻力的条件下，理想的弹簧一旦发生振动，就有一直保持振动的特性。因此，只使用弹簧来等效球就无法说明图3.3所示的现象。于是，增添了具有“使振动产生衰减”功能的减振器。

减振器是由气缸、带孔的活塞以及活塞杆（图3.4）构成，缸体内部充满油液。当活塞运动时，油液通过活塞上的小孔移动。减振器就是通过这时的黏性液体的阻力而使运动获得衰减效果的装置。一般认为这种阻力与活塞的运动速度成比例。

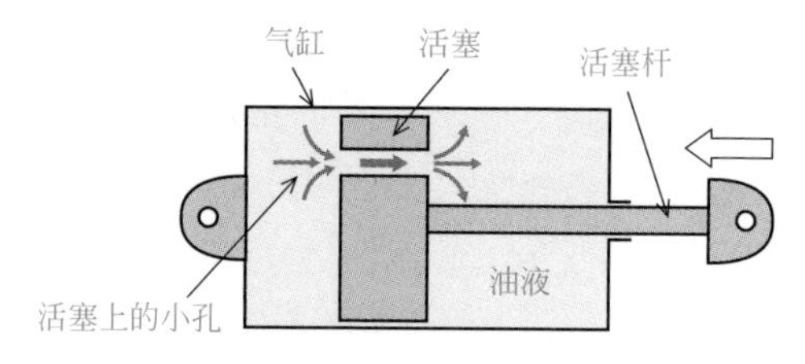

图3.4　减振器的轴向截面

于是，将图3.4所示的减振器和弹簧进行并联［图3.5（a）］，就能够得到产生衰减振动的模型。

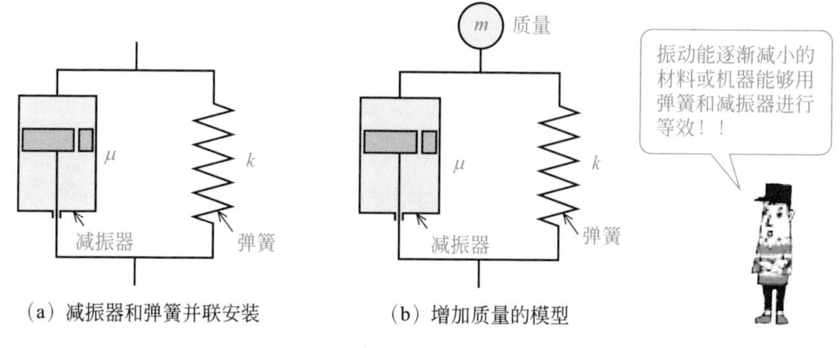

（a）减振器和弹簧并联安装　（b）增加质量的模型

图3.5　在弹簧基础上增设减振器的模型

进而，由于如图3.3所示的球必然存在质量，因此必定会产生惯性力。由于不能忽略这一惯性力，所以需要使用如图3.5（b）所示的有质量m存在的等效模型。

在动态问题分析中，通常是将机械或机械装置等效化之后进行分析，即使是在机械的自动控制系统中，通常也是使用前文说明的质量和弹簧以及等效化之后的阻尼这一基本元件进行分析。

专栏　所有的机械材料都具有弹性

四冲程发动机的气门（动阀门）机构有OHV型（over head valve，气门挺杆在凸轮上方）和OHC型（over head camshaft，气门挺杆和凸轮都位于活塞上面）两种。OHV型如图3.6（a）所示，OHC型如图3.6（b）所示。现在几乎都采用OHC型结构。

无论是哪种结构形式，其工作原理都是通过与曲轴联动的凸轮轴的转动，再经过摇臂摆动等的传动，驱动气门进行启闭运动。

假设构件都是刚体，那么凸轮的运动肯定能够准确地传递给气门，所以两构件间不会有误差。但是，实际上可以确定构件都是弹性体（弹簧），所以可以认为凸轮到气门距离较长的OHV型是比OHC型更软的“弹簧”。如此一来，就会出现凸轮的运动不能有效传递给气门的现象（在第6章的频率响应中对此进行说明）。

对两种气门机构进行比较，通常OHV机构最大转速是4000r/min左右，而OHC机构最大转速是6000r/min左右。由此可知，采用OHC机构的汽车性能提高了50%。虽然产生这一差距的原因并不完全是来自弹簧的硬度，但至少可以确定其对性能是有影响的。

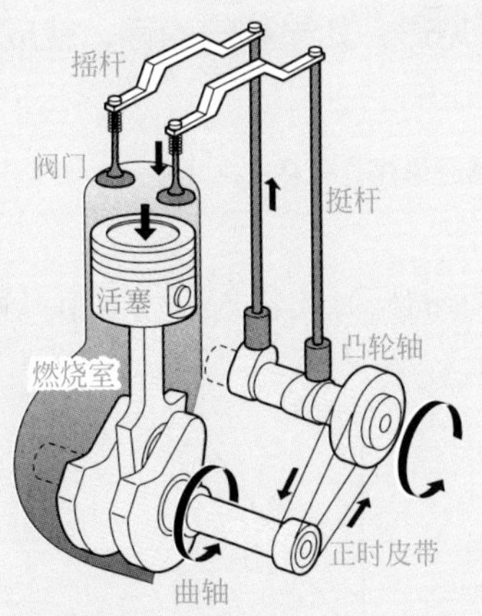

（a）OHV型机构

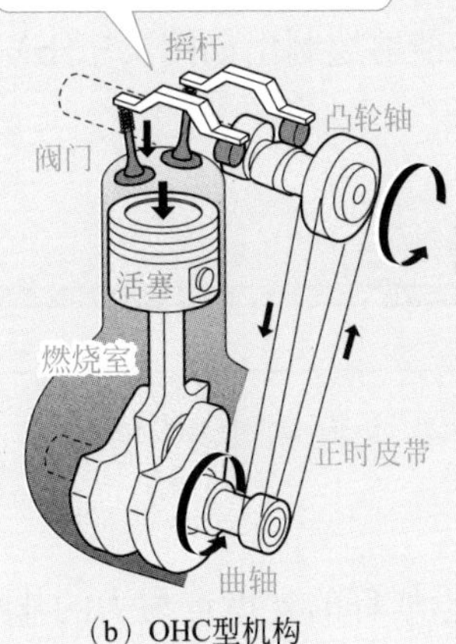

OHC型与OHV型相比，性能更好。
但是，由于气门机构有较多的各种零件，所以制造起来相对困难。

（b）OHC型机构

在实际的汽车中，有进气阀和排气阀两种气阀，分别使用不同的凸轮，能进一步提高性能，这就是DOHC（Double Overhead Camshaft）。在采用DOHC的场合，能够实现9000转/分钟以上的高速转动！

图3.6　四冲程发动机的气门机构

3.2 比例环节的传递函数

敲打就立竿见影，如果翻倍的话，就成倍增加

❶ 比例环节就是输入与输出成比例。
❷ 无论怎样硬的材料，只要一施加作用力，就都会像弹簧一样有点变形。

如图3.7（a）所示，假设杠杆（不出现变形的杆）的输入力为$x(t)$，输出力为$y(t)$，就能够绘制出如图3.7（b）所示的曲线。

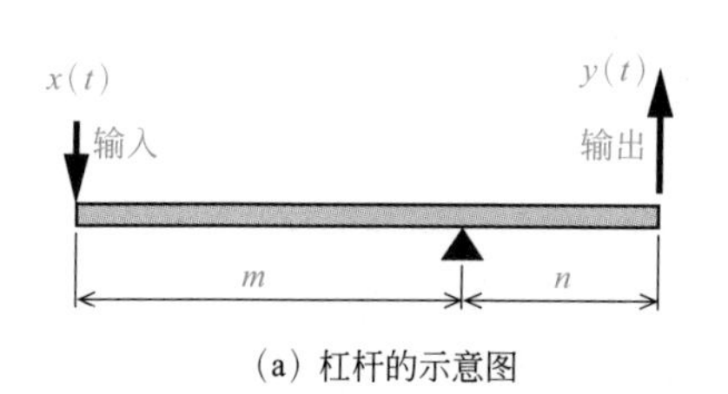

（a）杠杆的示意图

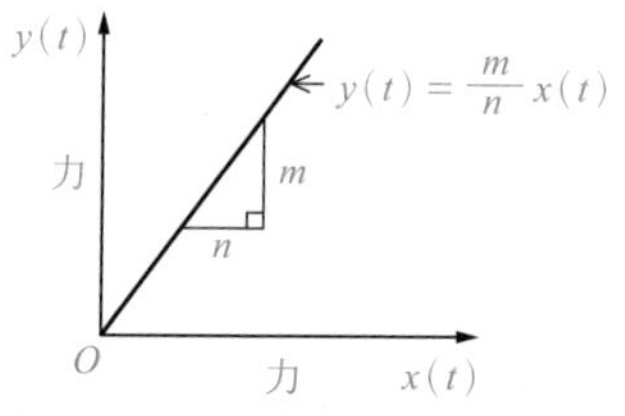

（b）杠杆的输入和输出关系曲线

图3.7　杠杆的输入和输出关系

根据杠杆的支撑点与力的作用点之间的距离关系，可知有下式成立：

$$y(t)=\frac{m}{n}x(t) \text{ 或者 } \frac{y(t)}{x(t)}=\frac{m}{n}=K_{\mathrm{P}}$$

如上式所示，将“输入和输出成比例”的控制环节称为比例环节。在这里，K_{P}是与时间无关的比例常数，称为放大倍数。

那么，设$x(t)$和$y(t)$的拉普拉斯变换分别为$X(s)$和$Y(s)$，就能够得知比例环节的传递函数为：

$$G(s)=\frac{Y(s)}{X(s)}=\frac{\mathcal{L}[y(t)]}{\mathcal{L}[x(t)]}=\frac{m\mathcal{L}[x(t)]}{n\mathcal{L}[x(t)]}=\frac{m}{n}=K_{\mathrm{P}}$$

所谓的比例是指两者之间呈线性关系。

比例环节的实例有机械系统和电气系统等。机械系统的比例环节如图3.8（a）所示，在弹簧系数为k的弹簧上有力的作用时，作用力$f(t)$和弹簧的变形$x(t)$的关系服从胡克定律。电气系统的比例环节如图3.8（b）所示。在电阻为R的电路中，回路中的电流$i(t)$和电阻两端电压$e(t)$的关系服从欧姆定律。

在图3.8（a）中，如果设外力$f(t)$为输入，弹簧的变形$x(t)$为输出，并用k表示弹簧系数的话，则在这一弹簧的输入和输出之间就存在着如下式所示的关系。

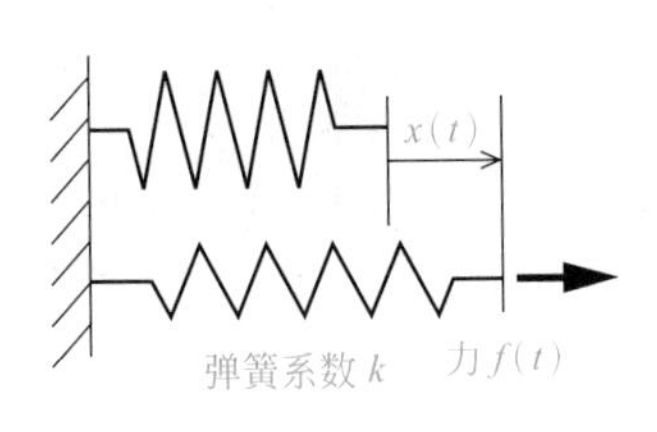

（a）机械系统：胡克定律

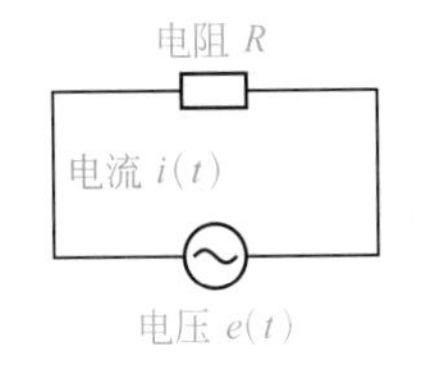

（b）电气系统：欧姆定律

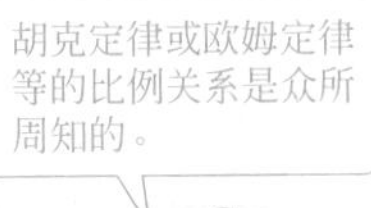

图3.8　比例环节的示例

$$f(t)=kx(t) \text{ 或者 } \frac{x(t)}{f(t)}=\frac{1}{k}$$

对上式的传递函数$G(s)$，分别使用输入和输出各自的拉普拉斯变换$F(s)$和$X(s)$表示，则有：

$$G(s)=\frac{X(s)}{F(s)}=\frac{1}{k}=K_\mathrm{P}$$

式中，$1/k$称为柔度（弹簧系数的倒数）；K_P在控制系统中是比例增益系数。

然后，在图3.8（b）中，当设电压$e(t)$为输入，流入电阻R的电流$i(t)$为输出时，根据基尔霍夫定律（参照附录4.4），此时电阻两端的输入和输出之间的关系为：

$$e(t)=Ri(t) \text{ 或者 } \frac{i(t)}{e(t)}=\frac{1}{R}$$

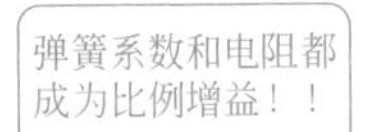

若将传递函数设为$1/k=K_\mathrm{P}$，分别使用输入和输出各自的拉普拉斯变换$E(s)$和$I(s)$，则有：

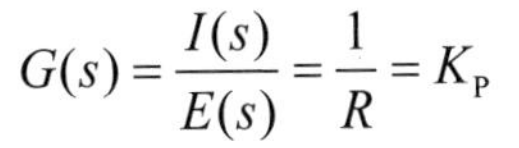

$$G(s)=\frac{I(s)}{E(s)}=\frac{1}{R}=K_\mathrm{P}$$

综上所述可知，从图3.8（a）所示的机械系统和图3.8（b）所示的电气系统中，都得到了相同的关系式。这样一来，就能用相同的数学关系表示机械系统和电气系统等完全不同的物理系统，我们将其称为系统的类似（analogy）或者相似关系。如果利用这种关系，在电气系统中进行机械系统的试验就成为可能。

3.3

积分环节的传递函数

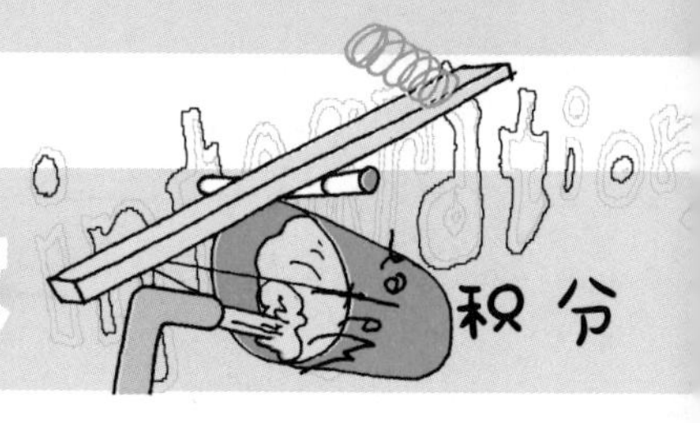

活塞只能做与储存能量相当的功

❶ 液压缸或电容等都属于积分环节。

❷ 积分环节所进行的是与输入的积分成比例的运动。

如图3.9所示，假设有流量为$x(t)$的自来水流入水桶，则在t时刻，流入桶中蓄积的总水量可以用下式表示：

$$Q(t)=\int_0^t x(t)\mathrm{d}t$$

像这样涉及积分值的环节就是积分环节。

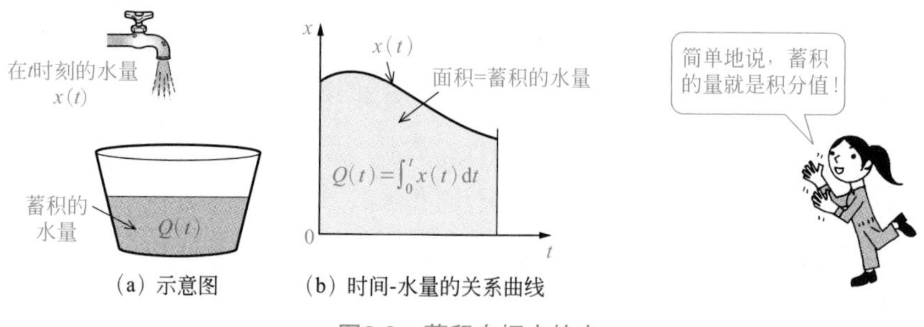

图3.9　蓄积在桶中的水

图3.10（a）所示的是积分环节的实例，这是在机械系统中作为液压装置或空压装置等部件使用的活塞缸。在图3.10（a）中，假设流量为$x(t)$的流体从左侧流入活塞缸内（相同量的流体从缸体右侧流出），则从0时刻到t时刻的总流入量为$Q(t)$。在这里，忽略缸体和活塞接触面之间的摩擦和流体的泄漏，设活塞的受压面积为A，则活塞的移动距离$y(t)$表示为：

$$y(t)=\frac{Q(t)}{A}=\frac{1}{A}\int_0^t x(t)\mathrm{d}t$$

这一积分值就是总的流入量！

这时，如果考虑输入和输出的拉普拉斯变换，就能够得到：

$$Y(s)=\frac{1}{As}X(s)$$

进而，由输入和输出的比，就能够求出传递函数，有：

$$G(s)=\frac{Y(s)}{X(s)}=\frac{1}{As}=\frac{K_{\mathrm{I}}}{s}$$

在这里，设$K_{\mathrm{I}}=1/A$，K_{I}被称为积分增益系数。

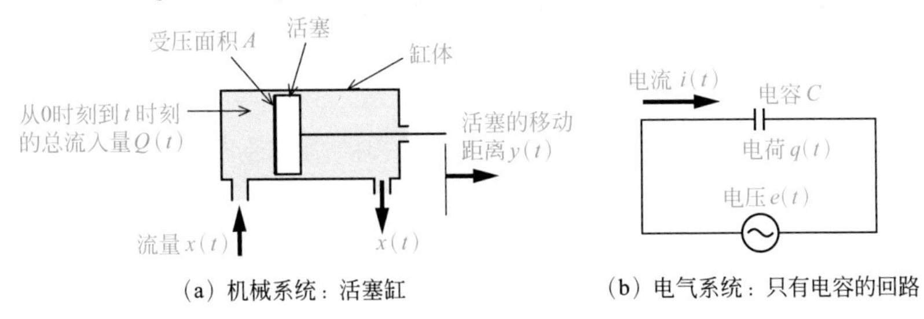

(a) 机械系统：活塞缸　(b) 电气系统：只有电容的回路

图3.10　积分环节的示例

然后，在图3.10（b）所示的电路中，当电流$i(t)$流入电容C中时，根据基尔霍夫第二定律，电容两端的电压（电动势）和电容存储的电荷$q(t)$能用下列积分式表示。

$$e(t)=\frac{1}{C}q(t)=\frac{1}{C}\int_{0}^{t}i(t)\mathrm{d}t$$

对方程的两边同时进行拉普拉斯变换，就能够推导出下式。

电容的电压与
流入的电流总
量（电流的积
分值）成比例！

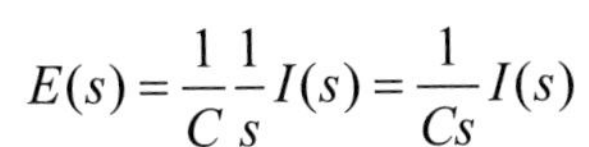

$$E(s)=\frac{1}{C}\frac{1}{s}I(s)=\frac{1}{Cs}I(s)$$

由输入和输出的拉普拉斯变换之比，求解出的传递函数为：

$$G(s)=\frac{E(s)}{I(s)}=\frac{1}{Cs}=\frac{K_{\mathrm{I}}}{s}$$

在这里，设$K_{\mathrm{I}}=1/C$。综上可知，图3.10（a）和图3.10（b）两者的传递函数都是用相同数学式表示的。

即，设K_{I}为积分增益系数，则积分环节的传递函数用下式表示。

$$G(s)=\frac{K_{\mathrm{I}}}{s}$$

这一表达式就是积分环节传递函数的标准形式。

3.4

微分环节的传递函数

根据倾斜的角度来
预测未来的趋势

要点

根据拐杖具有的防摔倒触头的变化进行预防。

❶ 阻尼器和电感（线圈）属于微分环节。

❷ 微分环节是指输出与输入的变化率成比例的运动。

图3.11（a）所示的是由缸体、带有小孔的活塞以及黏性流体构成的阻尼器，图3.11（b）所示的是只由电感（线圈）构成的电气回路。在图3.11（a）中，当使活塞向右侧运动时，被密封的黏性流体（可以认为是非压缩性的液体）就从活塞上的小孔向左流动，这时所产生的阻抗就是黏性阻尼。一般地，可以认为这种阻尼与活塞的运动速度（位移的微分）成比例。

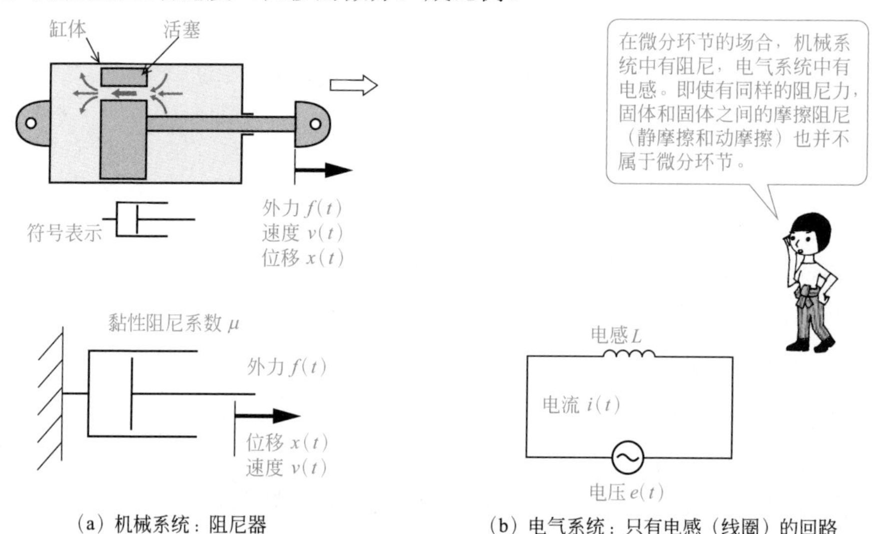
缸体
活塞
符号表示
外力 $f(t)$
速度 $v(t)$
位移 $x(t)$
黏性阻尼系数 μ
外力 $f(t)$
位移 $x(t)$
速度 $v(t)$
在微分环节的场合，机械系统中有阻尼，电气系统中有电感。即使有同样的阻尼力，固体和固体之间的摩擦阻尼（静摩擦和动摩擦）也并不属于微分环节。
电感 L
电流 $i(t)$
电压 $e(t)$

（a）机械系统：阻尼器　（b）电气系统：只有电感（线圈）的回路

图3.11　微分环节的示例

在图3.11（a）中，如果设阻尼器的运动速度为$v(t)$、移动距离（位移）为$x(t)$、外力（可以认为是阻尼力）为$f(t)$，则外力$f(t)$就与运动速度$v(t)$成比例，运动速度$v(t)$为移动距离（位移）的微分值。即如下式所示：

$$f(t)=\mu v(t)=\mu\frac{\mathrm{d}}{\mathrm{d}t}x(t)$$

在这里，将μ称为黏性阻尼系数，这是与流体黏度、活塞形状以及孔径大小等有关的常数。

将阻尼器的活塞的位移$x(t)$设为“输入”，阻尼或者外力$f(t)$设为“输出”，则输出$f(t)$就与输入$x(t)$的微分成比例，将具有这种关系的环节称为微分环节。然后，考虑输入和输出的拉普拉斯变换，有：

$$F(s)=\mu sX(s)$$

由输入和输出的拉普拉斯变换之比，就能求出传递函数$G(s)$，有下式成立。

$$G(s)=\frac{F(s)}{X(s)}=\mu s=K_{\mathrm{D}}s$$

在这里，K_{D}被称为微分增益系数。

然后，在图3.11（b）中，当电感中流有电流$i(t)$时，根据基尔霍夫第二定律，电感两端产生的电压（电动势）可用电流的微分进行表达，如下式所示。

$$e(t)=L\frac{\mathrm{d}}{\mathrm{d}t}i(t)$$

在这里，对方程式的两边都进行拉普拉斯变换，推导所得数学式如下所示。

$$E(s)=LsI(s)$$

从输入和输出的拉普拉斯变换之比，求解传递函数$G(s)$，有下式成立。

$$G(s)=\frac{E(s)}{I(s)}=Ls=K_{\mathrm{D}}s$$

在这里，设$K_{\mathrm{D}}=L$。综上所述可知，图3.11（a）和图3.11（b）两者的数学表达式具有相同的形式。

即，设K_{D}为微分增益系数，则微分环节传递函数能表示成下式的形式。

$$G(s)=K_{\mathrm{D}}s$$

这一数学表达式就是微分环节传递函数的标准形式。

利用微分即变化率，能够推测将来的增减！这种情况能在预期控制执行阶段得以应用。

3.5 惯性环节的传递函数

要点 ……一阶惯性环节是由比例环节和微分环节组合而成

❶ 牢记一阶惯性环节是由增益系数和时间常数构成的基本形式。
❷ 一阶惯性环节，在机械系统中是由弹簧和阻尼器构成，在电气系统中是由线圈和电阻构成。
❸ 一阶惯性环节，在机械系统中是利用达朗贝尔原理推导，在电气系统中是由基尔霍夫定律等推导。

在图3.12（a）所示的弹簧-阻尼系统中，当给系统施加外力$f(t)$时，将弹簧的位移（阻尼缸的活塞也进行相同的运动）$x(t)$设为输出的系统称为一阶惯性环节。图3.12（b）所示的电感（线圈）-电阻构成的电气回路也是惯性环节。由此可见，惯性环节也是一阶滞后环节。

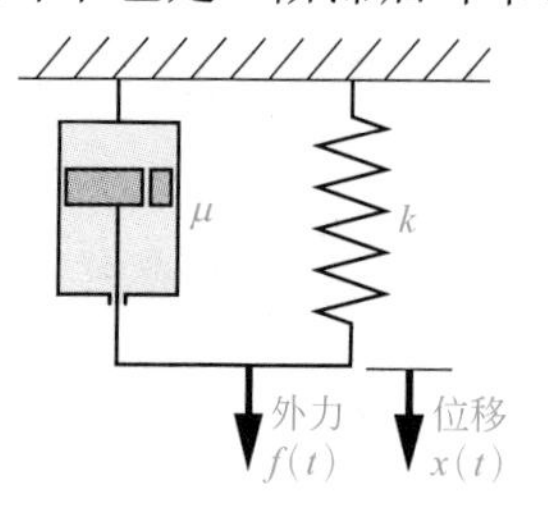

（a）机械系统：弹簧和阻尼系统

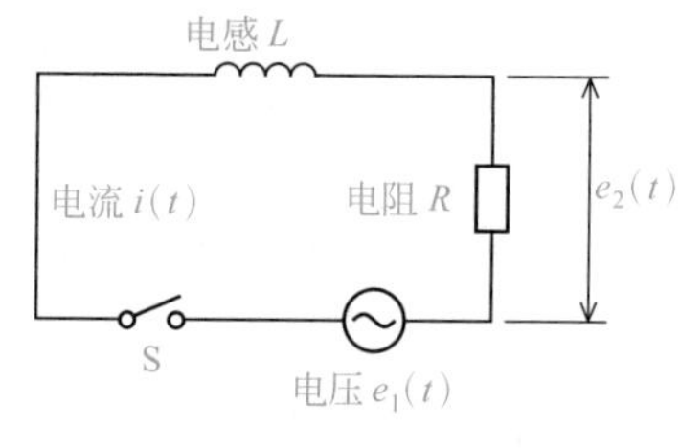

（b）电气系统：电感（线圈）-电阻构成的电气回路

进行衰减振动的都可以认定是一阶的惯性环节。

图3.12　惯性环节的示例

在图3.12（a）中，根据达朗贝尔原理（力的平衡），能够得到下列的关系式。

$$\mu \frac{\mathrm{d}}{\mathrm{d}t} x(t) + kx(t) = f(t)$$

式中，μ为黏性阻尼系数，N/(m/s)；k为弹簧系数，N/m。然后，对方程式的两边进行拉普拉斯变换，整理后得到下式。

$$(\mu s + k)X(s) = F(s)$$

对传递函数按$X(s)/F(s)$之比进行求解，得到如下的表达式。

$$G(s) = \frac{X(s)}{F(s)} = \frac{1}{\mu s + k}$$

然后，对传递函数的数学式进行变形整理，得到：

$$G(s)=\frac{1}{\mu s+k}=\frac{\frac{1}{k}}{\left(\frac{\mu}{k}\right)s+1}$$

设 $T=\mu/k$、$K=1/k$，上式就变为：

$$G(s)=\frac{K}{Ts+1}$$

所推导出的上述数学式是一阶惯性环节传递函数的标准形式。在这里，T是时间常数，K是增益系数。另外，有时弹簧系数（刚度）的倒数$1/k$也被称为柔度。

同样地，图3.12（b）所示的电气回路也能根据基尔霍夫第二定律，得到下列的两个方程式。

$$e_1(t)=L\frac{\mathrm{d}}{\mathrm{d}t}i(t)+e_2(t) \text{ 以及 } e_2(t)=Ri(t)$$

由于我们认为输入是$e_1(t)$，输出是$e_2(t)$，所以由两式消去$i(t)$后，得到：

$$e_1(t)=\frac{L}{R}\times\frac{\mathrm{d}}{\mathrm{d}t}e_2(t)+e_2(t)$$

对方程的两边分别进行拉普拉斯变换，得到：

$$E_1(s)=\frac{L}{R}sE_2(s)+E_2(s)$$

另外，对传递函数按$E_2(s)/E_1(s)$之比进行求解，得到如下的表达式。

$$G(s)=\frac{E_2(s)}{E_1(s)}=\frac{1}{\frac{L}{R}s+1}$$

在上式中，如果设$T=L/R$，可知方程式就成为一阶惯性环节传递函数的标准形式（K等于1时的格式）。

如同一阶惯性环节+一阶惯性环节=二阶惯性环节、一阶惯性环节+二阶惯性环节=三阶惯性环节那样，一阶惯性环节是控制的基础！！

3.6 振荡环节的传递函数

振荡环节是指质量和弹簧以及阻尼组成的系统

❶ 振荡环节要使用固有频率和阻尼系数进行分析。
❷ 在振荡环节中，如果阻尼系数为0，就是简谐振动。
❸ 高阶环节的分析基础是一阶环节和二阶环节。

在图3.13（a）所示的质量-弹簧-阻尼系统中，当施加作用力$f(t)$时，将弹簧位移$x(t)$作为输出的系统称为振荡环节。图3.13（b）所示的电阻-电感（线圈）-电容组成回路的电气系统也是振荡环节。由此可见，振荡环节属于二阶的惯性环节。

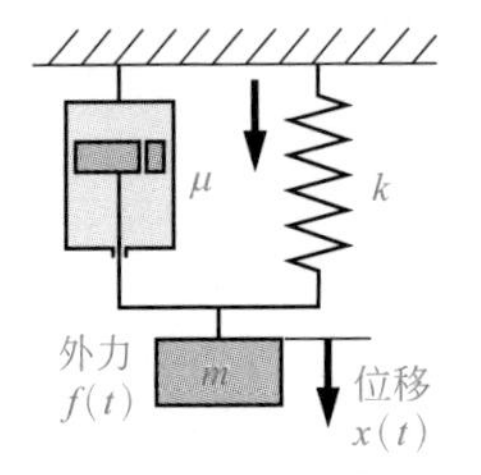

（a）机械系统：质量-弹簧-阻尼

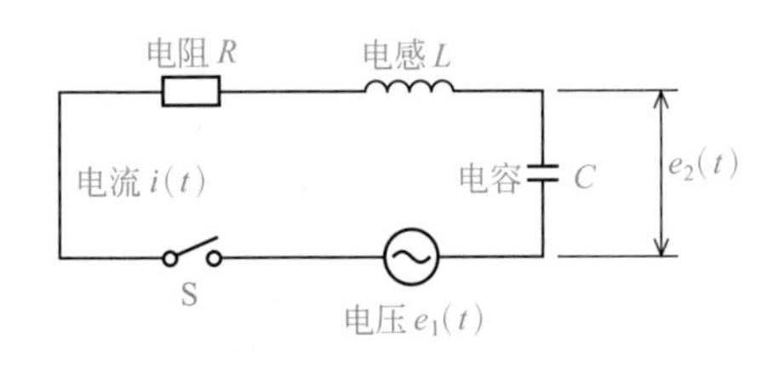

（b）电气系统：电阻-电感（线圈）-电容

图3.13　振荡环节的示例

在图3.13（a）中，基于达朗贝尔原理（力的平衡），能得到下列关系式。

$$m\frac{\mathrm{d}^2}{\mathrm{d}t^2}x(t)+\mu\frac{\mathrm{d}}{\mathrm{d}t}x(t)+kx(t)=f(t)$$

式中，m为质量，kg；μ为黏性阻尼系数，N/(m/s)；k为弹簧系数，N/m。然后，对方程式两边进行拉普拉斯变换，整理之后，得到：

$$ms^2X(s)+\mu sX(s)+kX(s)=F(s)$$

将传递函数按$X(s)/F(s)$之比进行求解，得到如下的表达式。

$$G(s)=\frac{X(s)}{F(s)}=\frac{1}{ms^2+\mu s+k}$$

在这里，按照下列的定义式给出新的变量。

在机械系统中，考虑了惯性力影响的惯性环节就是振荡环节的标准形式。

$$\omega_n = \sqrt{\frac{k}{m}}, \quad \zeta = \frac{\mu}{2\sqrt{mk}}, \quad K = \frac{1}{k}$$

使用这几个新的变量，进行传递函数的变形，得到：

$$G(s) = \frac{K\omega_n^{\ 2}}{s^2 + 2\zeta\omega_n s + \omega_n^{\ 2}}$$

式中，ω_n为系统的无阻尼固有频率；ζ为系统的阻尼比；K为系统的增益系数。上式就是振荡环节传递函数的标准形式。

同样地，图3.13（b）所示的电气回路也能根据基尔霍夫第二定律，得到如下的两个方程式。

$$e_1(t) = Ri(t) + L\frac{\mathrm{d}}{\mathrm{d}t}i(t) + e_2(t)$$

$$e_2(t) = \frac{1}{C}\int_0^t i(t)\mathrm{d}t \text{ 或者 } i(t) = C\frac{\mathrm{d}}{\mathrm{d}t}e_2(t)$$

假设输入为$e_1(t)$，输出为$e_2(t)$，从两式中消去中间变量$i(t)$，整理之后，得到：

$$e_1(t) = LC\frac{\mathrm{d}^2}{\mathrm{d}t^2}e_2(t) + RC\frac{\mathrm{d}}{\mathrm{d}t}e_2(t) + e_2(t)$$

对方程式的两边分别进行拉普拉斯变换，将传递函数按$E_2(s)/E_1(s)$之比进行求解，得到如下的表达式。

$$G(s) = \frac{E_2(s)}{E_1(s)} = \frac{1}{LCs^2 + RCs + 1}$$

在这里，设定下列的关系式成立。

$$\omega_n = \sqrt{\frac{1}{LC}}, \quad \zeta = \frac{R}{2}\sqrt{\frac{C}{L}}$$

将上述的关系式代入，进行传递函数的变形，得到如下的表达式。

$$G(s) = \frac{\omega_n^{\ 2}}{s^2 + 2\zeta\omega_n s + \omega_n^{\ 2}}$$

这就是说，图3.13（b）所示的电气回路也是之前所述的机械系统的振荡环节传递函数的标准形式，这相当于K=1的场合。

在机械控制系统中，要以一阶惯性环节和二阶振荡环节为基础，分析各因素（ζ、ω_n等）对系统的影响。

3.7

滞后环节的传递函数和小结

控制的关键是并不多余的滞后时间

❶ 在设备的控制中，能够实现时间的延迟。
❷ 在机械系统和电气系统中，能够形成同样的控制系统。

（1）滞后时间

在图3.14（a）中，水龙头的阀门一旦开启，流体立刻就会从水龙头的出口流入水槽。但是，在图3.14（b）中，由于阀门到出口有一定的距离，所以在阀门开启后，流体需要经过一段时间后才能流入水槽。如此一来，在某种操作行为发生之后，动作需要经过一定的时间（称为延迟时间）才能够开始执行的环节称为延时环节。

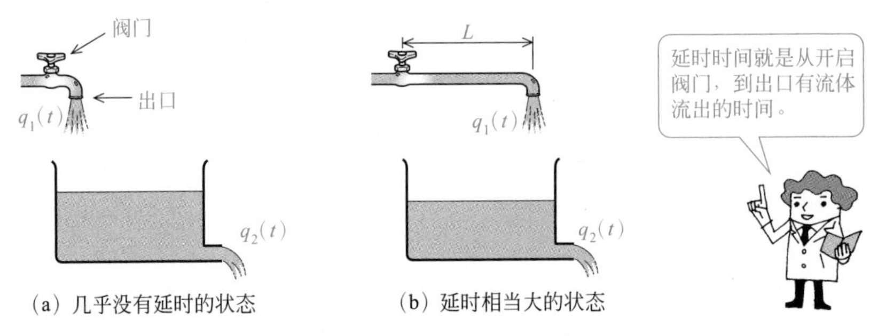

（a）几乎没有延时的状态　　（b）延时相当大的状态

图3.14　延时环节的示例

在图3.14（b）中，在阀门开启的场合，假设流过阀门的流量是理想的阶跃形状，阀门的流量就如图3.15（a）所示的那样，这种情况下的出口流量（水槽的流入量）的变化可用如图3.15（b）所示的状态表示。

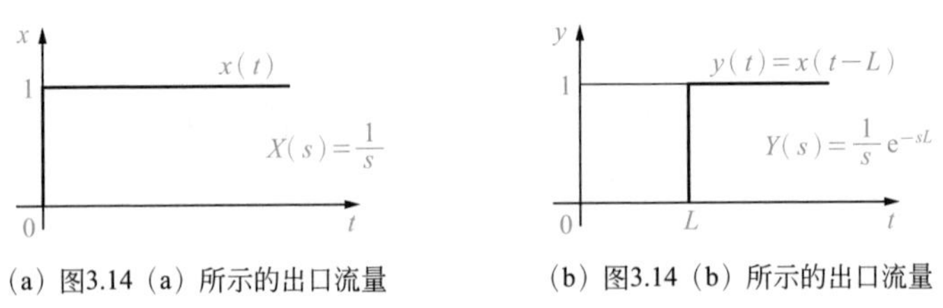

（a）图3.14（a）所示的出口流量　　（b）图3.14（b）所示的出口流量

图3.15　延时环节的表示示例

假设图3.15（a）所示的$x(t)$为输入、图3.15（b）所示的行动延时L的$y(t)=x(t-L)$为输出，则通过两者的拉普拉斯变换，得到延时环节的传递函数为：

$$G(s)=\frac{Y(s)}{X(s)}=\mathrm{e}^{-sL}$$

在这里，将L称为延时时间。在这种场合下，$(t-L)$的拉普拉斯变换遵循定义进行，也可将$(t-L)$作为可变变量进行求解，而使用表2.1所示的时域t的位移定理就更简单。

在机械和各类装置中，延时是无法避免的现象。例如，在化工设备等的混合装置（参照图1.7）中，在进行两种以上原料混合的场合，当原料罐到混合器的距离不同时产生的延时；或者，在轧辊的轧制控制场合，当厚度检测传感器偏离轧辊的轧制点时产生的延时；又或者，在采用较长的管道进行输送的场合，输送过程中混入染料或其他液体并在较远的场所进行浓度控制时产生的延时等。所列举的几种情况都会发生延时，无论哪一种情况都是无法避免的。要注意的是，由于延时会成为以后所讲述的振荡发生的原因，所以尽可能地减少延时时间为好。

（2）机械系统和电气系统的类似性

到目前为止，在表示机械系统和电气系统的回路中，我们知道机械系统和电气系统可以采用相同形式的关系式或者微分方程式进行表示。进而，传递函数也能整理成相同的基本形。基于这些方程式，将类似的物理量进行对比，其比较的结果见表3.1。

表3.1　机械系统和电气系统的相似性

机械系统	电气系统
力 f(N)	电压 e(V)
位移 x(m)	电荷 q(C)
速度 v(m/s)	电流 i(A)
黏性阻尼系数 μ[N/(m/s)]	电阻 R(Ω)
柔度 $\frac{1}{k}$(m/N)	电容 C(F)
质量 m(kg)	电感 L(H)

注：符号的大写文字或小写文字都基于本书中的文字。

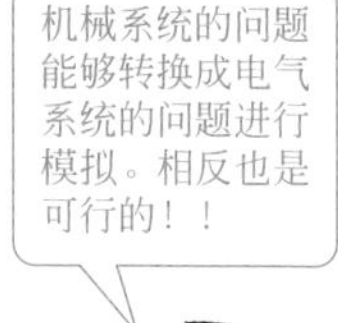

机械系统的问题
能够转换成电气
系统的问题进行
模拟。相反也是
可行的！！

例如，从表3.1可以得知力对应于电压，位移对应于电荷。因此，在机械系统中，当力为1N，速度为2m/s，质量为3kg时，就可以将其视为在电气系统中的电压是1V，电流是2A，电感是3H。单位最好还是取各自的基本单位。

进行这种类比，就可以用电气系统的电路来模拟机械系统的实验，或者进行相反的模拟。另外，通过这种方式能制订出实验容易观察以及数据容易测量的方案。

(3) 传递函数的小结

对第3章所涉及的典型元件的传递函数进行总结，并列于表3.2。尽管传递函数是以s为变量的函数，且函数的形式和环节名称都是通用的，但是传递函数所使用的系数符号却有可能不同。在本书中，我们将采用如表3.2所示的统一符号。

表3.2 典型控制环节传递函数的标记

环节名称	传递函数 $G(s)$	备注
比例环节	K_P	K_P：比例增益系数
积分环节	$\frac{K_I}{s}=\frac{K_P}{T_I s}$	K_I：积分增益系数 K_P：比例增益系数 T_I：积分时间常数
微分环节	$K_D s=K_P T_D s$	K_D：微分增益系数 K_P：比例增益系数 T_D：微分时间常数
惯性环节	$\frac{K}{Ts+1}$	K：增益系数 T：时间常数
振荡环节	$\frac{K\omega_n^2}{s^2+2\zeta\omega_n s+\omega_n^2}$	K：增益系数 ζ：阻尼比 ω_n：无阻尼固有频率
延时环节	e^{-sL}	L：延时时间

注：1. 有时也称增益为放大倍数。

2. 关于积分环节的时间常数K_I和微分环节的时间常数T_D等在第7.6节进行说明。

专栏 并行接口和串行接口

微机或PC与外部进行数据交换的传输方式有并行传送和串行传送两种类型。为此，以前的PC附带了各种各样的接口，而最近的PC中采用串行接口进行数据传送的USB接口占主流。

例如，英文的小写字母“a”在JIS（日本工业标准）中的编码是二进制的“01100001”。其在并行接口的传输是用8根线同时传送“01100001”；在串行接口的数据传输是一位一位地顺序传送，在1根线上按照先传送“1”，然后传送“0”，再传送“0”……的顺序进行传送。

乍一看，会认为并行传送方式的效率高。但是在并行传送的场合，由于有集束捆扎的通道线之间互相干扰，8位（1个字节）数据同一时刻传送，传输速度的限制以及传输的控制问题等的出现，所以现在串行接口传送也已被人们所重视。

专栏　实感阻尼器

在我们的日常生活中，几乎看不到阻尼器单独使用的场景。尽管如此，亲身体验阻尼器的功效也是有可能的，例如图3.16所示的自行车用的打气筒。

在使用打气筒时，将打气筒的气嘴钳口夹在自行车轮胎的气门上，握住打气筒的把手，如果以足够高的速度上下推拉把手，则在手掌感受到阻力的同时，就有空气进入自行车的轮胎。如果运动的速度过慢，手掌就不会感到有阻力，自行车的轮胎也就没有空气进入。

如此一来，阻力因活塞的运动速度不同而有所差异的装置就是阻尼器。

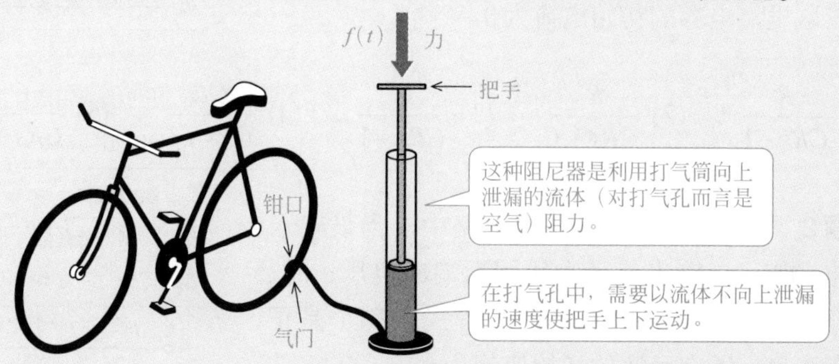

$f(t)$ 力
把手
这种阻尼器是利用打气筒向上泄漏的流体（对打气孔而言是空气）阻力。
钳口
在打气孔中，需要以流体不向上泄漏的速度使把手上下运动。
气门

图3.16　打气筒和阻尼器

习题

习题1 在图3.17所示的R-C并联电路中，当输入信号为电流i_1，输出信号为电容的两端电压e时，试指出下列表示传递函数$G(s)$的方程式中哪个是正确的。在这里，电容的初始电荷为0。

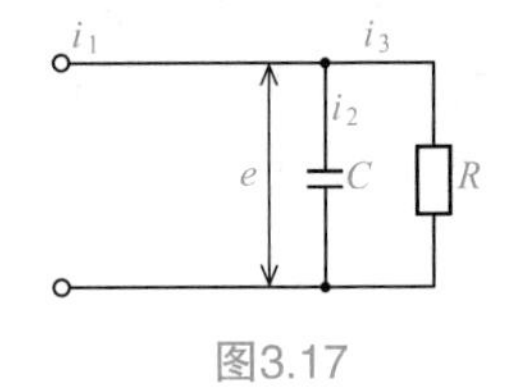

图3.17

(1) $\dfrac{R}{CRs-1}$ (2) $\dfrac{R}{CRs+1}$ (3) $\dfrac{C}{CRs-1}$ (4) $\dfrac{CR}{CRs+1}$ (5) $\dfrac{C}{CRs+1}$

习题2 在图3.18所示的R-L电路中，当设输入信号为电动势e_1，输出信号为线圈两端的电压e_2时，试指出下列表示传递函数$G(s)$的方程式中哪个是正确的。在这里，所有函数的初始值都为0。

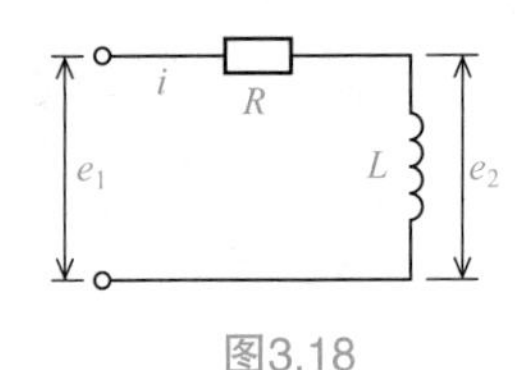

图3.18

(1) $\dfrac{\frac{L}{R}}{1+\mathrm{j}\omega\frac{L}{R}}$ (2) $\dfrac{\mathrm{j}\omega\frac{R}{L}}{1-\mathrm{j}\omega\frac{L}{R}}$ (3) $\dfrac{\mathrm{j}\omega\frac{L}{R}}{1-\mathrm{j}\omega\frac{L}{R}}$ (4) $\dfrac{\mathrm{j}\omega\frac{L}{R}}{1+\mathrm{j}\omega\frac{L}{R}}$ (5) $\dfrac{1}{1-\mathrm{j}\omega\frac{L}{R}}$

习题3 试求下列传递函数的增益系数K和时间常数T。

$$G(s)=\frac{8}{5s+2}$$

习题4 试求下列传递函数的增益系数K、阻尼比ζ以及无阻尼固有频率ω_n。

$$G(s)=\frac{15}{5s^2+6s+5}$$

第4章

方框图

方框图的基础就是用四角形的框（称为方框）表示控制装置的流程等。在方框图的左侧，有箭头的直线所表示的是这个机器或装置的输入（输入信号）；在方框图的右侧，有箭头的直线所表示的是输出（输出信号）。

方框图是一种形象直观的图形表示方法，通常用于控制系统的求解和图解分析。并且，无论控制装置的类型如何，用这种方法都能够发现其控制的关键问题。即使方框里的内容是使用装置的简图或文字信息进行描述的也无妨，通常它所展示的是带有标记的传递函数。

使用方框图进行控制分析的基础，是用基本的方框图连接表示从最初的输入到最终输出的流程，然后进行等效变换和简化。

在本章中，我们将学习方框图的基本结构、绘制方法和等效简化方法（结合定理）等，并说明控制系统的图形分析方法。

4.1 方框图的基本结构

四角形的框表示的是世界通用的信号流程

❶ 用“方框”这一四角形的框表示传递函数。
❷ 用信号线连接方框，表示控制的流程。
❸ 在方框和信号线等上填写说明。

(1) 表示控制流程的方框图

所谓的方框图是指采用四角形的框（称为方框，表示控制元件，即传递函数）和信号线（带有箭头的线段）等表示控制流程的图。

例如，对施加在弹簧上的作用力使其产生变形（伸缩）这一弹簧问题，就可以用如图4.1所示的方框图进行表示。另外，在电流流入电阻的场合，通常能够用图4.2所示的方框图表示。方框图的结构，通常是在方框（传递环节）的左侧表示输入（输入信号），在右侧表示输出（输出信号），在图中清晰地展示流向和离开控制装置的信号流向，具有从视觉上掌握控制流程的优点。

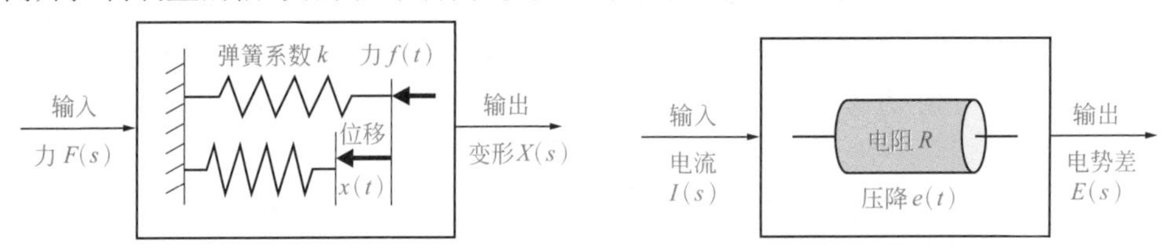

图4.1 力作用的传递环节为弹簧的方框图　　图4.2 电流流入的传递环节为电阻的方框图

在使用方框图表示的传递环节中，不仅仅限于诸如机械和电气等领域，即使是在同样的机械工程领域中，也会有各种各样的类型，例如液压和气动设备、齿轮装置、凸轮机构等。此外，还有构成这些装置或机构的各组成零件。如果每一次都用图4.1或图4.2所示的这种方法进行表示，就无法形成统一的分析方法。

如果开始就写下设备或者零部件的名称和符号的话，将很容易理解。

因此，在控制系统的方框图中，通常是用图4.3所示的形式来替代图4.1，方框图的输入和输出则用各自的拉普拉斯变换的象函数表示，在方框中写入环节的传递函数。

如果用图4.3所示形式来表示方框图，则除了 $F(s)$ 和 $X(s)$ 这些表示符号不同之外，图4.2的表示方法也能够采用相同的方框图。这就是这种方法的优点，即能够对机械的自动控制问题进行统一处理。

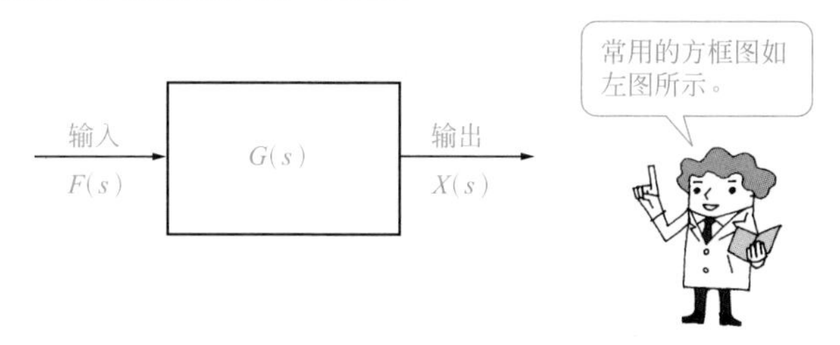

图4.3 常用方框图的表示

另外，图4.1和图4.2的方框图都是构成机器的单一零件。由此可见，对于由多个零件构成的机器来说，如果采用单一零件方框图的组合进行分析，机器的方框图就会变得相当复杂。因此，在采用方框图进行图解分析控制系统的场合，为了使用后面讲述的简化和等效变换，需要如图4.3所示的统一的表示方法。

(2) 方框图的基本组成

方框图的使用通常是按照如下步骤进行：首先，对由各零部件组合而成的机器按照基本的表示方法进行框图的描绘；然后，简化成更简单的方框图，求出整体系统的传递函数。

这样一来，在为了求出整体系统的传递函数而使用方框图的场合，需要按照规定的准则进行方框图的绘制。在此，说明方框图的基本组成。

① 信号线。如图4.4所示，方框图中的信号线是指用带有箭头的有向线段表示输入信号和输出信号等的流向。另外，控制图中所涉及的信号，有位移、速度、力以及电压等，箭头指向信号的前进方向。

通常，在信号线上写入的是信号的象函数［这是以时间为自变量的函数经拉普拉斯变换所得的函数。例如，用信号$x(t)$的拉普拉斯变换所得的$X(s)$等］。

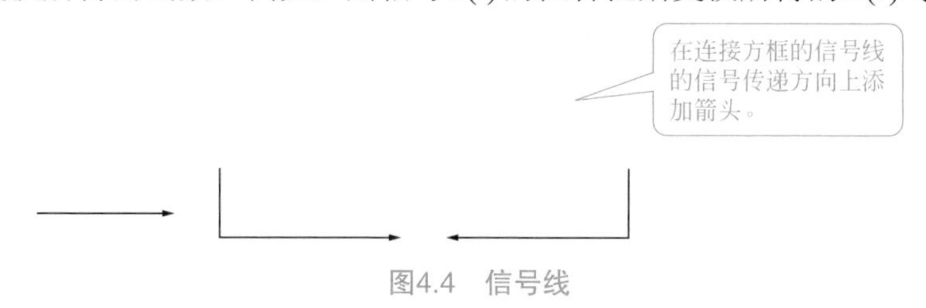

图4.4 信号线

② 方框。传递函数表示所接收的输入信号是如何变换成输出信号的。方框表示传递环节，在方框内写有传递函数（图4.5）。传递函数用$G(s)$或$H(s)$等函数名称来表示，或者用具体的函数表示。

在这里，传递函数如在第2.8节中所表示的那样，是指对各初始值都设为0

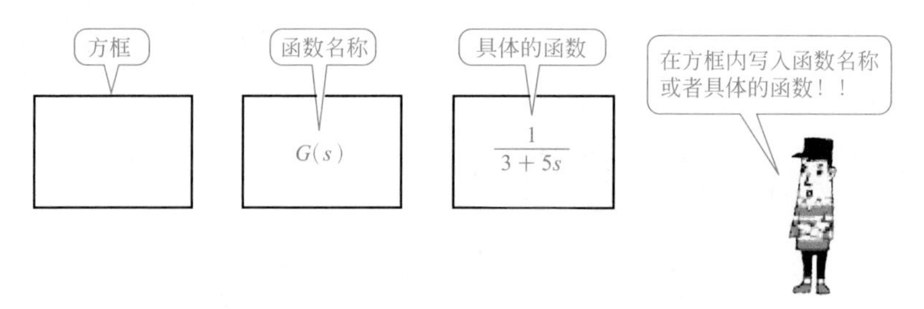

图4.5　传递函数和方框

（时间t=0）时的输入信号和输出信号进行拉普拉斯变换，用变换所得的象函数的比值形式表示。

③ 相加点。相加点表示的是有两个信号（三个及以上信号输入的情况也有）输入的点。相加点的输出是这些信号的代数和（合成）。如图4.6所示，采用○（填充白色的圆）表示相加点，按照信号的传递方向进行加减运算，标记正负符号。

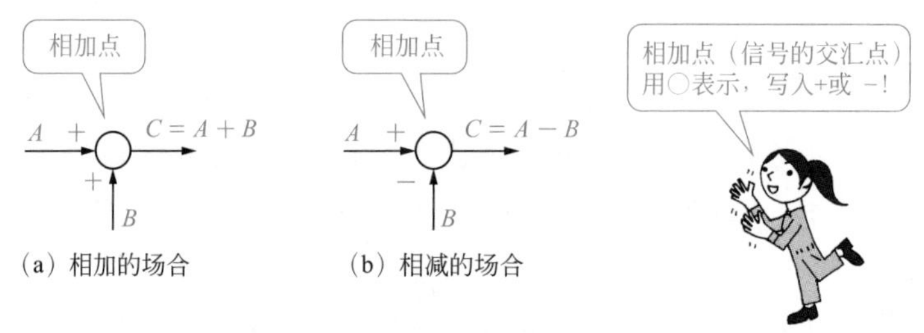

图4.6　相加点

④ 分支点。分支点表示的是一个信号有分支的点。也就是说，它表示同一信号被分成两个及以上的情况，因此信号在分支点的前后保持不变。

为了强调信号的分支场所，通常采用“·”（较小的黑点）表示信号的分支点，但也有只用分支线表示分支点的情况（图4.7）。

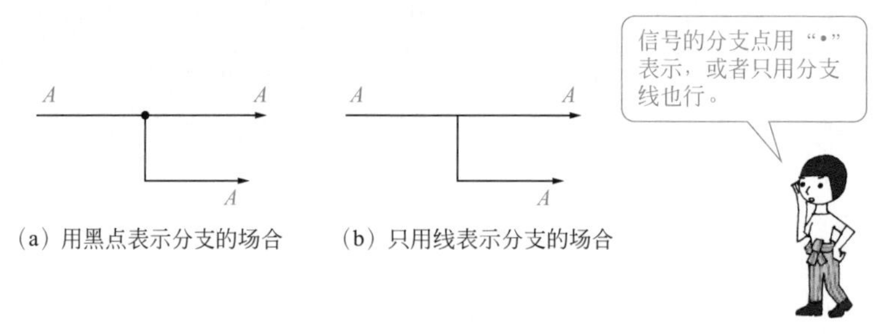

图4.7　分支点

4.2 方框图的基本连接方式

通过连接的变换能使方框图变得简单

❶ 掌握方框图的连接准则。
❷ 方框图的变换在于确认变换位置的信号流向。

当所分析的系统是由众多的零部件组成的机器控制问题时，这种方框图的复杂程度是可想而知的。通常是按照信号的流动方向来进行确认，当最开始的输入信号施加在某一部件时，这一部件的输出信号就传递给下一个部件，然后一个部件接着一个部件连续地传递下去。信号如此传递，由最后的部件输出的所需信号就是输出。于是，根据需要进行控制的机器信号所传递的流程，就能够用图4.8所示的方框图来描绘。

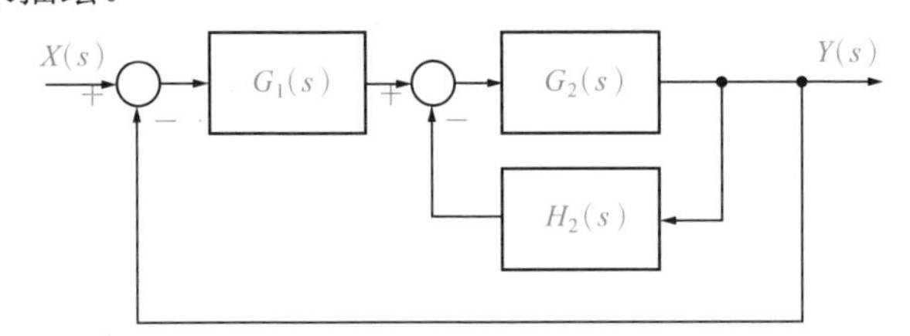

图4.8　复杂的方框图

但是，从图4.8所示的复杂方框图中，想要一看就立刻知道输入信号$X(s)$和输出信号$Y(s)$的传递函数是困难的。另外，由机械或者机器的状态就能够直接推测出如图4.9所示的简单方框图也是非常困难的。因此，需要将图4.8所示的复杂方框图与图4.9所示的简单方框图进行等效变换。为了顺利地进行等效变换，就需要了解下述的基本连接规则。

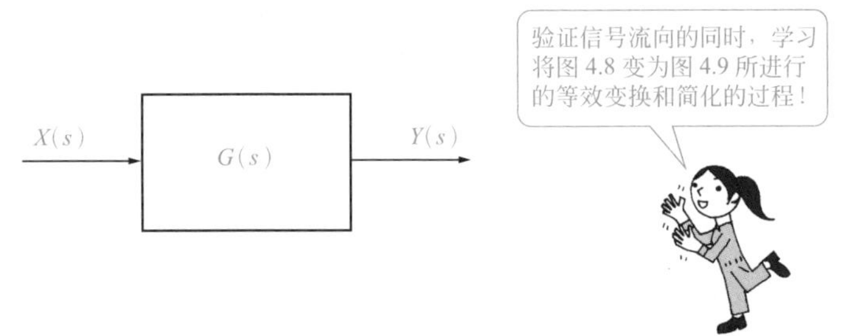

验证信号流向的同时，学习将图 4.8 变为图 4.9 所进行的等效变换和简化的过程！
X(s)
G(s)
Y(s)

图4.9　被控制的整体机器的方框图

(1) 串联连接方式的规则

现在，试分析对传递函数分别为$G_1(s)$和$G_2(s)$的传递环节采用如图4.10所示的串联方式进行连接的情况。

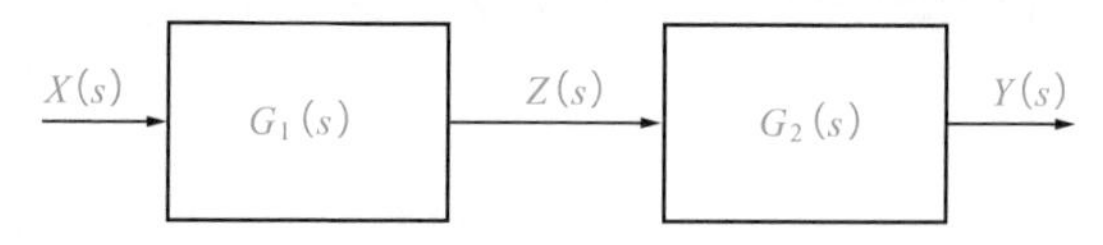

图4.10　方框图串联的等效变换

在图4.10中，根据输入信号、输出信号以及传递函数的关系，进行公式推导。首先，对左侧方框图的输出而言有下列关系成立：

$$Z(s)=G_1(s)X(s)$$

同样地，对右侧方框图的输出而言有下列关系成立：

$$Y(s)=G_2(s)Z(s)$$

从这两个方程式中消除中间量$Z(s)$，求出输入信号$X(s)$和输出信号$Y(s)$之间的关系，得到：

$$Y(s)=G_2(s)G_1(s)X(s)=G(s)X(s)$$

将$G(s)$称为等效传递函数，在串联连接的场合，有$G(s)=G_1(s)G_2(s)$，这就是说$G(s)$是$G_1(s)$和$G_2(s)$的乘积。

因此，图4.10所示的方框图能够简化成图4.11所示的方框图。

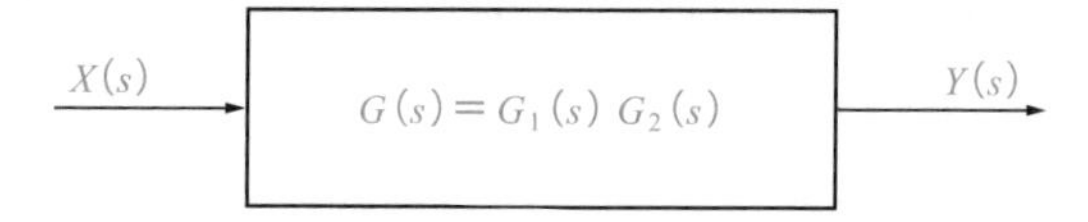

图4.11　串联连接方框图的等价方框图

(2) 并联连接方式的规则

现在，试分析对传递函数分别为$G_1(s)$和$G_2(s)$的传递环节采用如图4.12所示的并联方式进行连接的情况。

在图4.12中，根据输入信号、输出信号以及传递函数之间的关系，进行公式推导。首先，由图上侧的方框图输出可知有下列关系成立：

$$Z(s)=G_1(s)X(s)$$

同样地，由图下侧的方框图输出可知有下列关系成立：

$$W(s)=G_2(s)X(s)$$

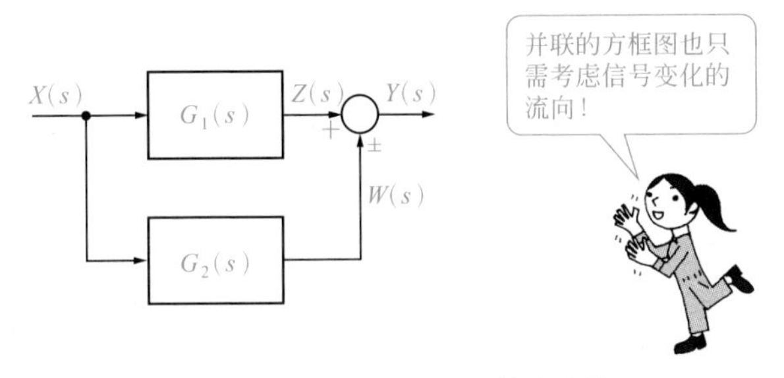

图4.12　方框图并联的等效变换

根据这两个方程式和图4.12所示的相加点$Y(s)=Z(s)\pm W(s)$的关系，可知输入信号和输出信号的关系如下式所示。

$$Y(s)=[G_1(s)\pm G_2(s)]X(s)=G(s)X(s)$$

并列连接的等效传递函数为$G(s)=G_1(s)\pm G_2(s)$。

这就是说图4.12所示的方框图能够简化成图4.13所示的方框图。

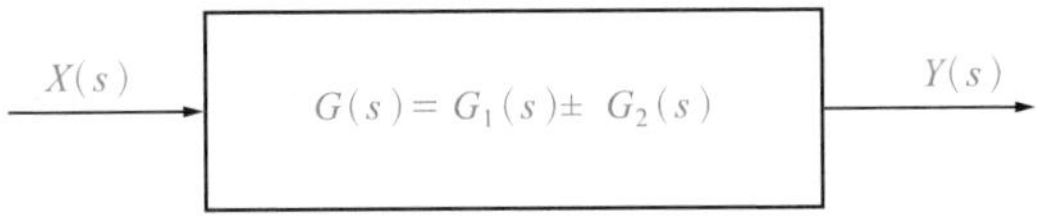

$X(s)$ → $G(s)=G_1(s)\pm G_2(s)$ → $Y(s)$

图4.13　并联连接方框图的等价方框图

（3）反馈连接方式的规则

试分析图4.14所示的反馈连接方式的情况。图4.14中，反馈的循环回路上部的$G_1(s)$被称为前向传递函数，位于反馈通道的$G_2(s)$被称为反馈传递函数。

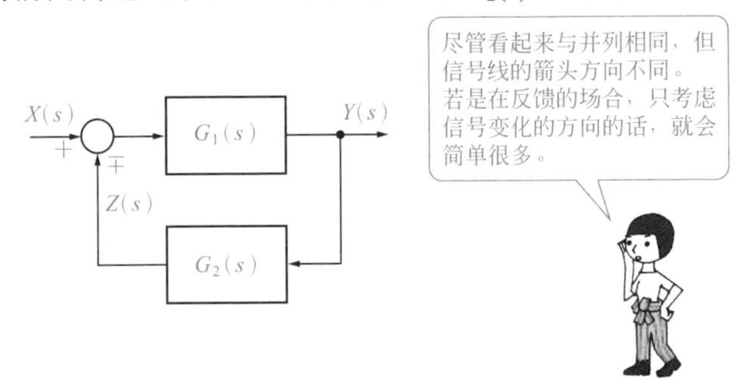

图4.14　反馈连接的方框图等效变换

在图4.14所示的场合，根据输入信号、输出信号以及传递函数之间的关系，进行方程式的推导。首先，图4.14中的上部方框能分离出如图4.15（a）所示的形式，并且有下列关系成立。

$$Y(s)=G_1(s)[X(s)\mp Z(s)]$$

同样地，图4.14中的下部方框能分离出如图4.15（b）所示的形式，并且有下列关系成立。

$$Z(s)=G_2(s)Y(s)$$

从这两个方程式中消去$Z(s)$，得到：

$$Y(s)=G_1(s)[X(s)\mp Z(s)]=G_1(s)[X(s)\mp G_2(s)Y(s)]$$

反馈连接的等效传递函数为：

$$G(s)=\frac{G_1(s)}{1\pm G_1(s)G_2(s)}$$

在这里，应该注意等效后的传递函数的分母符号与相加点的符号相反。

这就是说，图4.14所示的方框图能够等效成图4.16所示的方框图。

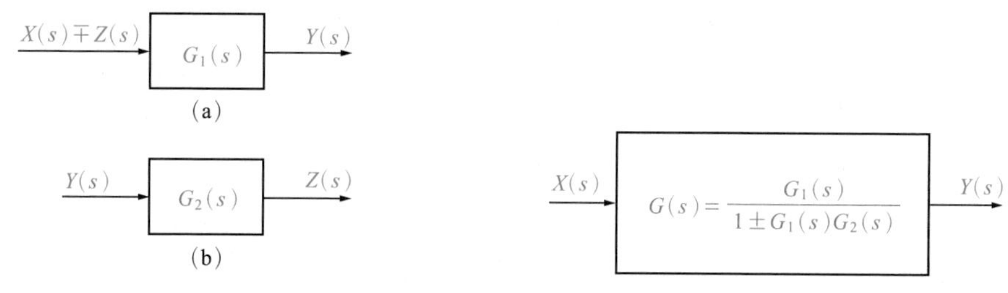

图4.15　各方框图被分割后的输入和输出信号

图4.16　反馈连接方式的等效方框图

4.3 方框图的等效变换和简化

解除纠结　等效变换　自由自在

❶ 牢记传递环节的替换。
❷ 熟悉信号的分支点和相加点的变换。

如上一节所述，在将复杂的方框图等效变换成简单的方框图的场合，所采用的基本的等效变换准则是非常有价值的。但是，在某些情况下，只利用等效变换准则是无法满足使用要求的。

例如，试分析一下图4.17所示方框图的简化问题。

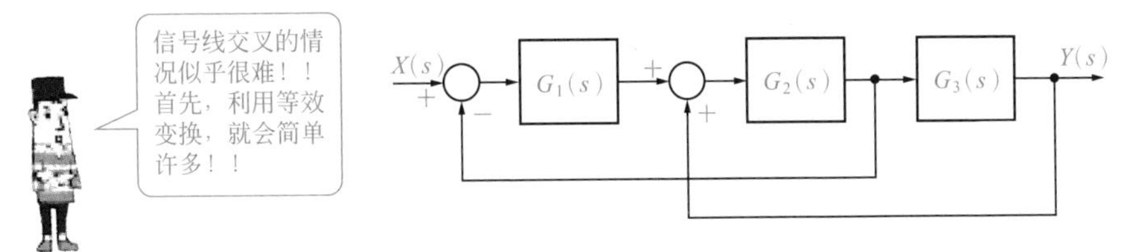

图4.17　有信号线交叉的复杂方框图

在图4.17中，存在着信号线交叉。在这种情况下，不仅要用简化规则，还要使用方框图的等效变换才更加有效。

所谓方框图的等效变换是指在不改变整体或者相应部分的输入与输出之间关系的前提下，变换传递环节的顺序，或者变换信号相加点的位置，或者变换信号分支点等。另外，变换信号的输入位置等在从方框图的视角来探讨其他等效的控制方法时也是很重要的。

下面解释具有代表性的等效变换。

(1) 传递环节的顺序变更

现在，我们分析一下图4.18所示的串联连接的传递环节的顺序变更。

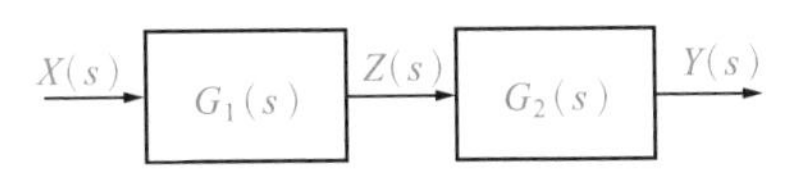

图4.18　串联连接的传递环节

分析图4.18所示的方框图的输入和输出之间的关系。首先，在方框图$G_2(s)$的左侧，有如下关系成立。

$$Z(s)=G_1(s)X(s)$$

在方框图$G_2(s)$的右侧，有如下关系成立。

$$Y(s)=G_2(s)Z(s)$$

基于上述方程式，就可以得到整体的输入和输出之间关系的表达式为：

$$Y(s)=G_2(s)G_1(s)X(s)$$

同样地，分析对图4.18所示的传递环节进行顺序变换所获得的图4.19所示的方框图的输入和输出之间的关系。

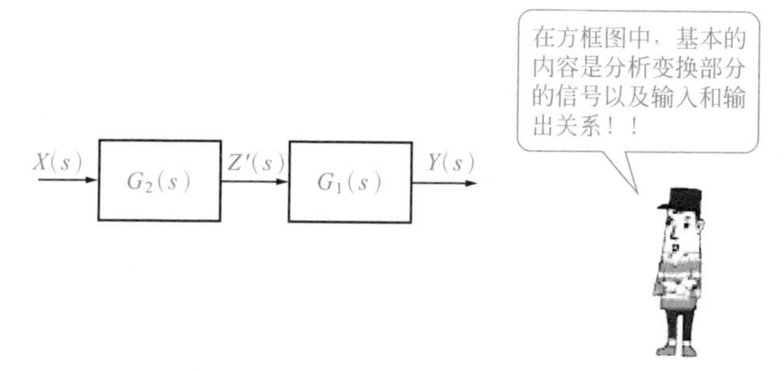
在方框图中，基本的内容是分析变换部分的信号以及输入和输出关系！！
X(s)
G₂(s)
Z′(s)
G₁(s)
Y(s)

图4.19　图4.18的等效变换

左侧方框的输入和输出关系为：

$$Z'(s)=G_2(s)X(s)$$

右侧方框的输入和输出关系为：

$$Y(s)=G_1(s)Z'(s)$$

基于上述方程式，得到如下的关系式。

$$Y(s)=G_2(s)G_1(s)X(s)$$

综上所述，可以得知即使是变换串联连接的传递环节的顺序，其系统的输入和输出之间的关系也是等效相同的。

（2）相加点的位置变换

图4.20表示的是存在串联连接相加点的方框图的其中一部分。

将图4.20所示的相加点位置进行变换，就能够得到图4.21所示的方框图。

在这种场合下，尽管在图4.20中两个相加点中间的信号是$X(s)\pm V(s)$，而在图4.21中与此对应的是$X(s)\pm W(s)$。虽然两者有所差异，但整体的输入和输出都是相同的。

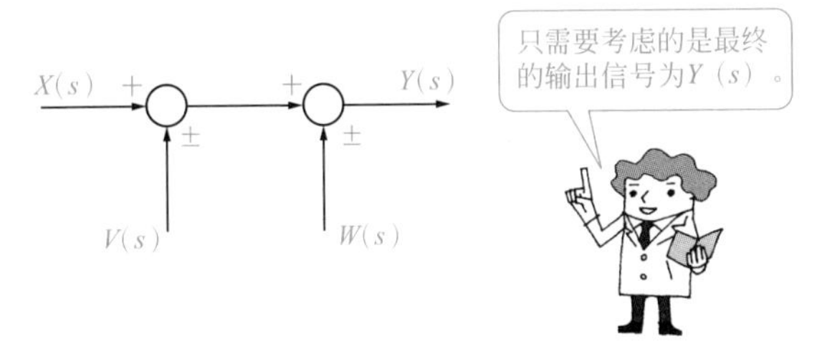

图4.20 串联连接的相加点

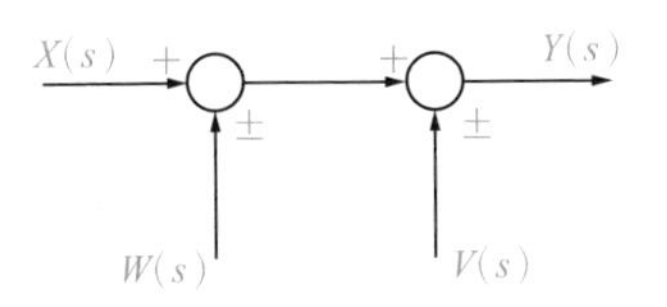

图4.21 图4.20的等效变换

（3）前移变换相加点和传递环节的顺序

如图4.22所示，这是在传递环节之后存在相加点的方框图中的一部分。我们分析一下将这一相加点变换到传递环节之前的方法。

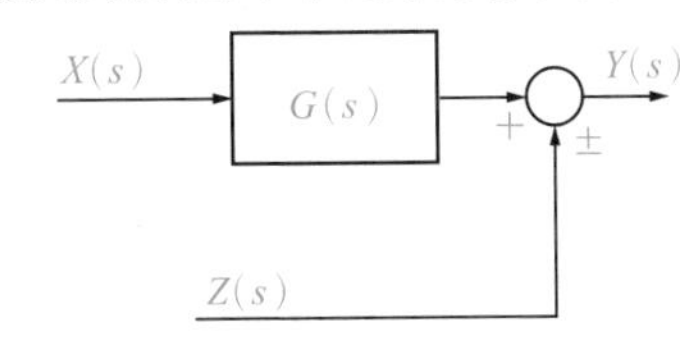

图4.22 在传递环节之后存在相加点的方框图

首先，分析图4.22所示的方框图的输入与输出之间的关系，则有：

$$Y(s)=G(s)X(s)\pm Z(s)$$

对上式进行整理变形后，得到：

$$\begin{aligned}Y(s)&=G(s)X(s)\pm Z(s)\\&=G(s)\left[X(s)\pm\frac{1}{G(s)}\times Z(s)\right]\end{aligned}$$

这就是说，根据上述方程式，即使认为$X(s)\pm\dfrac{1}{G(s)}\times Z(s)$是传递函数$G(s)$环节的输入信号也无妨。根据上述分析，可以得知图4.23所示的方框图与图4.22所示的方框图是等效相同的。

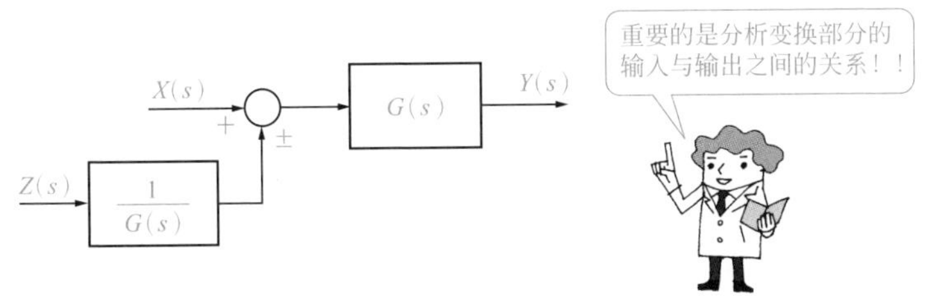

图4.23 图4.22的等效变换

（4）后移变换相加点和传递环节的顺序

图4.24所示的相加点的顺序与图4.22所示的顺序相反，我们试分析图4.24所示的方框图中输入与输出之间的关系，则有下式成立。

$$Y(s)=G(s)[X(s)\pm Z(s)]$$

将方程式按分配律进行变形，得到：

$$Y(s)=G(s)X(s)\pm G(s)Z(s)$$

根据上述方程式，就应该能够理解图4.25所示的方框图与图4.24所示的方框图为何是等效相同的。

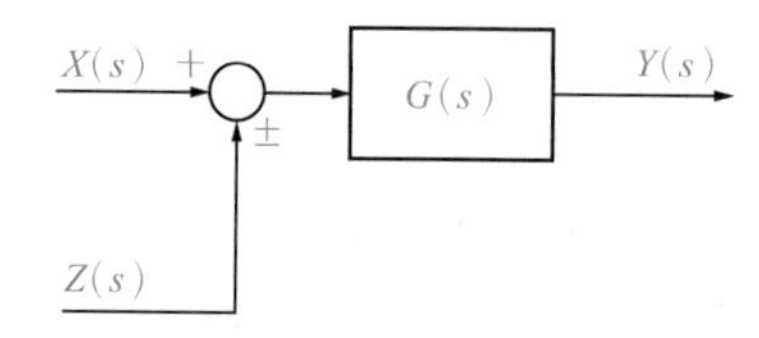

图4.24　相加点位于传递环节之前的方框图

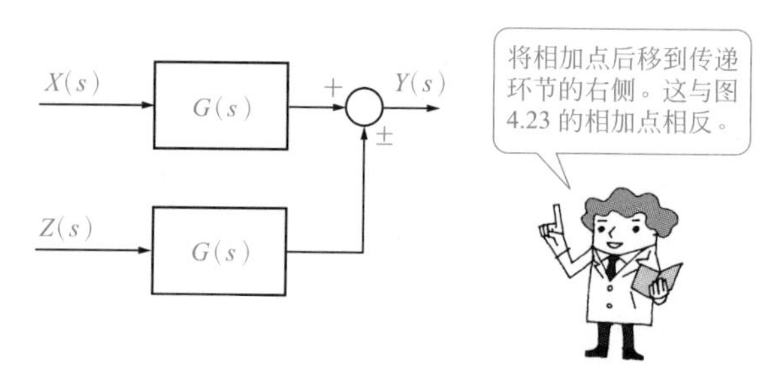

图4.25　图4.24的等效变换

（5）前移变换分支点和传递环节的顺序

如图4.26所示，这是分支点位于传递环节之后的方框图中的一部分。在这里，我们试分析将这一分支点前移到传递环节之前的方法。

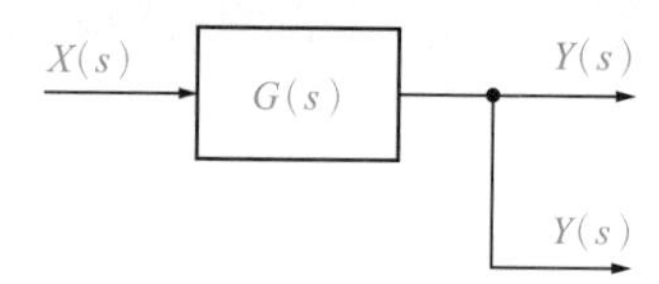

图4.26　分支点位于传递环节之后的方框图

分析图4.26所示的方框图的输入与输出之间的关系，则有：

$$Y(s)=G(s)X(s)$$

根据这一方程式，可以得知图4.26所示的方框图就等同于图4.27所示的方框图。

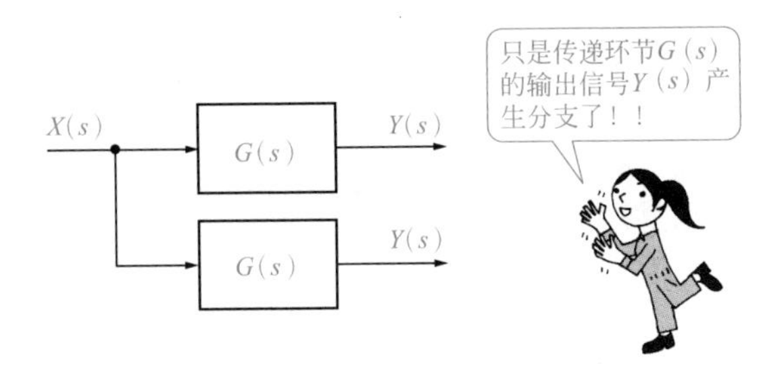

图4.27　图4.26的等效变换

（6）后移变换分支点和传递环节的顺序

图4.28所示方框图的连接方式与图4.26所示的顺序相反，这是分支点位于传递环节之前的方框图中的一部分。如果比较两图各自的输入与输出之间的关系，就应该能够理解图4.28所示的方框图与图4.29所示的方框图为何是等效相同的。

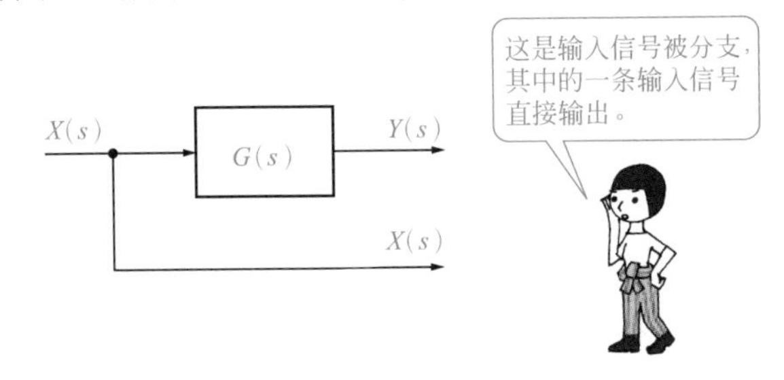

图4.28　在分支点之后存在传递环节的方框图

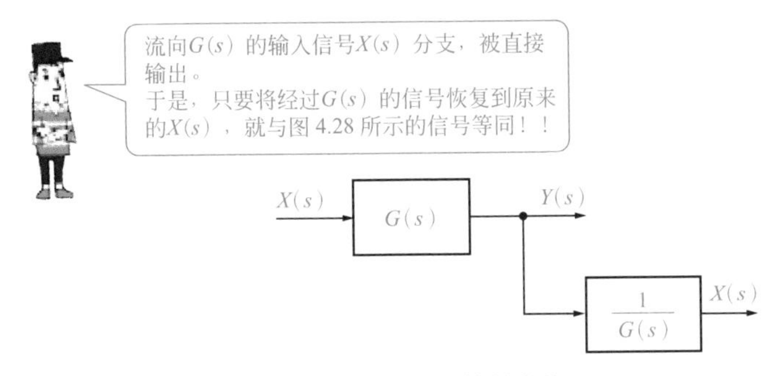

图4.29　图4.28的等效变换

综上所述，等效变换是只要对各传递环节的输入与输出之间的关系分别进行分析，保持变换后的各输入与输出之间的关系不变就可以。

传递环节的顺序变换、传递环节和相加点或者分支点的顺序变换等都是进行复杂方框图简化的基本规则。

4.4

方框图的相关应用示例

通过方框图来理解控制的流程

❶ 使实际的回路和方框图相互对应。

❷ 通过信号的类型掌握控制的流程。

直到上一节为止，我们所进行的都是对方框图的基本连接方式和等效变换等的解释说明。在这里，作为方框图应用的示例，利用图4.30所示的*R-C*（电阻和电容）所构成的回路的方框图简化进行解释说明。

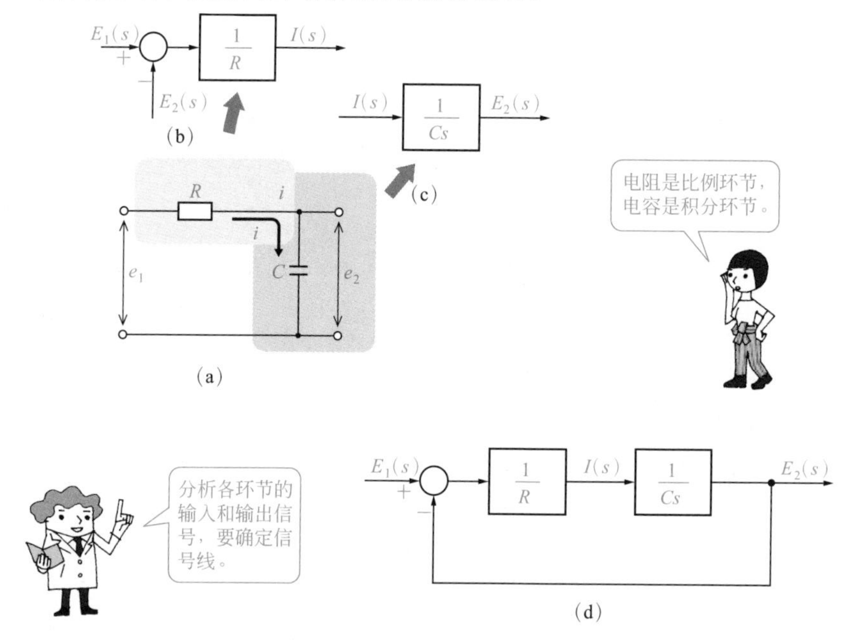

图4.30　*R-C*回路方框图的方案

图4.30所示的*R-C*回路的输入与输出的关系是第3章所讲述的惯性环节。在这里，如果分析各自环节（电阻和电容）的输入和输出信号，就能得到图4.30（b）和（c）这样的局部方框图。进而，连接图4.30（b）和（c）的输入和输出信号，就可以得到最终的方框图（d）。

其次，准备两个如图4.30（a）所示的*R-C*回路，将其中一个的输入和输出分别设为e_1和e_2，另一个的输入和输出分别设为e_3和e_4，试分析图4.31中连接两个*R-C*回路的传递环节。

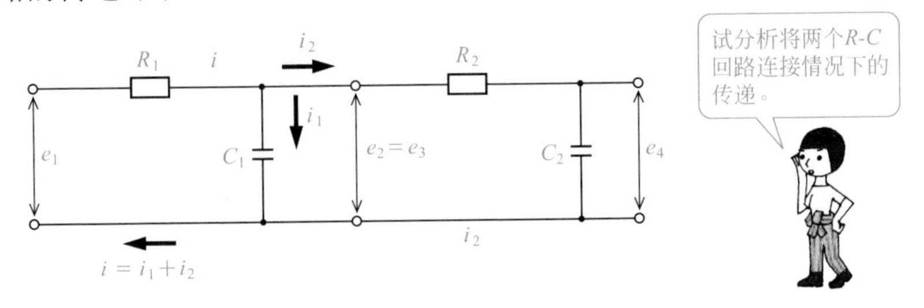

图4.31　两个*R-C*回路连接构成的回路

在这种场合下，由图4.30的示例可知图4.31所示的两个*R-C*回路连接之前各自的方框图可以用图4.32的（a）和（b）表示。

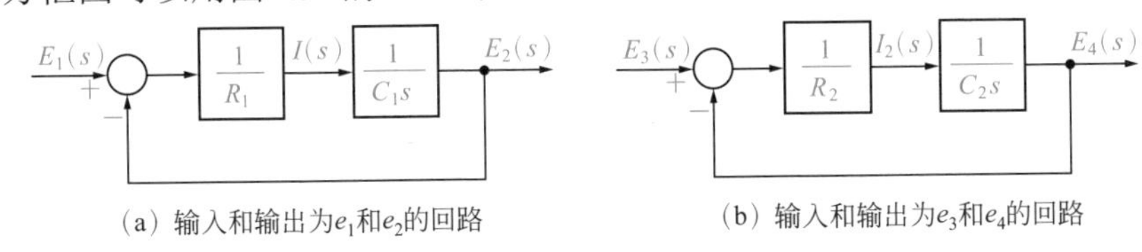

（a）输入和输出为e_1和e_2的回路　（b）输入和输出为e_3和e_4的回路

图4.32　各自的*R-C*回路的方框图

在连接图4.32所示的（a）和（b）之际，如果比较图4.32（a）和图4.31的信号流向，就会知道如下内容。

假设流入图4.31的左侧电阻R_1的电流（考虑拉普拉斯变换后的值）为$I(s)$，则电流$I(s)$分为流入图4.31左侧的电容C_1的电流$I_1(s)$和流入图4.31右侧电阻R_2的电流$I_2(s)$。在这里，可以认为电流$I_1(s)$取决于电流$I(s)$和电流$I_2(s)$之间的偏差$[I(s)-I_2(s)]$。

这样考虑之后，通过比较图4.31所示的右侧回路可知，作为输入信号存在的电流$I_2(s)$只流入电阻R_2和电容C_2。于是，结果就应该如图4.33所示。

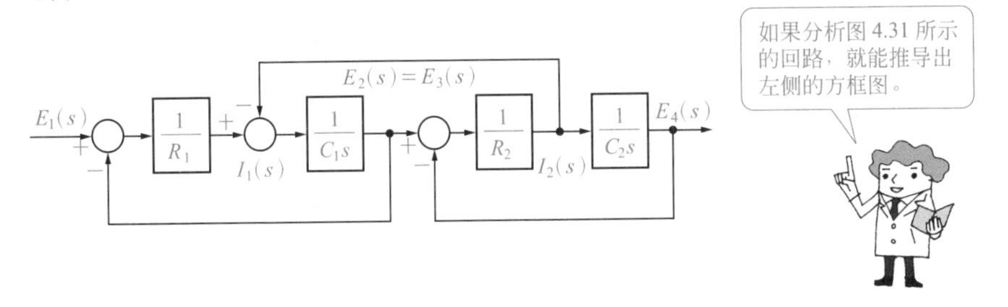

图4.33　图4.31所示*R-C*回路的方框图

将图4.33所示的上部信号线等效变换移动到方框图的最外环，就可以获得图4.34所示的方框图。

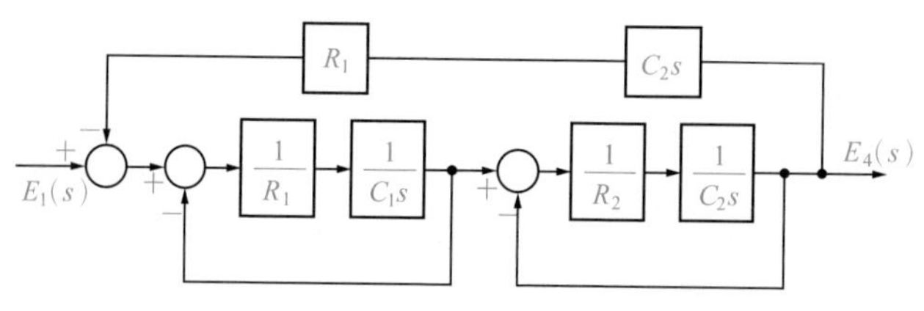

图4.34　图4.33的等效变换方框图

其次，简化图4.34中串联连接的各传递环节，将左右两侧各自的内循环反馈传递环节进行等效变换，其变换的结果为如图4.35所示的方框图。

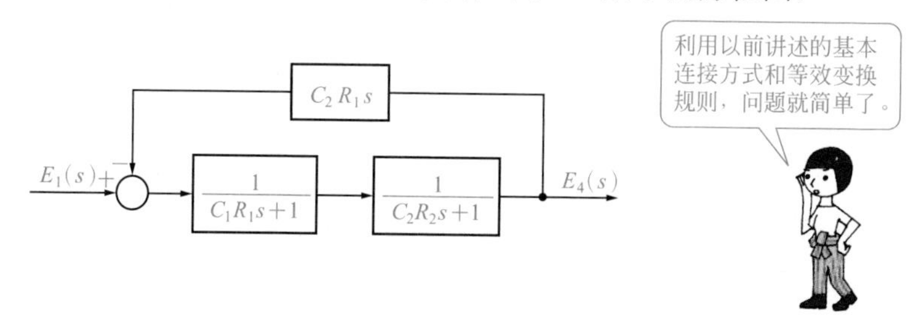

图4.35　图4.34的等效变换方框图

进而，简化图4.35所示的反馈闭环内串联连接的传递环节之后，再简化反馈连接的传递环节，就可以得到图4.36所示的化简的方框图。

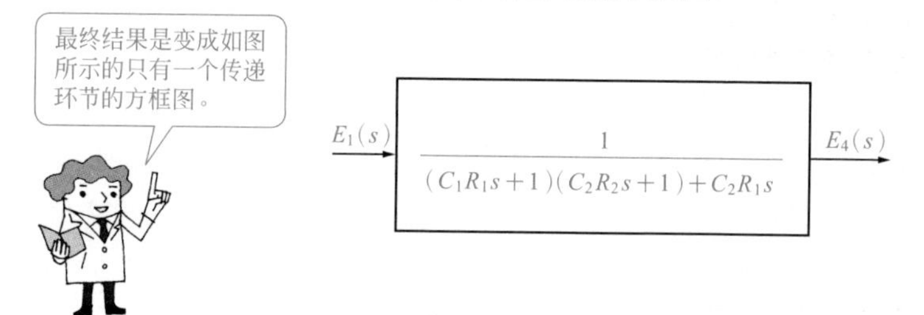

图4.36　图4.31所示的最终化简的方框图

专栏　电流和信号的分支

在分支点的场合下，无论分支信号被分出去多少路，原有信号的大小或量值都不会减少。也就是说，基尔霍夫第一定律在这种场合下不成立。

例如，在图4.37（a）所示的电气回路中，当较大的电流i_1分叉成两路（i_2和i_3）时，在分叉点的前后保持$i_1=i_2+i_3$这一关系，基尔霍夫第一定律成立。从另一个角度来说，电流i_1在分叉点被分成两路，设一个方向的电流为i_2，另一个方向的电流通过$i_3=i_1-i_2$就能计算出来。

另外，在图4.37（b）所示的方框图中，信号线并不表示信号的大小和量值，只表示传递什么样的信号。因此，在信号的分支点，$i_1=i_2+i_3$这样的关系总是成立的。

这就是说，在方框图中信号量的加减运算是在相加点进行，如图4.37（a）所示。

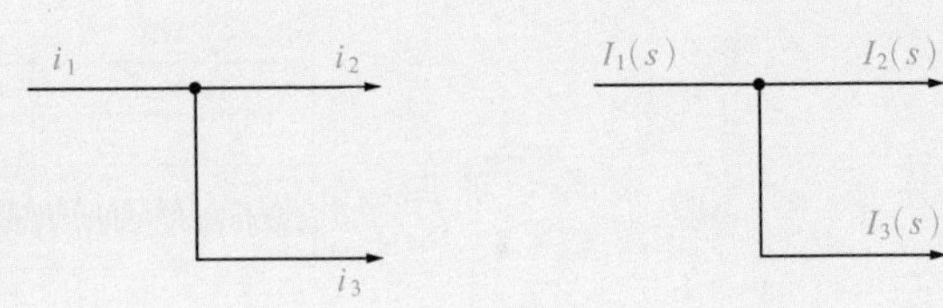
i_1
i_2
i_3
$i_1=i_2+i_3$
(a) 电气回路
$I_1(s)$
$I_2(s)$
$I_3(s)$
$I_1(s)=I_2(s)=I_3(s)$
(b) 方框图

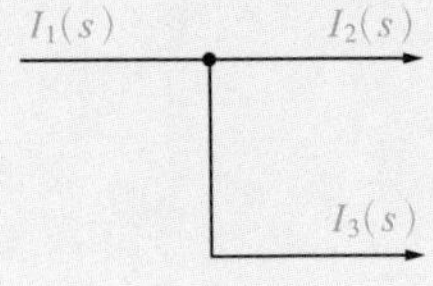

在（a）所示的电路图中，由于信号线也表示了信号的大小和量值，所以当10A电流分成一路为3A的电流时，另一路的电流就是7A。
在（b）所示的方框图中，由于信号线只表示信号的类型，所以大小没有变化。

图4.37　信号交汇点在电气回路和方框图中的差异

专栏　消除信号的干扰

在实际信号中，除了必要的信号之外，通常还含有高频率的干扰。因此，使用具有图4.38所示频率特性的滤波电路。

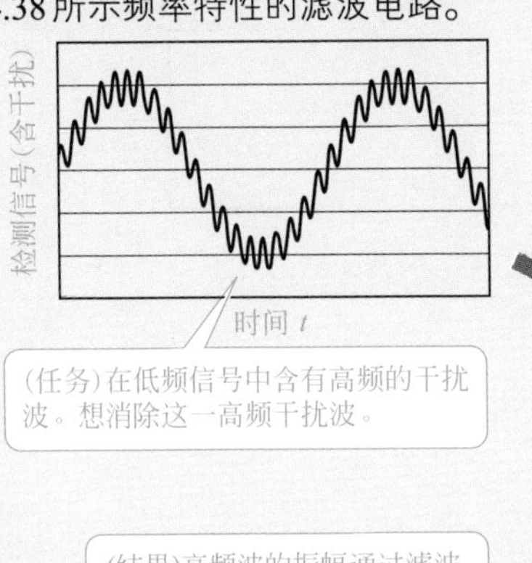
检测信号（含干扰）
时间 t
(任务)在低频信号中含有高频的干扰波。想消除这一高频干扰波。

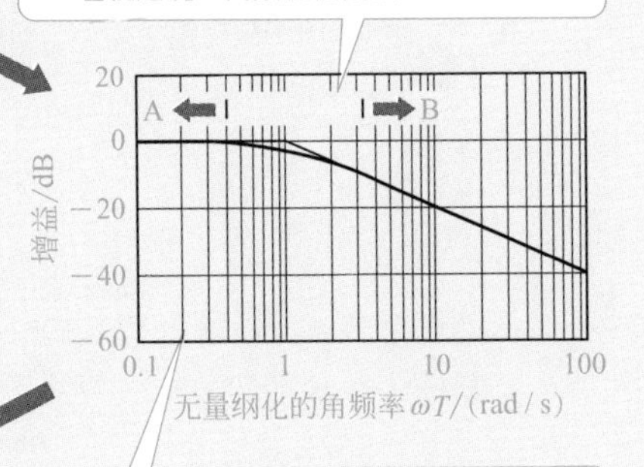
(方法)在A的范围（低频）内，由于信号的增益为0dB，所以振幅没有变化。但是，在B的范围（高频）内，由于信号的增益减小，所以如果与低频波相比的话，输出几乎变成0。也就是说，高频波被削减。
20
0
−20
−40
−60
A
B
增益/dB
0.1
1
10
100
无量纲化的角频率 ωT/(rad/s)
具有这样增益滤波的被称为低通滤波器。例如，像比例环节这样，当所有的频率都采用相同增益的滤波时，输出就会与输入相同，不能消除干扰。

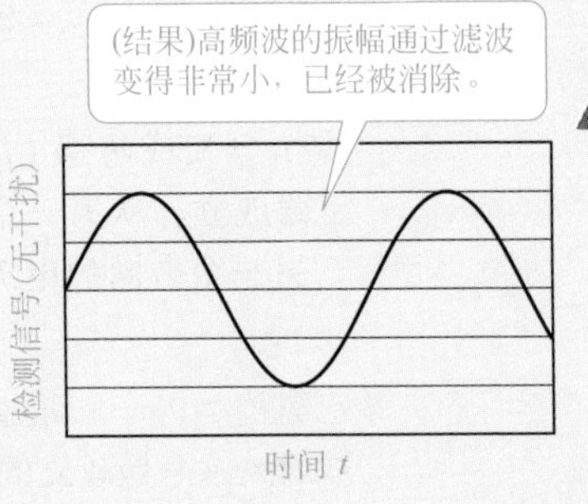
(结果)高频波的振幅通过滤波变得非常小，已经被消除。
检测信号(无干扰)
时间 t

图4.38

这种干扰的频率是增益特性的横轴，只要时间常数T的取值确定在比1靠右的B范围内就可以。

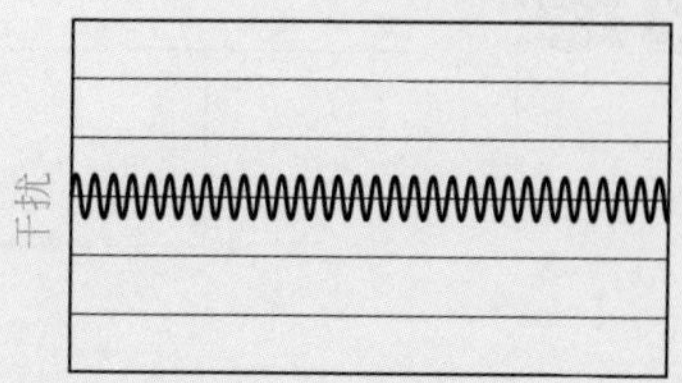
干扰
时间 t

图4.38　低通滤波的原理

习题

习题1　在如图4.39所示的方框图场合，试求输入信号$X(s)$和输出信号$Y(s)$之间的传递函数$G(s)=Y(s)/X(s)$。

习题2　试求图4.40所示方框图的简化后的传递函数$G(s)=C(s)/R(s)$。

习题3　在图4.41所示的方框图场合，试求输入信号$R(s)$和输出信号$C(s)$之间的传递函数$G(s)=C(s)/R(s)$。

习题4　在图4.42所示的方框图场合，正确表达输入信号$R(s)$和输出信号$C(s)$之间的等效传递函数的方程是下列哪一方程式？

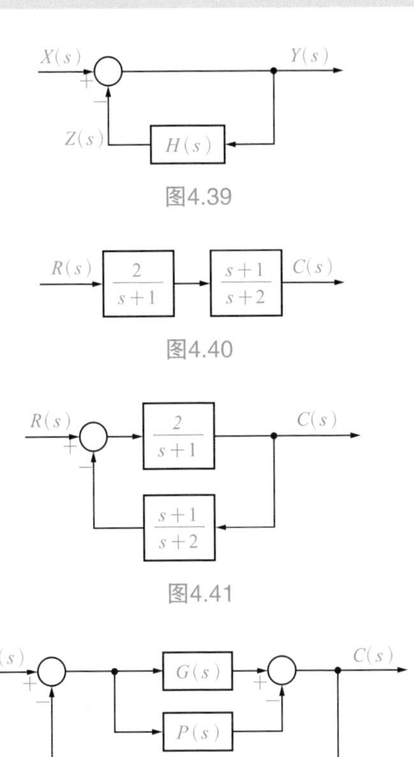

图4.39

图4.40

图4.41

图4.42

(1) $\dfrac{G(s)Q(s)}{1+G(s)P(s)Q(s)}$　　(2) $\dfrac{G(s)+P(s)}{1-[G(s)+P(s)]Q(s)}$

(3) $\dfrac{G(s)P(s)}{1+G(s)P(s)Q(s)}$　　(4) $\dfrac{G(s)-P(s)}{1+[G(s)-P(s)]Q(s)}$

(5) $\dfrac{G(s)P(s)}{1+[G(s)-P(s)]Q(s)}$

习题5　在$R(s)$为输入信号和$C(s)$为输出信号的方框图（图4.43）中，试用化简变换方法求总的传递函数。

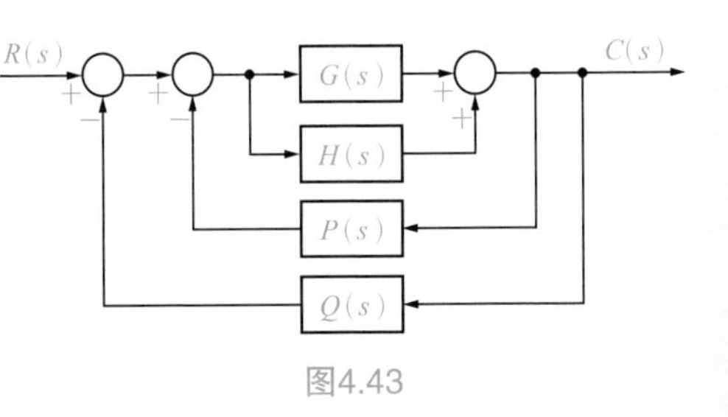

图4.43

习题6　在如下方框图（图4.44）的场合，试用图示方法求输入信号$R(s)$和输出信号$C(s)$之间的总传递函数。

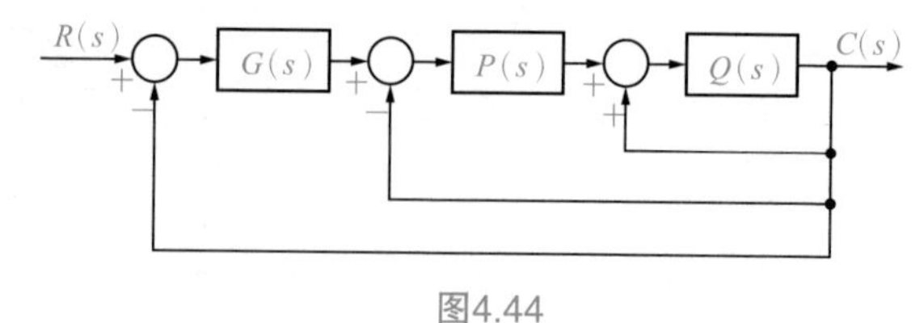

图4.44

习题7　试将如图4.45所示的方框图简化成输入信号$R(s)$和输出信号$C(s)$之间的单一的方框图。

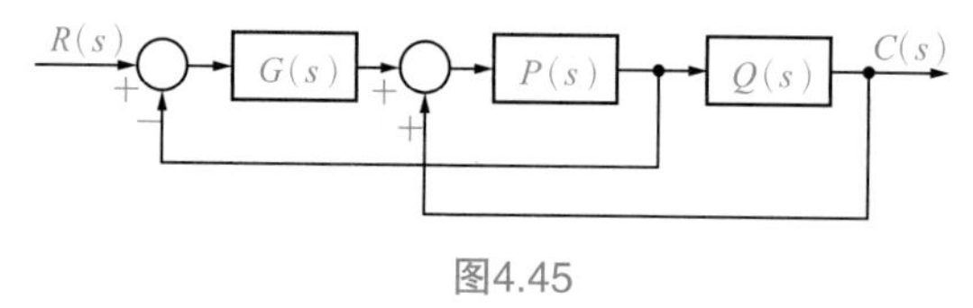

图4.45

习题8　在如下的方框图（图4.46）场合，试用图示方法求输入信号$R(s)$和输出信号$C(s)$之间的总传递函数。

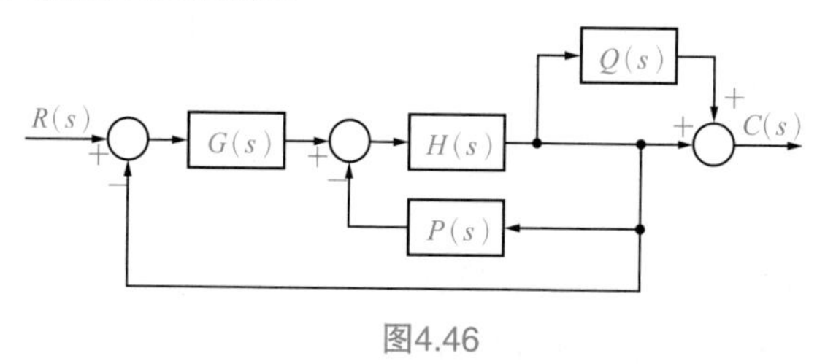

图4.46

习题9　试将如图4.47所示的方框图简化成输入信号$X(s)$和输出信号$Y(s)$之间的单一的方框图（求总方框图）。

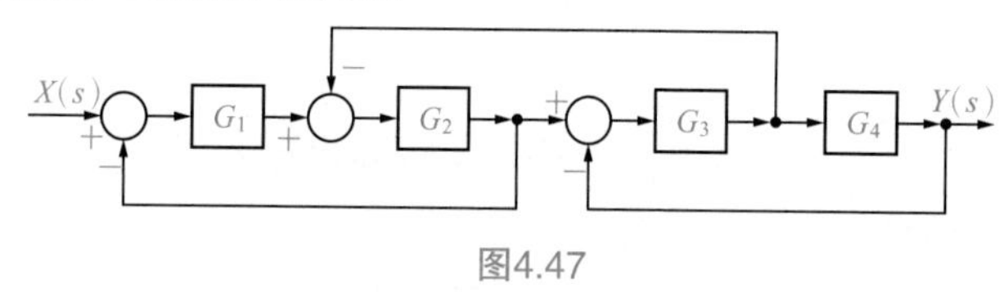

图4.47

第5章

瞬态响应

通常，将“机械或机械装置等的控制系统具备什么样的动作”称为特性。特别地，将输出信号相对于输入信号的变化称为输出特性或者响应。

所谓的瞬态响应是指将输入信号瞬时施加到控制系统（如接通电源）时，或者正处于稳定状态的控制系统的目标值突然发生变化或者干扰突入时，也就是控制系统的输入突然发生变化，并且导致稳定状态受到干扰时，输出经过过渡状态再次恢复到稳定状态（即使认为是平衡状态也无妨）所经历的时间过程。

通过对典型输入信号的瞬态响应分析，来研究控制系统在时域的动态特性。这种分析方法称为瞬态响应分析方法。

在本章中，我们所要进行解释说明的是典型控制环节的瞬态响应。

5.1 控制环节的响应和输入信号

敲击所出现的声波无论音质如何，都属于瞬态响应

❶ 瞬态响应是输出相对于输入的时间变化。
❷ 瞬态响应的代表性输入是阶跃输入。

如图5.1所示，在控制环节中将输入信号所引起的输出信号称为响应（Response）。关键的是通过研究分析这一响应是如何随输入信号而进行变化，我们就可以得知这一机械装置的特性，以及如何对其进行控制。

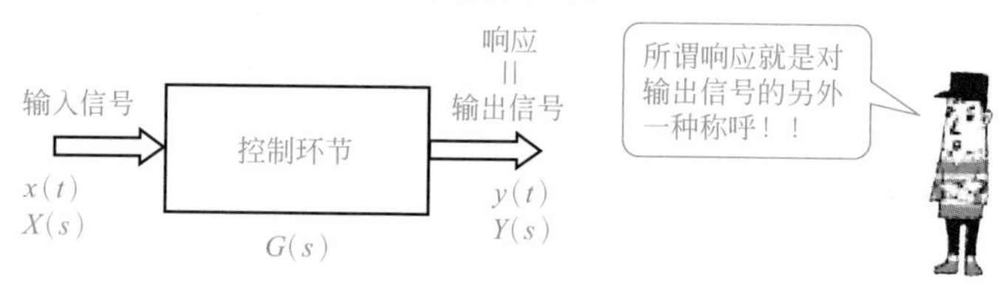

图5.1　控制环节的响应

图5.2所表示的是将阶梯形状的输入信号（阶跃输入）施加到控制系统上时，输出信号随时间的变化状态。输入信号变化的影响随着时间的流逝而逐渐消失，输出信号最终会变成某种平稳的状态（平衡状态）。这种平衡的状态称为稳定状态，而在此之前的状态称为过渡状态或非稳定状态。另外，稳定状态的输出信号称为稳态响应，过渡状态的输出信号称为瞬态响应。这样一来，当给定输入信号时，分析输出侧的响应随时间变化的方法称为瞬态响应分析法。

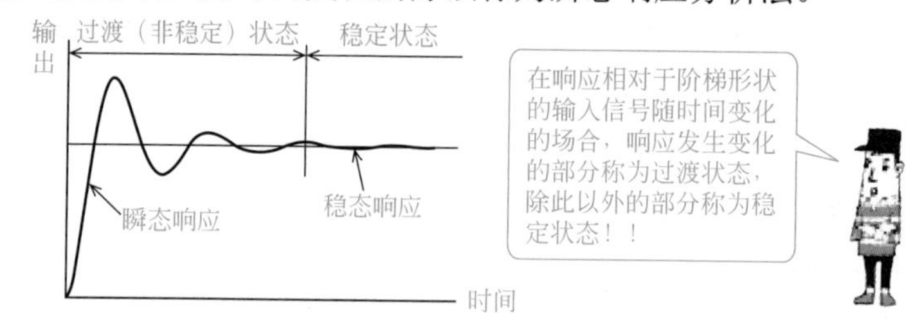

图5.2　瞬态响应和稳态响应

在实际控制过程中，在到达图5.2所示的稳定状态之后，我们能够想象得到

的是控制系统的目标值发生变化，或是再出现干扰等。因此，需要分析控制系统的稳定状态被破坏，经过渡状态再恢复稳定状态的响应等。

但是，在控制系统中，为了分析响应而利用的输入信号，若是采用实际中的地震波或者实际使用上可能发生的信号（如图5.3所示的信号）太过于复杂，难以详细地验证各输入信号的响应特性以及判断控制系统的特性。

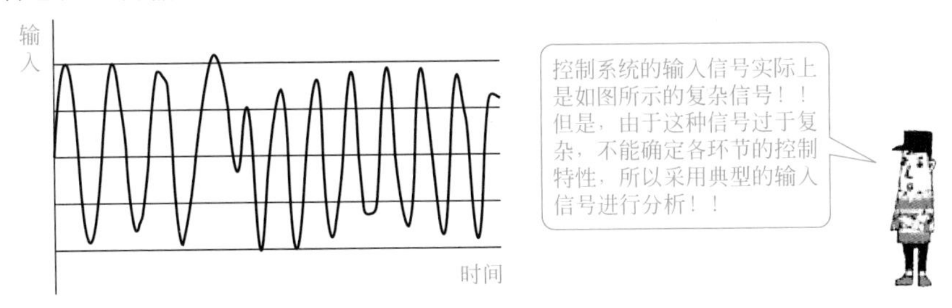

输入
时间
控制系统的输入信号实际上是如图所示的复杂信号！！但是，由于这种信号过于复杂，不能确定各环节的控制特性，所以采用典型的输入信号进行分析！！

图5.3　复杂的输入信号的示例

因此，所采用的分析控制系统瞬态响应的输入信号，主要有表5.1中所示的3种类型（假设单位阶跃信号和阶跃信号为同一类型）。

表 5.1　瞬态响应分析所采用的输入信号

输入信号	示意图	输出信号的名称	备注
阶跃输入（阶梯状的输入）	x, a, 0, t	阶跃响应	$x(t)=a$（$t>0$） $x(t)=0$（$t<0$） 设 $x(0)=\dfrac{a}{2}$
单位阶跃输入（指数输入）	x, 1, 0, t	指数响应 或者单位阶跃响应	$x(t)=1$（$t>0$） $x(t)=0$（$t<0$） 设 $x(0)=0.5$ 在阶跃输入的场合，在 a=1 的特殊情况下，有时也用 $u(t)$ 表示
脉冲输入	x, 0, t	脉冲响应	$x(t)\to\infty$（t=0） $x(t)=0$（$t\neq 0$） 脉冲函数也称为 δ 函数，通常表示成 $\delta(t)$ 能够想象得出突然用榔头敲击而瞬间产生的函数
斜坡输入（等速输入）	x, h, 0, 1, t	斜坡响应	$x(t)=ht$（$t\geqslant 0$） $x(t)=0$（$t<0$）

在表5.1所示的3种类型的信号之间，具有如下的关系式成立。

斜坡输入（h=1）的导数=单位阶跃输入

单位阶跃输入的导数=单位脉冲输入

采用表5.1所示的输入信号，进行拉普拉斯变换以及拉普拉斯逆变换来求解系统响应也是瞬态响应分析的一种方法。

脉冲输入是包含全部频率成分的一种特殊信号，如同$\cos t$、$\cos(2t)$ 、…、$\cos(nt)$ 那样为所有频率分量的集合。
因此，接近于脉冲信号的手枪发射声音等被应用于剧场的音响效果评价。

图5.4表示单位阶跃信号或者脉冲信号输入到已知传递函数的控制系统时瞬态响应的求解方法。

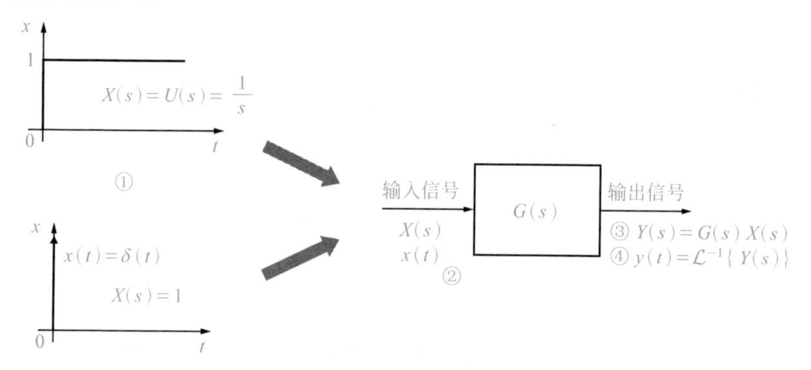

图5.4 瞬态响应的分析步骤

在图5.4中，假设①输入信号$x(t)$的拉普拉斯变换为$X(s)$，②控制系统的传递函数为$G(s)$，则基于输入信号、传递函数以及输出信号之间的关系，可知输出信号的拉普拉斯变换$Y(s)$可以用下式表示。

③ $Y(s)=G(s)X(s)$

能够从传递函数G(s)和输入信号X(s)求出输出信号y(t)！

如果这一输出信号$Y(s)$的拉普拉斯逆变换存在，就能求出$y(t)$。

④ $y(t)=\mathcal{L}^{-1}[Y(s)]=\mathcal{L}^{-1}[G(s)X(s)]$

这就是说，具有典型传递函数的控制系统可以根据输入而求出响应。

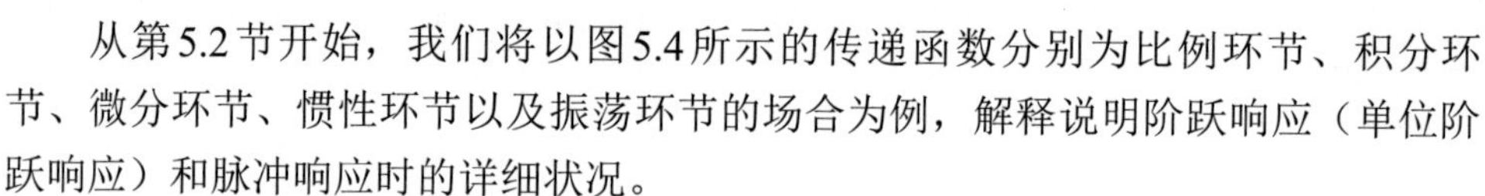

从第5.2节开始，我们将以图5.4所示的传递函数分别为比例环节、积分环节、微分环节、惯性环节以及振荡环节的场合为例，解释说明阶跃响应（单位阶跃响应）和脉冲响应时的详细状况。

在阶跃输入的具体示例中，有电气回路中的恒定电压的开关闭合的场合，或者由某种状态致使电压等上升的场合，以及电动机或原动机的转速从某一定值上升到另一定值的场合等。

另外，在脉冲输入的示例中，这种信号有用于混响效果等的手枪发射声音、气球等的破裂声音以及用榔头等进行敲击的声音等。

专栏　微机和PC

所谓微机是微型计算机的简称，即超小（micro）型的计算机。微机之前的计算机，其大小能够独占一个房间，即使是被称为小型计算机的也有冰箱那种程度的尺寸，所以当时的计算机是面向大公司和研究所以及大学服务的。

后来，随着IC（集成电路）、LSI（大规模集成电路）、VLSI（甚大规模集成电路）、ULSI（超大规模集成电路）的技术进步，被称为中央处理器的计算机装置的中枢变成只有拇指大小的IC芯片，这种芯片就是CPU，搭载在面向个人的计算机中销售。

从这时候开始，微机就被附加了“我的（my）”这一层含义。

在此之后，自从IBM-PC上市销售以来，PC就成为个人计算机的简称。经过一个周期循环，现在将CPU和内存等集成在一个LSI芯片上的回路作为当初的微型计算机，简称为微机。

5.2

典型环节的瞬态响应

控制的入门是经过比例、微分以及积分环节的瞬态响应。

❶ 即使是瞬态响应，也可以通过“传递函数×输入”的拉普拉斯变换求出输出。
❷ 瞬态响应的拉普拉斯逆变换利用变换表也非常方便。

图5.5所示的是单位阶跃输入信号分别输入到控制系统的典型环节，例如比例环节、积分环节以及微分环节，下面试求出各场合下的响应。

(1) 比例环节的瞬态响应

输入信号$x(t)$的拉普拉斯变换$X(s)$的表达式如下。

$$X(s)=\frac{1}{s}$$

比例环节的传递函数为：

$$G(s)=K \qquad (K\text{：增益系数})$$

因此，输出信号的拉普拉斯变换$Y(s)$可以用下式求出。

$$Y(s)=G(s)X(s)=K\frac{1}{s}=\frac{K}{s}$$

于是，输出信号$y(t)$就可以通过对$Y(s)$进行拉普拉斯逆变换（使用附录2的拉普拉斯变换表。后面采用的方法相同）求出。

输出信号$y(t)$的变化如图5.6所示。

$$\begin{aligned}y(t)&=\mathcal{L}^{-1}[Y(s)]\\&=K\end{aligned}$$

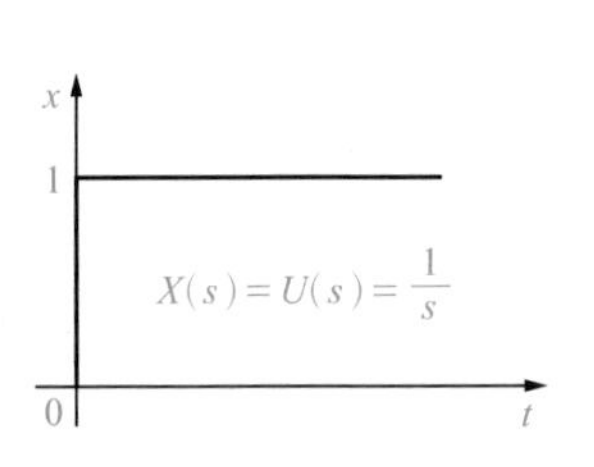

图5.5 单位阶跃输入信号

所谓增益就是指输入与输出的比例。
简单地说，表示输出是输入的几倍，通常用dB（分贝）表示。
y
K
0
t

图5.6 比例环节的阶跃响应

（2）积分环节的瞬态响应

积分环节的传递函数如下式所示。

$$G(s)=\frac{K}{s} \quad （K：增益系数）$$

在这里，输出信号的拉普拉斯变换 $Y(s)$ 能够用如下的方法求出。

$$Y(s)=\frac{K}{s}\times\frac{1}{s}=\frac{K}{s^2}$$

然后，输出信号 $y(t)$ 可以通过 $Y(s)$ 的拉普拉斯逆变换求出。输出信号 $y(t)$ 的变化如图5.7所示。

$$y(t)=\mathcal{L}^{-1}[Y(s)]$$
$$=Kt$$

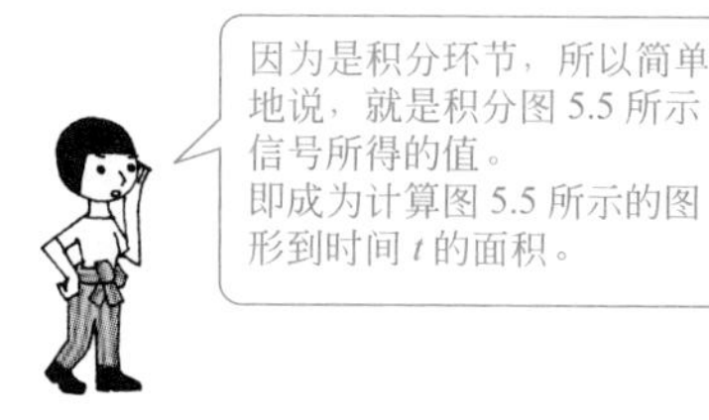

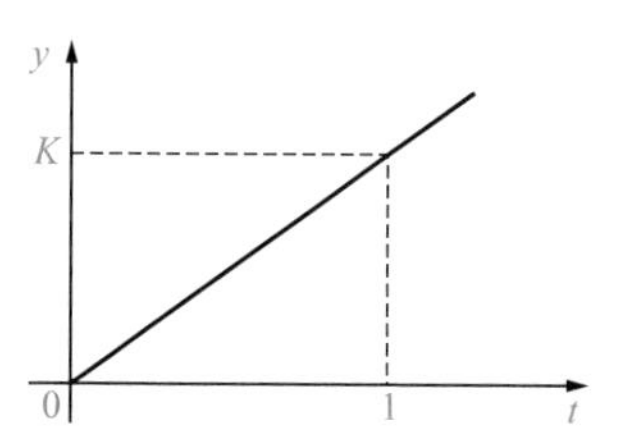

图5.7　积分环节的阶跃响应

（3）微分环节的瞬态响应

微分环节的传递函数为：

$$G(s)=Ks$$

因此，输出信号的拉普拉斯变换 $Y(s)$ 能够用如下的方法求出。

$$Y(s)=Ks\frac{1}{s}=K$$

然后，输出信号 $y(t)$ 可以通过对 $Y(s)$ 进行拉普拉斯逆变换求出。输出信号 $y(t)$ 的变化如图5.8所示。

$$y(t)=\mathcal{L}^{-1}[Y(s)]$$
$$=K\delta(t)$$

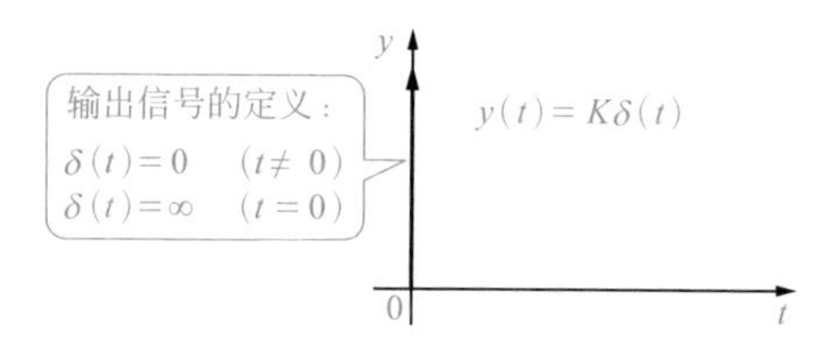

图5.8　微分环节的阶跃响应

5.3 惯性环节的指数响应

指数响应控制的目标是63.2%

❶ 时间常数是响应值达到63.2%的时间。
❷ 指数响应的微分是脉冲响应。

在惯性环节的场合，当图5.5所示的单位阶跃信号函数（或指数输入）为控制系统的输入时，作为输入信号的单位阶跃输入$x(t)$的拉普拉斯变换$X(s)$为：

$$X(s)=\frac{1}{s}$$

另外，由于传递函数是惯性环节，所以传递函数的表达式为：

$$G(s)=\frac{K}{Ts+1}$$

式中，K为增益系数；T为时间常数。

其次，由传递函数$G(s)$和输入信号$X(s)$求输出信号的拉普拉斯变换$Y(s)$，就有：

使用拉普拉斯变换表就可以进行拉普拉斯变换！

$$Y(s)=G(s)X(s)=\frac{K}{Ts+1}\times\frac{1}{s}=\frac{K}{s(Ts+1)}$$

为了得到上式的拉普拉斯逆变换，将$Y(s)$展开成部分分式的形式，就有下式成立。

$$Y(s)=\frac{K}{s(Ts+1)}=K\left(\frac{1}{s}-\frac{1}{s+\frac{1}{T}}\right)$$

部分分式的展开方法请参照第2章！！

于是，输出信号$y(t)$就可以通过$Y(s)$的拉普拉斯逆变换求出。

$$y(t)=\mathcal{L}^{-1}[Y(s)]$$
$$=K\left(1-e^{-\frac{t}{T}}\right)$$

参照拉普拉斯变换表：$\frac{1}{s}\longrightarrow 1$，$\frac{1}{s+\alpha}\longrightarrow e^{-\alpha t}$

综上所述，设增益系数K=1的惯性环节的响应呈指数函数形式，响应如图5.9所示。

对指数响应函数进行求导，得到如下的函数。

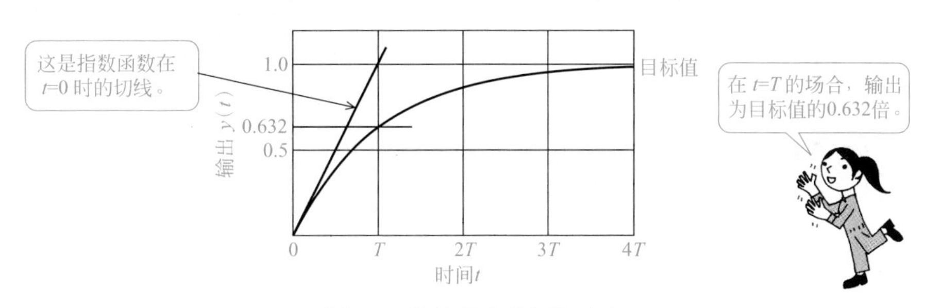

图5.9　惯性环节的指数响应

$$y'(t)=\frac{1}{T}\mathrm{e}^{-\frac{t}{T}}$$

由此可知，$y'(0)=1/T$。也就是说，这一数值是$t=0$时切线的倾斜度。因此，也可以理解成$t=T$是响应（$K=1$）的标识值之一。

然后，求出在$t=T$时的$y(T)$值，则有：

$$y(T)=\left(1-\mathrm{e}^{-\frac{t}{T}}\right)_{t=T}=0.632$$

由此可知，惯性环节的时间常数表示的是达到稳态目标值的0.632（63.2%）所需要的时间。

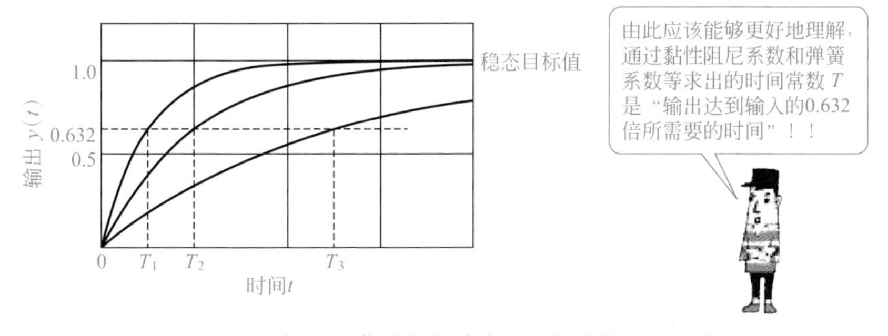

图5.10　惯性环节的指数响应（时间常数的影响）

在图5.10中，按照时间常数$T_1<T_2<T_3$这样的顺序表示指数函数。如果用稳态目标值的63.2%来比较图中的3条曲线的话，就会得知时间常数最小的T_1曲线能够快速地接近稳态目标值。

也就是说，时间常数的大小表示响应速度的快慢。

5.4

惯性环节的脉冲响应

利用手枪发射声音的混响试验

❶ 脉冲响应使用特殊的δ函数。
❷ 在脉冲输入中包含所有的频率成分。

将图5.11所示的特殊形状的函数（函数值和t轴所包围的面积为1，函数的形状在$t\neq0$的范围内为0，在$t\rightarrow0$的范围内为∞）称为δ函数。例如，手枪的发射声音以及集中载荷也都可以看成是δ函数。

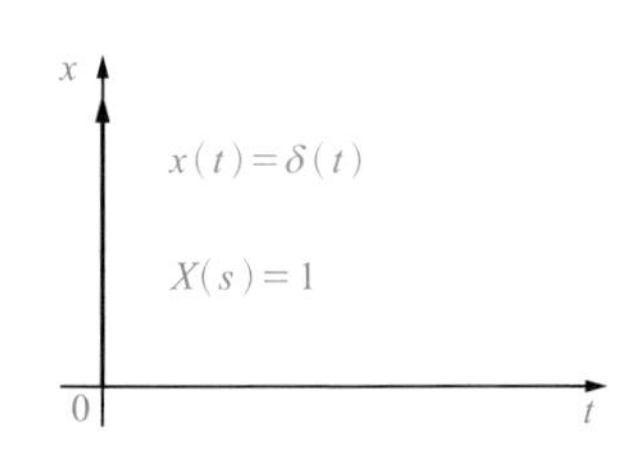

图5.11 脉冲输入（δ函数）

如图5.11所示，脉冲输入信号$x(t)$的拉普拉斯变换$X(s)$可以用如下方程式表示。

$$X(s)=1$$

脉冲信号用于礼堂以及音乐厅等的混响试验（在测试混响响应的试验中，使用近似于脉冲信号的手枪发射声音），或者在材料力学中通常用于分析集中载荷问题等。

然而，由于控制系统是惯性环节，所以传递函数能够用下式表示。

$$G(s)=\frac{K}{Ts+1}$$

式中，K为增益系数；T为时间常数。

由传递函数$G(s)$和输入信号$X(s)$，求出输出信号的拉普拉斯变换$Y(s)$，其表达式如下。

$$Y(s)=G(s)X(s)=\frac{K}{Ts+1}\times1=\frac{K}{Ts+1}$$

通过这一方程式进行拉普拉斯逆变换，求出的$y(t)$为：

$$y(t)=\frac{K}{T}e^{-\frac{t}{T}}$$

由此式可知，对指数函数响应的方程进行微分，它就变成脉冲响应的方程。

在图5.12中，有按照$T_1<T_2<T_3$这样顺序的三种脉冲响应。由图得知，时间常数最小的T_1曲线对脉冲输入的响应最快，最大值（t=0时的值）也最大，然后

快速衰减。通过对图5.10和图5.12的比较可知，指数函数响应的微分和脉冲响应相等。

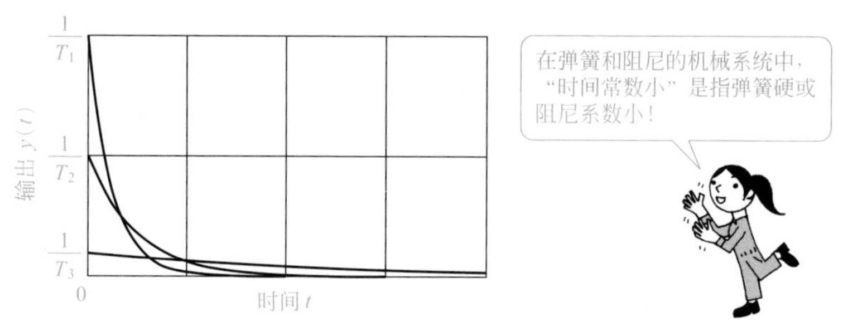

图5.12　惯性环节的脉冲响应（$T_1 < T_2 < T_3$）

专栏　δ函数

δ函数是指在整个定义域上的积分等于1的函数，它是在图5.13中所示的宽度h尽可能接近0就能说明的函数。

δ函数的主要性质如下式所示。

$$\int_{-\infty}^{\infty}\delta(t)\mathrm{d}t = 1,\quad \int_{-\infty}^{\infty}x(t)\delta(t)\mathrm{d}t = x(0)$$

为了便于进行数学分析，在大多情况下，将集中载荷、点电荷以及各种爆炸声音等都近似为δ函数进行分析。

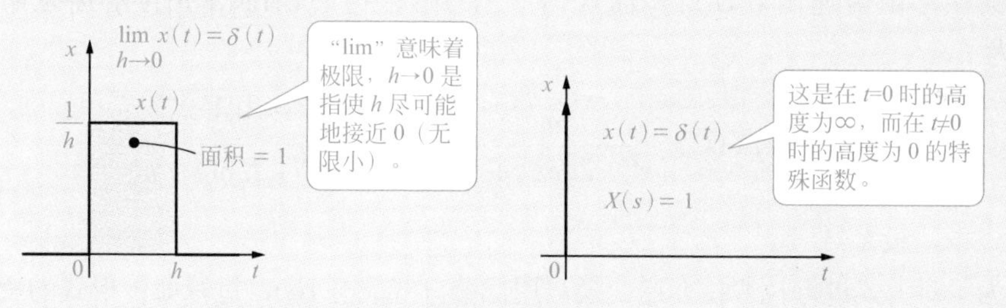

图5.13　δ函数

5.5 振荡环节的指数响应

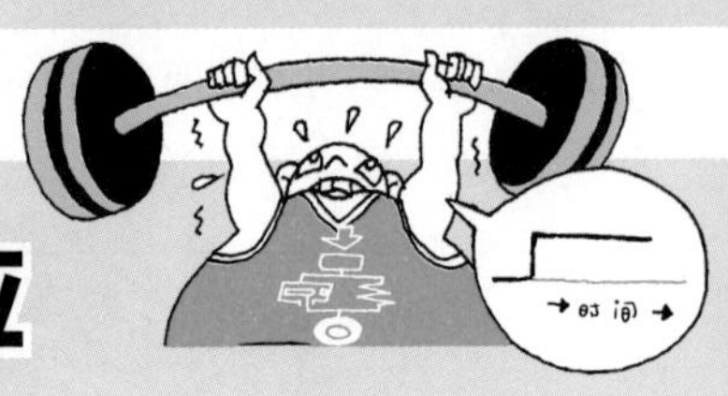

振动响应的状态取决于阻尼比的大小

❶ 方程$s^2+2\zeta\omega_n s+\omega_n^2=0$的根决定响应的形式。

❷ 阻尼比ζ在$0\leqslant\zeta<1$范围是控制的目标。

在振荡环节的输入为如图5.5所示的单位阶跃函数的场合，输入信号$x(t)$的拉普拉斯变换$X(s)$如下式所示。

$$X(s)=\frac{1}{s}$$

另外，由于控制系统是振荡环节，所以传递函数表示为如下的方程式。

$$G(s)=\frac{K\omega_n^2}{s^2+2\zeta\omega_n s+\omega_n^2}\quad(\zeta>0)$$

式中，K为增益系数；ζ为阻尼比；ω_n为无阻尼固有频率。

其次，由传递函数$G(s)$和输入信号$X(s)$所求得的输出信号的拉普拉斯变换$Y(s)$为：

$$Y(s)=G(s)X(s)=\frac{\omega_n{}^2}{s^2+2\zeta\omega_n s+\omega_n{}^2}\times\frac{1}{s}=\frac{\omega_n{}^2}{s\left(s^2+2\zeta\omega_n s+\omega_n{}^2\right)}$$

式中，设K=1。

为了对上式进行拉普拉斯逆变换，用部分分式展开$Y(s)$，进行如下形式的变换。

$$Y(s)=\frac{\omega_n{}^2}{s\left(s^2+2\zeta\omega_n s+\omega_n{}^2\right)}=\frac{\omega_n{}^2}{s(s-p)(s-q)}$$

于是，就可以设定将分母$s^2+2\zeta\omega_n s+\omega_n^2$因式分解成（$s$−$p$）（$s$−$q$）。在这里，$p$和$q$是二次方程式$s^2+2\zeta\omega_n s+\omega_n^2$=0的根，根据二次方程判别式$[\omega_n{}^2(\zeta^2-1)]$的正负，也就是说由$\zeta$的取值能分为如下所述的三种情况。

① 当$0\leqslant\zeta<1$时，p和q是两个共轭复数根。

② 当ζ=1时，p=q是两个相等的实根。

③ 当$\zeta>1$时，p和q是两个不相等的实根。

这样的场合也能采用二次方程式的根和判别式！！

① 当$0 \leqslant \zeta < 1$时

在这种场合下，输出函数$Y(s)$能够展开成如下形式的部分分式。

$$Y(s)=\frac{\omega_n^{\ 2}}{s\left(s^2+2\zeta\omega_n s+\omega_n^{\ 2}\right)}=\frac{A}{s}+\frac{B}{s-p}+\frac{C}{s-q}$$

这时的两个根p和q如下：

$$\begin{cases} p=-\zeta\omega_n+\mathrm{j}\omega_n\sqrt{1-\zeta^2} \\ q=-\zeta\omega_n-\mathrm{j}\omega_n\sqrt{1-\zeta^2} \end{cases}$$

在这种场合，即使采用第2.7节的例题2.12所示的完全平方的方法也无妨！！

假设$Y(s)$能够展开成如下形式的部分分式。

$$Y(s)=\frac{\omega_n^{\ 2}}{s\left(s^2+2\zeta\omega_n s+\omega_n^{\ 2}\right)}=\frac{A}{s}+\frac{B}{s-p}+\frac{C}{s-q}$$

由上式求解A、B以及C，得到下式。

$$\begin{cases} A=1 \\ B=-\dfrac{1}{2\mathrm{j}}\dfrac{\zeta+\mathrm{j}\sqrt{1-\zeta^2}}{\sqrt{1-\zeta^2}} \\ C=\dfrac{1}{2\mathrm{j}}\dfrac{\zeta-\mathrm{j}\sqrt{1-\zeta^2}}{\sqrt{1-\zeta^2}} \end{cases}$$

将A、B、C代入$Y(s)$的方程式，进行拉普拉斯逆变换，结果如下所示。

$$\begin{aligned} y(t)&=1-\frac{\mathrm{e}^{-\zeta\omega_n t}}{\sqrt{1-\zeta^2}}\left[\zeta\sin\left(\omega_n\sqrt{1-\zeta^2}t\right)+\sqrt{1-\zeta^2}\cos\left(\omega_n\sqrt{1-\zeta^2}t\right)\right] \\ &=1-\frac{\mathrm{e}^{-\zeta\omega_n t}}{\sqrt{1-\zeta^2}}\sin\left(\omega_n\sqrt{1-\zeta^2}t+\varphi\right) \end{aligned}$$

式中，φ为初始相位。

$$\tan\varphi=\frac{\sqrt{1-\zeta^2}}{\zeta}$$

在整理y（t）方程式时，使用欧拉公式！！
$\mathrm{e}^{\alpha+\mathrm{j}\beta}=\mathrm{e}^{\alpha}(\cos\beta+\mathrm{j}\sin\beta)$

② 当$\zeta=1$时

在这种场合下，由于两个根为$p=q=-\omega_n$（两根相等），所以输出$Y(s)$的部分分式的展开用如下的方程式表示。

$$Y(s)=\frac{\omega_n^{\ 2}}{s\left(s^2+2\omega_n s+\omega_n^{\ 2}\right)}=\frac{1}{s}-\frac{1}{s+\omega_n}-\frac{\omega_n}{\left(s+\omega_n\right)^2}$$

于是，进行拉普拉斯逆变换，就有下式成立。

第5章 瞬态响应

$$y(t)=1-e^{-\omega_n t}-\omega_n t e^{-\omega_n t}=1-\left(1+\omega_n t\right)e^{-\omega_n t}$$

③ 当$\zeta>1$时

在这种场合下，两个实数根p和q为：

$$\begin{cases}p=-\zeta\omega_n+\omega_n\sqrt{\zeta^2-1}\\q=-\zeta\omega_n-\omega_n\sqrt{\zeta^2-1}\end{cases}$$

假设输出$Y(s)$的部分分式展开成如下方程式。

$$Y(s)=\frac{{\omega_n}^2}{s\left(s^2+2\zeta\omega_n s+{\omega_n}^2\right)}=\frac{A}{s}+\frac{B}{s-p}+\frac{C}{s-q}$$

由上式，求出的常数A、B、C如下。

$$\begin{cases}A=1\\B=-\dfrac{1}{2}\dfrac{\zeta+\sqrt{\zeta^2-1}}{\sqrt{\zeta^2-1}}\\C=\dfrac{1}{2}\dfrac{\zeta-\sqrt{\zeta^2-1}}{\sqrt{\zeta^2-1}}\end{cases}$$

问题的关键是分解成部分分式和变换表的识读。

将A、B、C代入$Y(s)$的方程式，进行拉普拉斯逆变换，就能得到如下解。

$$y(t)=1-\frac{e^{-\zeta\omega_n t}}{2\sqrt{\zeta^2-1}}\left[\left(\zeta+\sqrt{\zeta^2-1}\right)e^{\omega_n\sqrt{\zeta^2-1}t}-\left(\zeta-\sqrt{\zeta^2-1}\right)e^{-\omega_n\sqrt{\zeta^2-1}t}\right]$$

图5.14表示①、②以及③三种情况的代表性响应。在$0\leqslant\zeta<1$的范围内，ω_n为固定值（ω_n=1）时的响应波形是振动的同时，振幅逐渐减小。具体地比较一下ζ=0.1和ζ=0.3两种情况，就会知道当ζ越小时，响应上升得越快，回落到稳态目标值所需要的时间越长。这种状态称为有阻尼振动。在ζ=0的极限状态场合，这是无衰减的等幅振荡，响应$y(t)=1-\cos\omega_n t$。

同样地，在$\zeta>1$的范围内，由图可知ζ越大，响应波形的上升越缓慢，单调地上升趋近于稳态目标值。这种状态称为过阻尼。

ζ=1的状态是欠阻尼振动和过阻尼的分界点，称为临界阻尼。

这种ζ值是表示响应中有无振动以及振动大小等的参数，称为阻尼比。

然后，为了研究振荡环节在指数响应场合下的瞬态特性和控制状况，图5.15描绘了有阻尼振动响应和响应的包络线（在这种场合下，是指分别连接有阻尼振动响应的振幅顶点以及连接有阻尼振动响应的振幅谷点的两条曲线），图5.16描绘了有阻尼振动的性能指标，图5.17描绘了无阻尼固有频率ω_n对响应的影响情况。

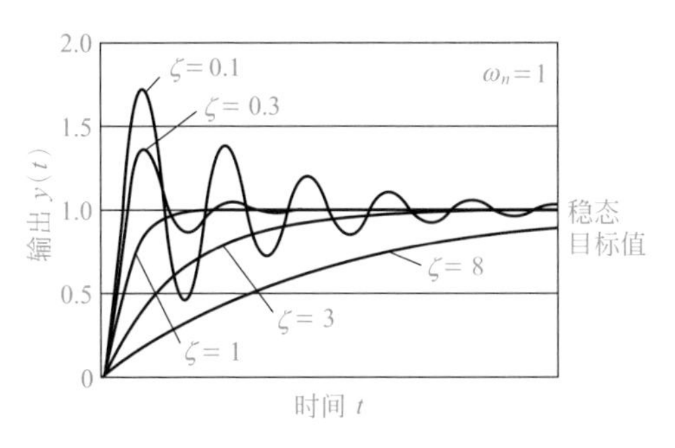

图5.14　振荡环节的指数响应

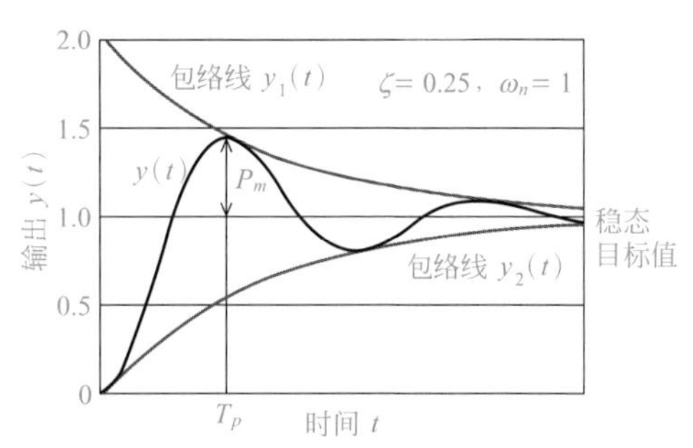

图5.15　有阻尼振动响应（ζ=0.25，ω_n=1）和响应的包络线

在图5.15中，将超越稳态目标值的最大值称为最大超调量（也称为最大过冲量），设到达最大超调量的时间（最大峰值时间）为T_p，则有：

$$T_p=\frac{\pi}{\omega_n\sqrt{1-\zeta^2}}$$

有时也用 exp x 表示 e^x！

最大超调量的表达式为：

$$P_m=\exp\left(-\frac{\pi\zeta}{\sqrt{1-\zeta^2}}\right) \qquad (5.1)$$

另外，各包络线的方程式用下式表示为：

$$\begin{cases} y_1(t)=1+\dfrac{\exp(-\zeta\omega_n t)}{\sqrt{1-\zeta^2}} \\ y_2(t)=1-\dfrac{\exp(-\zeta\omega_n t)}{\sqrt{1-\zeta^2}} \end{cases}$$

为提高系统的动态性能，不能消除响应的超调，而且对阻尼比和固有频率也有影响！！

由上述方程式可知，最大峰值时间T_p与ζ值和ω_n有关，与ω_n成反比，而与（$1-\zeta^2$）的平方根成反比。

此外，最大超调量P_m是指超过目标值的最大值，如图5.16所示，按照超调量的极值（最大值、最小值）顺序a_1、a_2、a_3等进行排列，则有$a_1=P_m$。

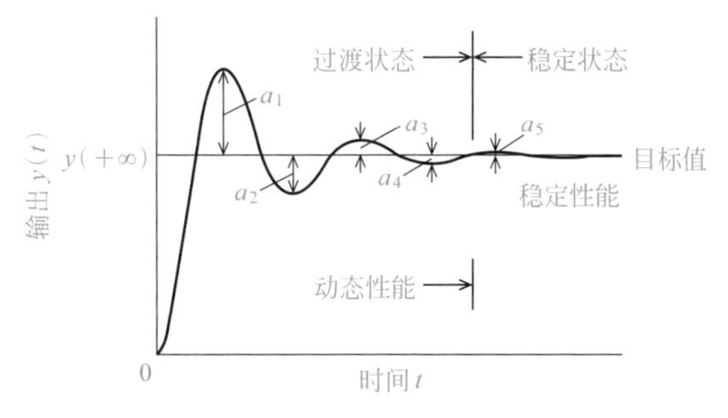

图5.16　振荡环节的衰减振动特性

在这里，峰值一般项a_k的表达式如下。

$$a_k = (-1)^{k+1} \exp\left(-\frac{k\pi\zeta}{\sqrt{1-\zeta^2}}\right)$$

通过任意的第k项峰值和第（k+2）项峰值的比值，求出衰减比λ的表达式如下。

$$\lambda = \frac{a_{k+2}}{a_k} = \exp\left(-\frac{2\pi\zeta}{\sqrt{1-\zeta^2}}\right)$$

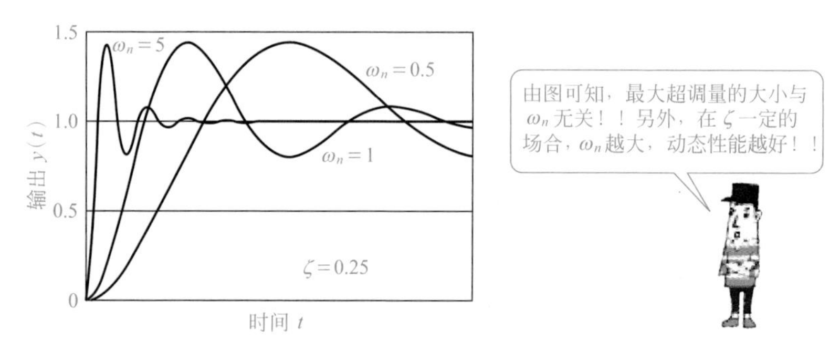

图5.17　振荡环节的指数响应（ω_n的影响）

在图5.17所示的阻尼比相同的振荡环节中，ω_n越大，响应在时间上的反应越快，变成稳态的时间就越短。也就是说，ω_n越大，动态性能越好。

专栏　利用弹簧和阻尼器进行振动吸收

质量为m的冲击吸收体采用弹簧和阻尼器连接基座的支撑方式，其装置结构如图5.18所示。当台面受到冲击载荷作用时，冲击吸收体将冲击能量的一部分变换成动量，使得传递到基座的冲击力减小。

另外，脱离台面的冲击吸收体，可以通过弹簧和阻尼器的作用缓慢地恢复到与台面接触的状态。

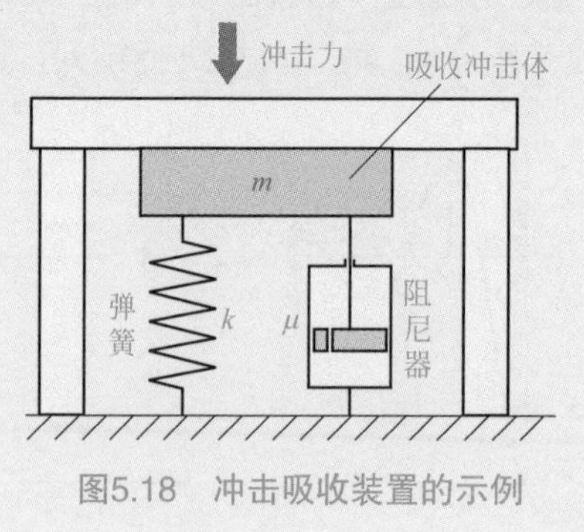

图5.18　冲击吸收装置的示例

专栏　仿形加工

图5.19是采用圆柱滑阀（在圆柱形状的轴上开设同心圆状的凹槽，改变流体的流动方向）进行仿形加工的示意图。由于我们所看到的仿形加工主要是用于钥匙的配制，所以这是一种一边跟踪模板的形状轨迹，一边按照模板的形状进行工件加工的方法。

跟踪模板形状的触头连接在圆柱滑阀上，圆柱滑阀被弹簧推压靠向模板。此外，圆柱滑阀的直径较小，即使液压油流入，用较小的作用力也能轴向运动。因此，沿着模板的形状运动就容易实现。

液压缸的活塞按照触头的运动进行上下移动，与活塞连接的刀具就对工件进行加工。因为液压缸的直径较大，所以能够通过液压油而产生足以切削加工工件的作用力。

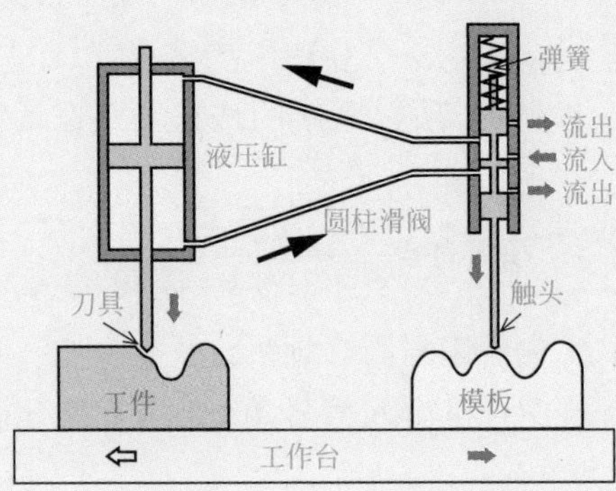

图5.19　仿形加工的原理

第5章　瞬态响应

5.6

振荡环节的脉冲响应

用榔头敲击车轮所形成的脉冲

❶ 脉冲响应是传递函数本身的逆变换。

❷ 由指数响应的微分（倾斜度）也能获得脉冲响应。

脉冲输入信号$x(t)$的拉普拉斯变换$X(s)$为：

$$X(s)=1$$

另外，因为这是振荡环节，所以系统的传递函数在增益系数K=1的情况下，可以用下式表示。

$$G(s)=\frac{{\omega_n}^2}{s^2+2\zeta\omega_n s+{\omega_n}^2}$$

式中，ζ为阻尼比；ω_n为无阻尼固有频率。

其次，根据传递函数$G(s)$和输入信号$X(s)$，求出输出信号的拉普拉斯变换$Y(s)$为：

$$Y(s)=G(s)X(s)=\frac{{\omega_n}^2}{s^2+2\zeta\omega_n s+{\omega_n}^2}\times 1=\frac{{\omega_n}^2}{s^2+2\zeta\omega_n s+{\omega_n}^2}$$

为了对上式进行拉普拉斯逆变换，需要像指数响应（见第5.5节）所示的那样，进行部分分式因式分解。首先，认为分母$s^2+2\zeta\omega_n s+\omega_n^2$能够因式分解成$(s-p)(s-q)$。在这种情况下，$p$和$q$是二次方程$s^2+2\zeta\omega_n s+\omega_n^2=0$的根，根据$\zeta$的取值，可分成如下的三种情况。

① 当$0\leqslant\zeta<1$时，p和q是两个共轭复数根。

② 当ζ=1时，p=q是两个相等的实根。

③ 当$\zeta>1$时，p和q是两个不相等的实根。

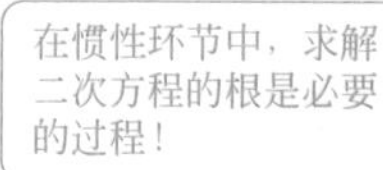

在惯性环节中，求解二次方程的根是必要的过程！

在下面，同指数响应的场合一样，按照三种不同的情况分别求解响应函数$y(t)$。

（1） $0\leqslant\zeta<1$的场合

在这种场合下，部分分式的展开能够用如下的方程式表示。

$$Y(s)=\frac{{\omega_n}^2}{s^2+2\zeta\omega_n s+{\omega_n}^2}=\frac{A}{s-p}+\frac{B}{s-q}$$

在这里，两个根p和q为：

$$\begin{cases} p=-\zeta\omega_n+\mathrm{j}\omega_n\sqrt{1-\zeta^2} \\ q=-\zeta\omega_n-\mathrm{j}\omega_n\sqrt{1-\zeta^2} \end{cases}$$

由方程求出A和B，则用下式表示。

$$\begin{cases} B=-A \\ A=-\dfrac{\mathrm{j}\omega_n}{2\sqrt{1-\zeta^2}} \end{cases}$$

将求出的A和B代入$Y(s)$的方程式，用拉普拉斯变换表进行拉普拉斯逆变换，并进行方程式的整理，就能够得到如下的输出函数表达式。

$$y(t)=\frac{\omega_n}{\sqrt{1-\zeta^2}}\mathrm{e}^{-\zeta\omega_n t}\sin\left(\omega_n\sqrt{1-\zeta^2}t\right)$$

（2） ζ=1的场合

在这种场合下，由于两个根为$p=q=-\omega_n$（重根），所以$Y(s)$可以展开成如下的形式。

$$Y(s)=\frac{\omega_n^{\ 2}}{s^2+2\omega_n s+\omega_n^{\ 2}}=\frac{\omega_n^{\ 2}}{\left(s+\omega_n\right)^2}$$

于是，进行拉普拉斯逆变换，能获得如下的表达式。

$$y(t)=\omega_n^2 t\mathrm{e}^{-\omega_n t}$$

为了进行拉普拉斯逆变换，重要的是要将方程式变换成变换表中存在的形式并要习惯这种方法。

（3） ζ>1的场合

在这种场合下，两个根p和q用如下的方程式表示。

$$\begin{cases} p=-\zeta\omega_n+\omega_n\sqrt{\zeta^2-1} \\ q=-\zeta\omega_n-\omega_n\sqrt{\zeta^2-1} \end{cases}$$

将输出函数$Y(s)$展开成如下所示的部分分式。

$$Y(s)=\frac{\omega_n^{\ 2}}{s^2+2\zeta\omega_n s+\omega_n^{\ 2}}=\frac{A}{s-p}+\frac{B}{s-q}$$

由上式，求出A和B如下所示。

$$\begin{cases} B=-A \\ A=-\dfrac{\omega_n}{2\sqrt{\zeta^2-1}} \end{cases}$$

于是，将求出的A和B代入$Y(s)$的方程式，采用拉普拉斯变换表进行拉普拉斯逆变换，进行方程式的整理，输出函数$y(t)$的解如下所示。

$$y(t)=\frac{\omega_n e^{-\zeta\omega_n t}}{2\sqrt{\zeta^2-1}}\left[e^{\omega_n\sqrt{\zeta^2-1}t}-e^{-\omega_n\sqrt{\zeta^2-1}t}\right]$$

$$=\frac{\omega_n e^{-\zeta\omega_n t}}{\sqrt{\zeta^2-1}}\sinh\left(\omega_n\sqrt{\zeta^2-1}t\right)$$

在这里，sinh为双曲线函数，读作正弦双曲函数或者双曲正弦函数。另外，这种函数与指数函数具有如下所示的关系。

$$\sinh x=\frac{e^x-e^{-x}}{2}$$

图5.20表示振荡环节的脉冲响应受ζ和ω_n的影响状况。脉冲响应也与指数响应相同，在$0\leqslant\zeta<1$的范围内，当ω_n取一定值（在这里，ω_n=0.5）的场合，响应函数的波形在振动的同时，表现为振幅逐渐减小的阻尼振动。另外，ζ值越小，曲线上升得越快，但趋向稳态值所需要的时间是一样的。

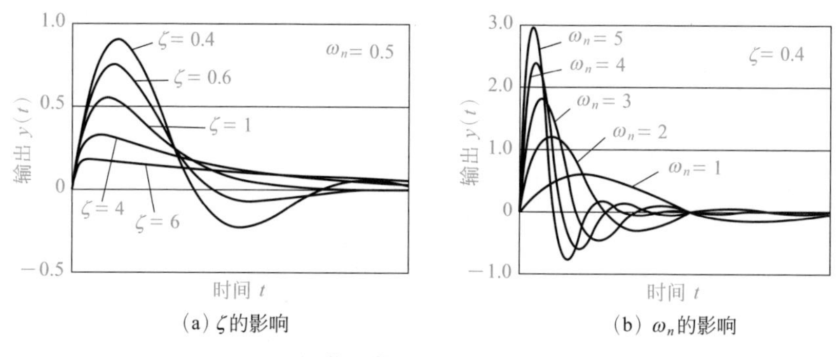

（a）ζ的影响　　（b）ω_n的影响

图5.20　振荡环节的脉冲响应（ζ的影响）

同样地，在$\zeta>1$的范围内，ζ越大，响应函数的波形上升高度越低，逐渐变成单调地趋近稳态值的过衰减状态。

ζ=1的状态是临界阻尼，这是弱阻尼衰减振动和过阻尼运动的分界点。

正如第5.4节的惯性环节脉冲响应这一部分所述，即使在振荡环节，也可以通过指数响应的微分求解脉冲响应。

汽车悬挂装置的原理，通常被认为是弹簧和阻尼器构成的振荡环节。当在发动机罩的部位施加瞬间的力时，可知装置进行的是如图5.20（a）所示的阻尼比ζ较大的运动。另外，在阻尼比ζ较小时，可以采用图3.3所示的球体坠落的运动进行解释。

专栏　计算机控制

图5.21是在自动控制系统中采用计算机（如PC）的示例，具体地可将其考虑成执行元件是驱动器、检测元件是传感器或者测量装置等。

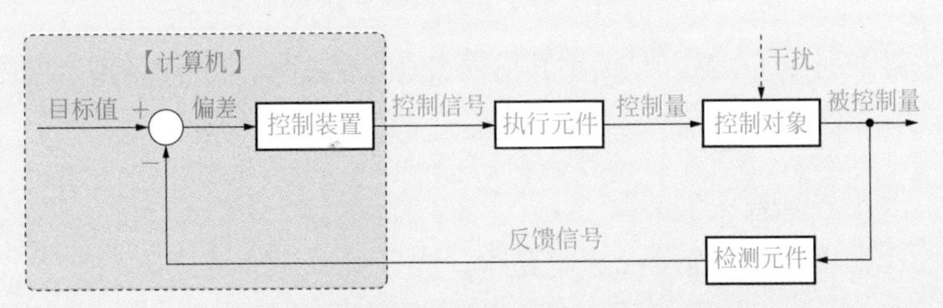

图5.21　计算机在自动控制中的使用

在自动控制中使用计算机的场合，除了需掌握计算机知识之外，还需要有A/D变换、D/A变换、接口以及传感器等方面的知识。

这是因为，个人计算机（PC）能够处理的数据是数字数据，基本上认为是直流的0V和5V这两个数值（分别对应0和1）。因此，在图5.21中，所要输入计算机的反馈信号和刚被计算机输出的控制信号都是直流的0V和5V这两种数值的信号。

控制信号或反馈信号通常都是模拟信号，因此，这种反馈信号不能被直接输入到计算机中。另外，计算机的输出信号也不能直接作为控制信号使用。

为此，需要通过A/D变换器对反馈信号进行数字化处理以及通过D/A变换器对计算机的输出信号进行模拟化处理。

进而，为了使信号量纲不同的机器相互连接或者使作业人员容易操作，需要接口以及人机接口。

习题

习题1 对下列传递函数，试绘制其指数响应的示意图，并指出其函数的特征。

$$G(s)=\frac{6e^{-2s}}{5s+2}$$

习题2 在如图5.22所示的L-R电路中，当开关S关闭（电路接通）时，试回答如下问题。在这里，已知输入电压$e(t)$为1V的单位阶跃输入信号。

（1）试求出L-R电路的时间常数T。

（2）试求出电流$i(t)$和稳态电流$i(t\to\infty)$。

（3）在电流达到稳态电流i（$t\to\infty$）=0.005A的63.2%所需要的时间是0.004s的场合，试求出L和R。

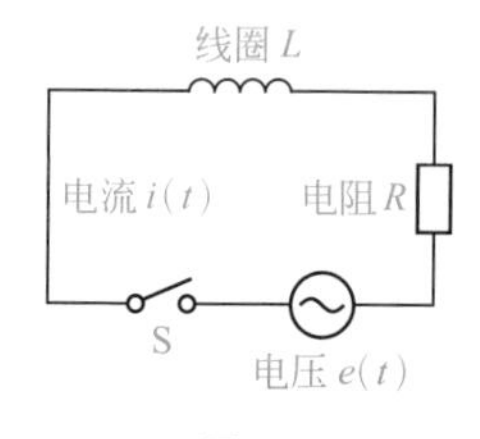

图5.22

习题3 在图5.23所示的液面控制系统中，当流入水箱的流量$q_i(t)$为$q_0=2\times10^4m^3/s$时，水位在200mm处位于平衡状态。若流入的量从这种状态以阶跃的形式增加5%，试求出这种场合的最终平衡水位。

在这里，设流入水箱的流量为$q_i(t)=q_0+\alpha$，液面的深度为$h(t)=h_0+\varepsilon$，认定流入水箱的流量增加量α为输入，液面水位的变化量ε为输出。这时的传递函数$G(s)$为$G(s)=\dfrac{\beta}{1+Ts}$。在式中，β是水箱出口的阻力。另外，设水箱横截面积为A=0.16m^2，系统的时间常数为$T=\beta A$=720s。

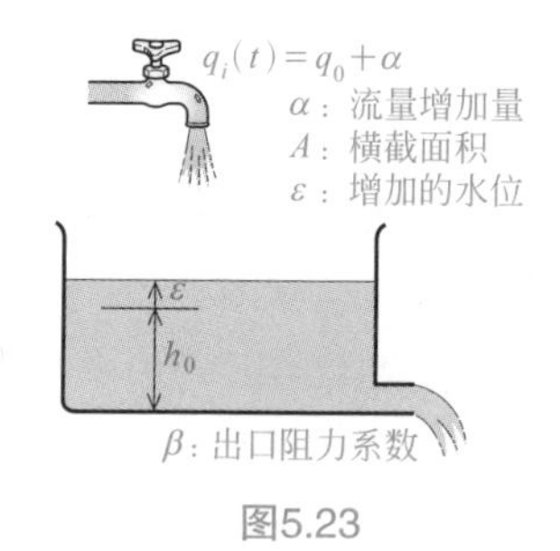

图5.23

习题4 在如图5.24所示的质量-弹簧-阻尼系统中，设m=1kg，k=400N/m。当设外力$f(t)$为输入，质量m的位移$x(t)$为输出时，试求阶跃响应不出现超调量的黏性阻尼系数μ[N/(m/s)]的范围。

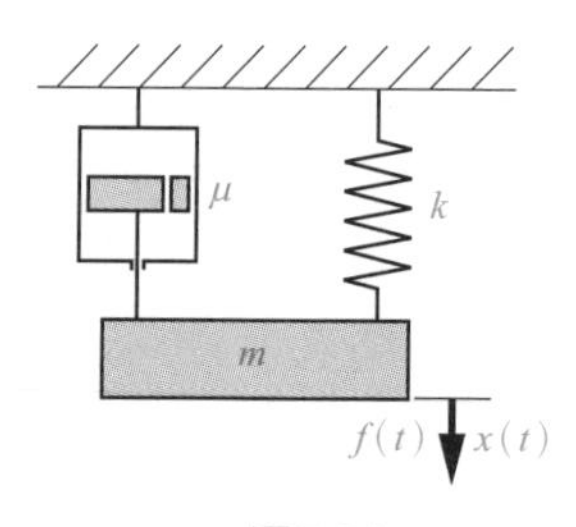

图5.24

第6章 频率响应

分析控制系统的输入信号和输出信号之间关系的方法，除了瞬态响应分析方法之外，还有频率响应分析方法。

瞬态响应分析方法是分析控制系统的时域响应，与之相应，频率响应分析方法是分析控制系统输入信号的频率变化所引起的响应差异。

频率响应是所分析输入信号为正弦波信号时的输出响应的方法之一，它是在输入正弦波信号之后，经过充足的时间，通过掌握稳态时的输出信号和输入信号的振幅比和相位差，获得系统的动态特性。在这种场合下，需要的是传递函数的频率特性。

在本章中，将解释分析控制系统传递函数的频率特性的求解方法、频率响应的基本概念等。

6.1

频率响应的基本概念

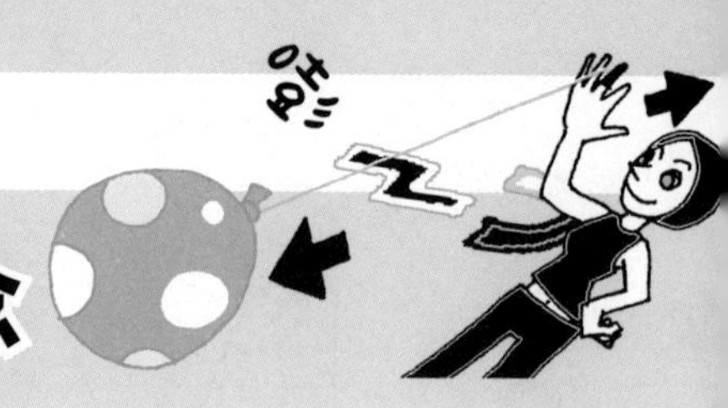

频率不同的话，就会有不同的相位和振幅

❶ 频率响应就是输出信号和输入信号的振幅比以及相位差。
❷ 通过传递函数能够求出传递函数的频率特性。
❸ 利用频域的传递函数能够简单地进行振幅比和相位差的计算。

频率响应是控制环节的特性之一。实际的输入信号是由各种各样的不同频率和振幅的信号集合而成。然而，如果将信号作为“各类信号”的集合体进行统一处理，对这种信号响应的直观评价就实在难以进行。于是，在频率响应方法中，输入信号采用振幅恒定的正弦波（表现为sin波）信号，其思路就相当于分析如图6.1所示的相对单纯输入的响应。

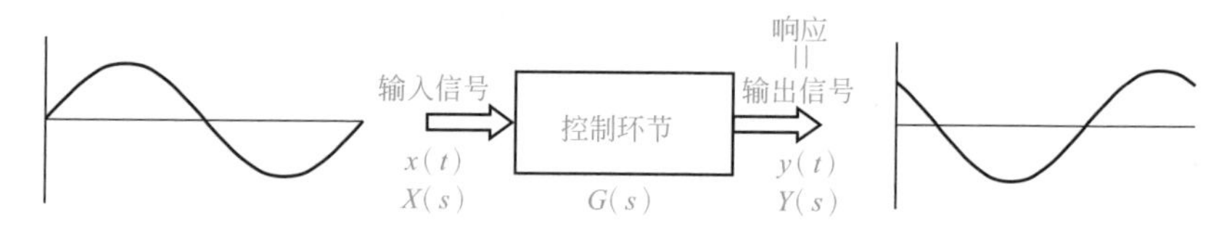

图6.1　控制环节频率响应的分析思路

在某控制环节输入正弦波信号$\sin\omega t$的场合，能够预测到的输出信号如图6.2所示。在这里，频率响应是指“输出信号的波形是在过渡过程结束，变成稳定状态之后的响应”，通过对输出的振幅和相位的分析，以达到掌握控制环节动态特性的目的。

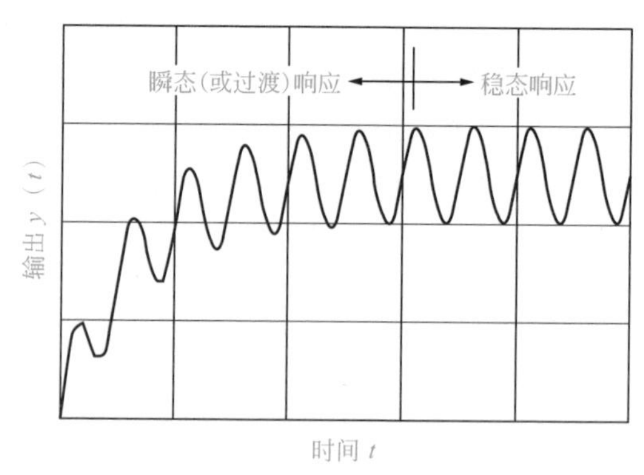

图6.2　控制环节的实际输出示例

例如，在如图6.1所示的某控制环节的输入正弦波信号$\sin\omega t$的场合，按照角频率ω的大小，就可以认为输出响应一般是如图6.3～图6.5所示的波形。

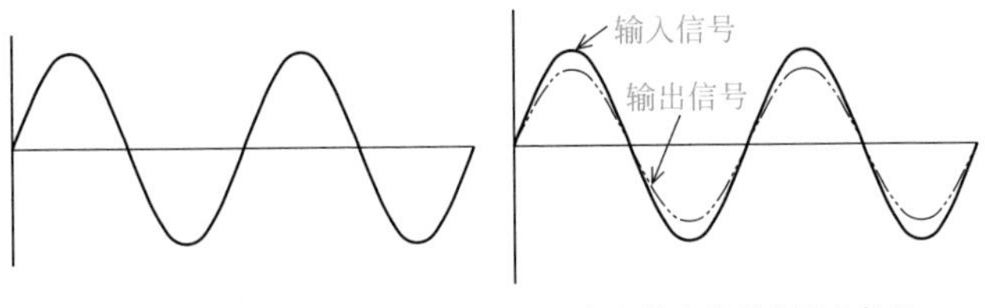

（a）输入信号　　（b）输入信号和输出信号

图6.3　角频率ω较小场合的频率响应

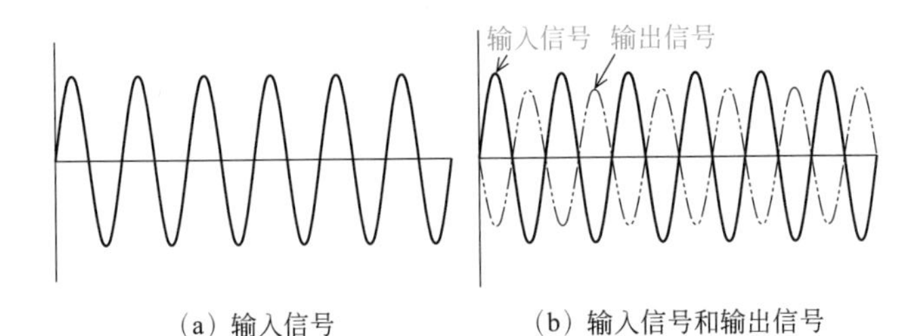

（a）输入信号　　（b）输入信号和输出信号

图6.4　角频率ω较大场合的频率响应

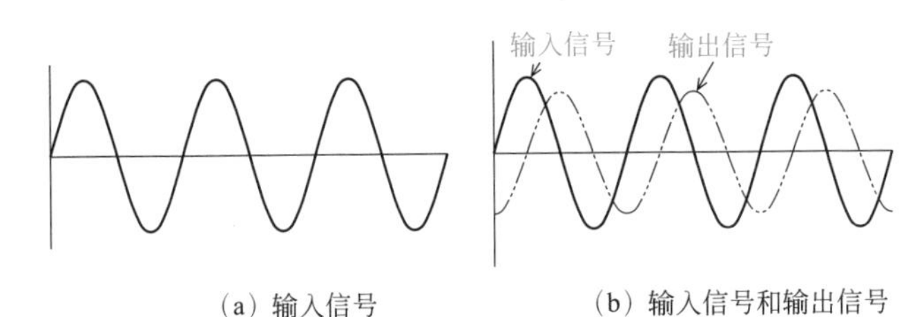

（a）输入信号　　（b）输入信号和输出信号

图6.5　角频率ω中等程度时的频率响应

在图6.3～图6.5中，输入信号如各图的图（a）所示，通过图（b）表示的输入信号与输出信号的对比，就能够确认相位的滞后。

如果输入信号的频率不同的话，输出的振幅和相位也就不同。

现在，由于输入信号是正弦波，所以可以用下式表示。

$$x(t) = A\sin(\omega t)$$

式中，A为输入信号的振幅；ω是输入信号的角频率，rad/s。

若某一控制系统的输入是上式表示的输入信号的话，其输出信号经过过渡状态变成稳定状态之后，能够用下式进行表示。

$$y(t) = B\sin(\omega t + \varphi)$$

式中，B为输出信号的振幅；φ为输出信号相对于输入信号的相位差，其相互关系如图6.6所示。另外，输出信号的角频率也是ω(rad/s)，与输入信号的ω(rad/s)相同。

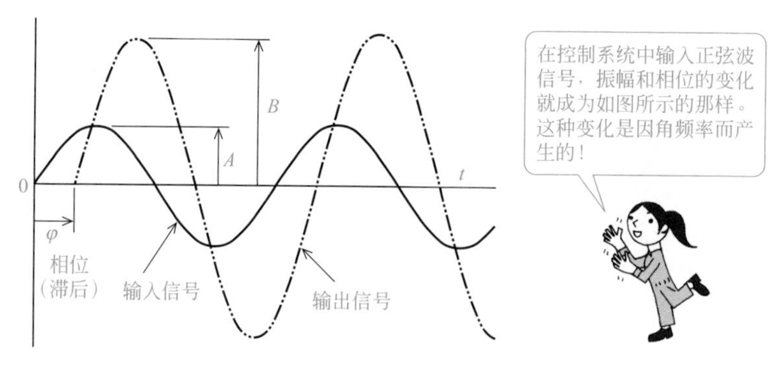

图6.6　频率响应的输入和输出信号

如图6.6所示，研究输出和输入信号的振幅比B/A以及相位φ相对于角频率ω的变化就是频率响应的分析。

另外，在进行频率响应求解的场合，虽然也考虑通过输入信号求出输出信号，进而通过两者的比较求出振幅比和相位的方法，但是通常的方法是利用控制环节的传递函数进行求解。

在控制环节的传递函数$G(s)$中，设s=jω（j为虚数单位）。这时，由于$G(\mathrm{j}\omega)$成为一般的复数，所以认为$G(\mathrm{j}\omega)$能用下式表示。

$$G(\mathrm{j}\omega)=\alpha(\omega)+\mathrm{j}\beta(\omega)$$

在这种场合，振幅比B/A（也称为增益）以及相位φ可以表示为：

$$\begin{cases}\dfrac{B}{A}=|G(\mathrm{j}\omega)|=\sqrt{[\alpha(\omega)]^2+[\beta(\omega)]^2}\\ \varphi=\angle G(\mathrm{j}\omega)=\arctan\dfrac{\beta(\omega)}{\alpha(\omega)}\end{cases}$$

在上式中，$G(\mathrm{j}\omega)$称为频域的传递函数（或称频率特性），$|G(\mathrm{j}\omega)|$是复函数$G(\mathrm{j}\omega)$的绝对值，$\angle G(\mathrm{j}\omega)$是复函数$G(\mathrm{j}\omega)$的相位角$\varphi$。另外，arctan是反三角函数的一种，称为反正切（inverse tangent）。

图6.7表示出复数平面上的复数$G(\mathrm{j}\omega)$的绝对值和相位的关系。

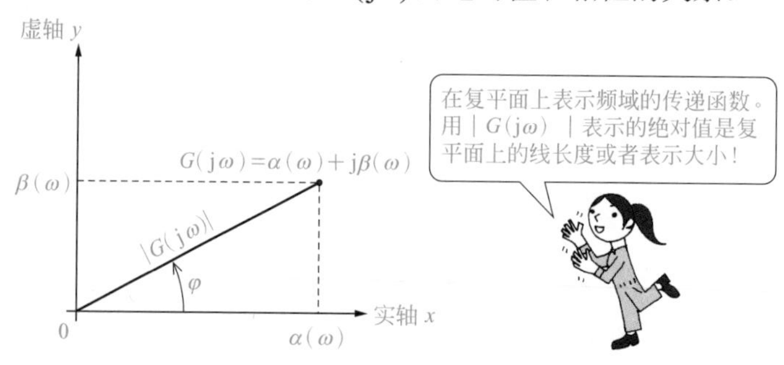

图6.7　频域传递函数的绝对值和相位的关系

专栏　分贝符合听觉等的感受

即使将声音的功率增加至原来的2倍，人们也不会感到音量已经变成2倍。实际上，音量与功率的对数（$\log_{10}2\approx0.3$）成比例。功率对数值的单位是B（贝，来源于发明电话的亚历山大·格拉汉姆·贝尔），通常使用dB（分贝），即带有SI单位的词头“d”（d是表示十分之一）。

在用dB表示的场合，由于数值被放大10倍，所以变成$\log_{10}2\approx3(\mathrm{dB})$。

虽然都是相同的值，但相对于将音量提高0.3B，反而是提高3dB更容易使人感觉到音量变大。

6.2 频率响应的表示和伯德图

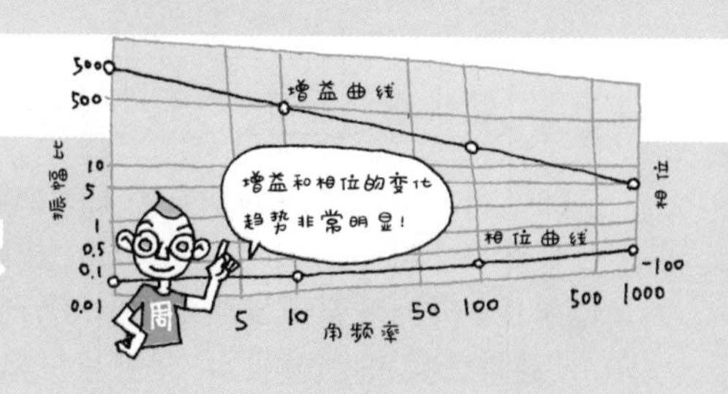

要点 …………在伯德图上，振幅比和相位一目了然

❶ 用伯德图表示输出信号和输入信号的振幅比和相位的变化趋势。

❷ 增益的单位通常使用分贝(dB)。

正如之前所述，输出信号和输入信号的振幅比B/A以及相位φ相对于角频率ω的变化就是频率响应。例如，当将振幅A为1mV的正弦波作为输入信号输入系统时，设得到如下所述的结果。

① 当角频率为1rad/s时，输出的振幅B变成5000mV（振幅比为5000），输出的相位比输入滞后90°。

② 当角频率为10 rad/s时，输出的振幅B变成500mV（振幅比为500），输出的相位与①的场合相同，滞后90°。

③ 当角频率为100rad/s时，输出的振幅B变成50mV（振幅比为50），输出的相位与①的场合相同，滞后90°。

④ 当角频率为1000rad/s时，输出的振幅B变成5mV（振幅比为5），输出的相位与①的场合相同，滞后90°。

在这种情况下，角频率在1～1000 rad/s的范围内变化，振幅比在5～5000的宽广的范围内变化。对这样宽广范围的变化量，通常采用对数刻度进行图示。

在图6.8中，横轴表示的是角频率ω(rad/s)取对数的刻度，左纵轴表示的是振幅比取对数的刻度，这是取对数的增益（或称对数幅频特性）g。另外，右纵轴相对于同图横轴的角频率表示的是相位，相位φ为：输出的相位－输入的相位。这两者统称为频率特性的对数坐标图。

为掌握控制环节的动态特性，采用容易理解瞬态响应的方法进行。但是，这种方法的计算过于复杂。于是，经常采用幅频特性曲线和相频特性曲线（频率响应）来分析实际的现象，这是因为机器很少在运转为瞬态的状况下使用。

另外，这种场合的增益g不是相对于角频率变化的振幅比，而是取振幅比的常用对数并扩大20倍，通常都是用计算出的分贝（dB）进行表示，如下式所示。

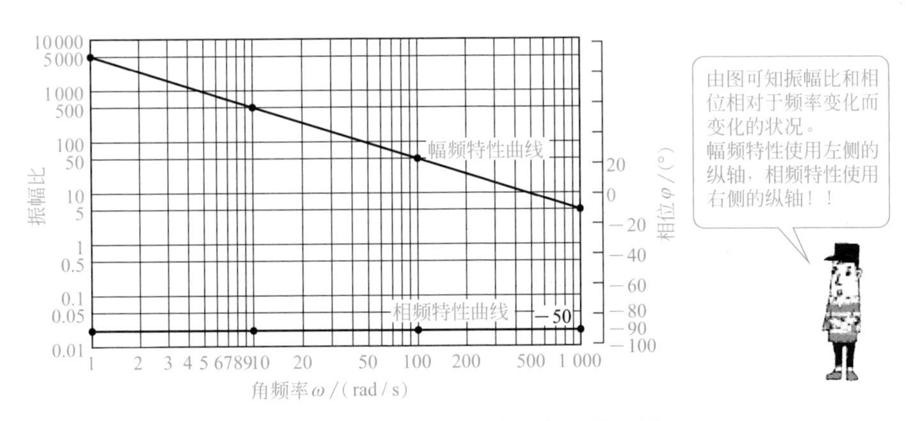

图6.8　频率响应的对数坐标图的示例

$$g = 20\log_{10}（振幅比）$$

用分贝表示图6.8所示的振幅比，则有下列的计算方法，计算的结果如图6.9所示。

$$\begin{cases} g = 20\log_{10}(5000) = 73.98(\text{dB}) \\ g = 20\log_{10}(500) = 53.98(\text{dB}) \\ g = 20\log_{10}(50) = 33.98(\text{dB}) \\ g = 20\log_{10}(5) = 13.98(\text{dB}) \end{cases}$$

图6.9除了纵轴刻度的取值之外，其余都与图6.8完全相同。比较分析图6.8和图6.9，将会发现图6.8中难于理解的是振幅比采用图的左侧纵轴的对数刻度表示，而相位则是用图的右侧纵轴的均等（网格）刻度表示。另一方面，图6.9中的左侧纵轴和右侧纵轴都采用均等刻度，视觉上令人感觉清晰。

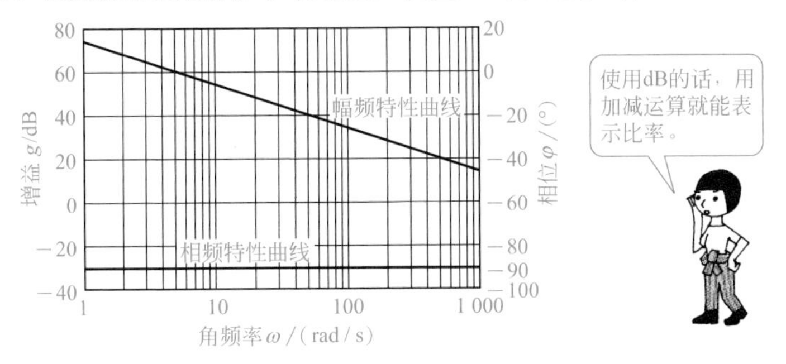

图6.9　伯德图的示例

如图6.9所示，将表示增益和相位相对于角频率变化的图称为伯德图。另外，因为频率（振动数）f(Hz)和角频率ω(rad/s)之间存在$\omega=2\pi f$这样的关系，所以，无论横轴是设为f还是设为ω都是同样（但刻度不同）的图形。通常，横轴取角频率ω的伯德图较多。

伯德图的优点是相对于角频率而言可以在宽广的范围内变化，容易观察到增益（就是输出信号的振幅变化程度如何）和相位滞后等的特性。

在图6.9所示的伯德图中，同时描绘出对数幅频特性曲线和对数相频特性曲线，这原本是如图6.10（a）和（b）所示分别绘制出的图。最终是采用同图绘制还是采用分别绘制，具体要根据各曲线图的变化趋势和用纸的大小等进行综合判断。我们将在第6.3节讲述典型环节的伯德图。

虽然能用不同的图表示增益和相位随角频率变化的状况，但若在同一张图中表示的话，更有利于比较两者相对于角频率的变化！

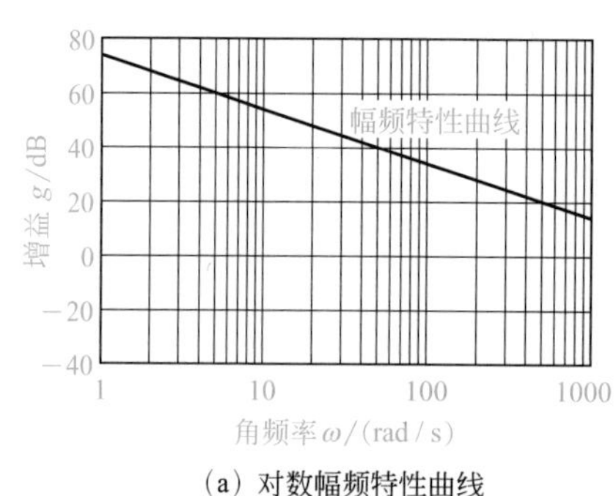

（a）对数幅频特性曲线

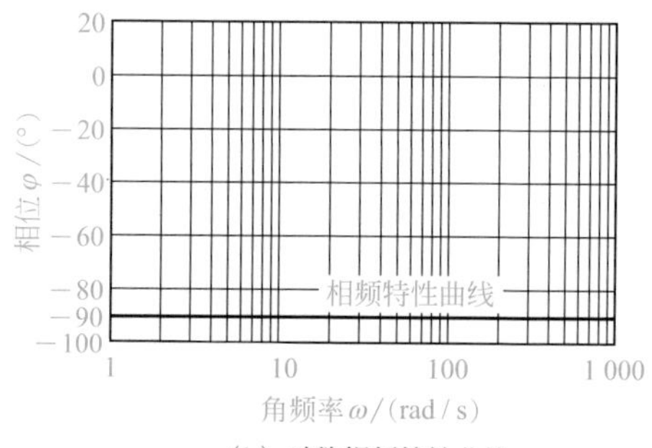

（b）对数相频特性曲线

图6.10　伯德图的示例

专栏　弧度制和角度制

弧度制在计算过程中使用方便，但π/3 rad以及π/2 rad等难以理解。因此，在角度的表示方法中也经常采用角度制。两种单位制的变换基于πrad和180°等价这一规则，如果设α弧度（rad）为θ度（°）的话，就有如下的关系式成立。

$$\theta=\frac{180\alpha}{\pi}$$

专栏　三角函数和反三角函数的计算

三角函数和反三角函数有着如表6.1所示的关系。

表6.1　主要的三角函数和反三角函数

三角函数	反三角函数	y的定义域和θ的值域
$y=\sin\theta$	$\theta=\arcsin y$	$-1\leqslant y\leqslant 1$，$-90\leqslant\theta\leqslant 90°$
$y=\cos\theta$	$\theta=\arccos y$	$-1\leqslant y\leqslant 1$，$0°\leqslant\theta\leqslant 180°$
$y=\tan\theta$	$\theta=\arctan y$	$-\infty<y<\infty$，$-90°\leqslant\theta\leqslant 90°$

arcsin读作反正弦或者逆向正弦，有时也被标记为$\sin^{-1}$等。此外，所谓的值域是指相对于y的定义域，只返回一个角度θ的指定范围。

专栏　三角函数和反三角函数的计算

其次，三角函数和反三角函数使用手机或平板电脑的应用程序也可以计算，但需要注意的是在使用应用程序时角度单位是弧度制的弧度（rad）或者角度制的角度（°）。

然后，频率响应通常是求出传递函数 $G(\mathrm{j}\omega)=\alpha(\omega)+\mathrm{j}\beta(\omega)$ 的相位 $\varphi=\arctan\beta(\omega)/\alpha(\omega)$（图6.7）。但是，反三角函数的计算结果是值域 θ，因此，要基于 $\alpha(\omega)$ 和 $\beta(\omega)$ 的符号（象限坐标），根据表6.2来求出实际的相位 φ（通常采用的范围为 $-180°\leqslant\varphi\leqslant180°$）。

表6.2　实际相位的求解方法

$\alpha(\omega)$	$\beta(\omega)$	实际的相位 φ（°），值域 θ（°）
$0\leqslant\alpha(\omega)$	$0\leqslant\beta(\omega)$	$0°\leqslant\varphi\leqslant90°$，$\varphi=\theta$
$\alpha(\omega)<0$	$0\leqslant\beta(\omega)$	$90°<\varphi\leqslant180°$，$\varphi=\theta+180°$
$\alpha(\omega)<0$	$\beta(\omega)<0$	$-180°\leqslant\varphi<-90°$，$\varphi=\theta-180°$
$0\leqslant\alpha(\omega)$	$\beta(\omega)<0$	$-90°\leqslant\varphi<0°$，$\varphi=\theta$

6.3 常见环节的频率响应

显示出振幅和相位的伯德图

❶ 典型环节频率响应的对数幅频特性曲线是直线。
❷ 频率响应的相位表示输出信号和输入信号的相位差。

(1) 比例环节的伯德图

设比例环节的增益系数为K，则比例环节的传递函数就表示为：

$$G(\mathrm{j}\omega)=K \quad (\text{或认为}=K+\mathrm{j}0)$$

在这种场合下，对数幅频特性g和相位φ为：

$$\begin{cases} g=20\ \log_{10}|G(\mathrm{j}\omega)|=20\ \log_{10}K & (\text{常数值}) \\ \varphi=\angle G(\mathrm{j}\omega)=0^\circ & (\text{常数值}) \end{cases}$$

例如，假设K=10，由于有20 $\log_{10}10=20$，所以这时比例环节的伯德图如图6.11所示。在比例环节的场合，K值变得越大，图6.11所示的幅频特性（增益）曲线就越向上移动；K值越小，则曲线越向下移动，但曲线的值不随角频率进行变化，而是取常数值。另外，相位也是相对于任何K值都是0°，与输入信号同相（常数值）。

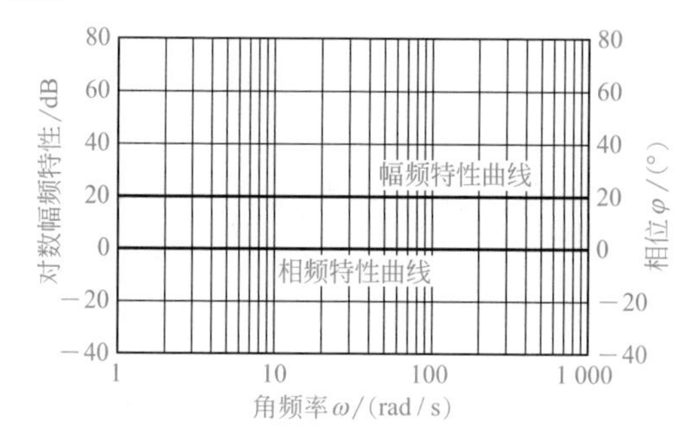

假如设K=1，就有$20\log_{10}1=0$，这时就会出现幅频特性曲线和相频特性曲线重叠，因此在这里设K=10！！无论是相位还是增益都是常量！！

图6.11　比例环节的伯德图

(2) 积分环节的伯德图

设积分环节的增益系数为K，则积分环节的传递函数可以用下式表示：

$$G(\mathrm{j}\omega)=\frac{K}{j\omega}$$

分母只有j项。将这样的数称为纯虚数。

将分母和分子同乘以-j，进行实数化，得到：

$$G(\mathrm{j}\omega)=\frac{K}{\mathrm{j}\omega}=\frac{K}{\mathrm{j}\omega}\left(\frac{-\mathrm{j}}{-\mathrm{j}}\right)=\frac{-\mathrm{j}K}{-\mathrm{j}^2\omega}=-\frac{\mathrm{j}K}{\omega}$$

在这种场合，对数幅频特性用下式表示。

$$g=20\ \log_{10}|G(\mathrm{j}\omega)|=20\ \log_{10}\left(\frac{K}{\omega}\right)=20\ \log_{10}K-20\log_{10}\omega(\mathrm{dB})$$

式中，当设K=1时，对数幅频特性为：

$$g=20\ \log_{10}|G(\mathrm{j}\omega)|=-20\ \log_{10}\omega(\mathrm{dB})$$

另一方面，相位表示为：

$$\varphi=\angle G(\mathrm{j}\omega)=\arctan\left(\frac{-\frac{K}{\omega}}{0}\right)=-90^{\circ}$$

由这一方程式可知，无论ω取什么样的值，( )内的取值都是负数除以0，因此，这个数是-∞，则$\tan\varphi\to-\infty$。也就是说，φ=-90°。

在设K=1的场合，积分环节的伯德图如图6.12所示。当K=1，ω=1时，图6.12中的对数幅频特性曲线值就变为0dB。

当$K\neq1$时，对数幅频特性曲线在ω=1时的值就成为$20\log_{10}K$，这是使图6.12所示的对数幅频特性曲线可以进行上下平移所得的曲线，而相位无论如何都是-90°的一个常数量。

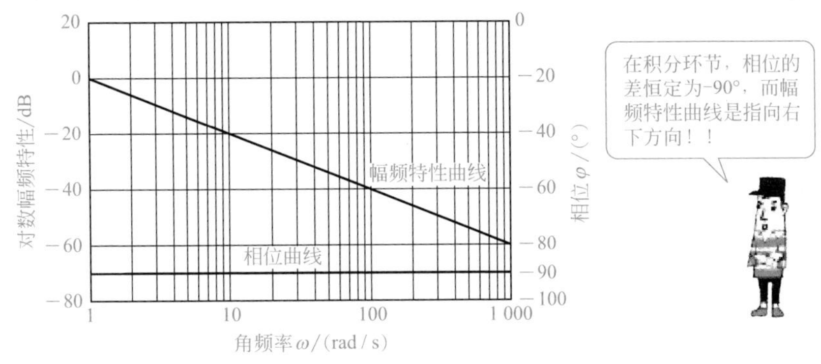

在积分环节，相位的差恒定为-90°，而幅频特性曲线是指向右下方向！！

图6.12　积分环节的伯德图

由图6.12和上式可知，幅频特性曲线是随着ω的值每增加10倍就减少20dB的直线。将这种直线称为倾斜度为-20dB/dec（读作十进制，含有“每10”的意义）的直线。

(3) 微分环节的伯德图

设微分环节的增益系数为K，则微分环节的传递函数可以用下式表示。

$$G(\mathrm{j}\omega)=\mathrm{j}K\omega \quad （或认为=0+\mathrm{j}K\omega）$$

在这种场合，对数幅频特性g为：

$$g=20\log_{10}|G(\mathrm{j}\omega)|=20\log_{10}(K\omega)=20\log_{10}K+20\log_{10}\omega(\mathrm{dB})$$

在这里，如果设K=1，则对数幅频特性g就可以表示为：

$$g=20\log_{10}|G(\mathrm{j}\omega)|=20\log_{10}\omega(\mathrm{dB})$$

另一方面，相位为：

$$\varphi=\angle G(\mathrm{j}\omega)=\arctan\left(\frac{K\omega}{0}\right)=90^\circ$$

由这一方程式可知，无论ω取什么样的值，由于( )内的值都是∞，所以tanφ→-∞。也就是说，φ=-90°。

在设K=1时，微分环节的伯德图如图6.13所示。当K=1和ω=1时，对数幅频特性的值如图6.13所示，为0dB。

当$K\neq1$时，对数幅频特性曲线在ω=1处的值如同$20\log_{10}K$那样，这是使图6.13所示的幅频特性曲线可以进行上下平移且指向右上方（20dB/dec的倾斜度）的曲线。相位无论何时都是90°的常数值。

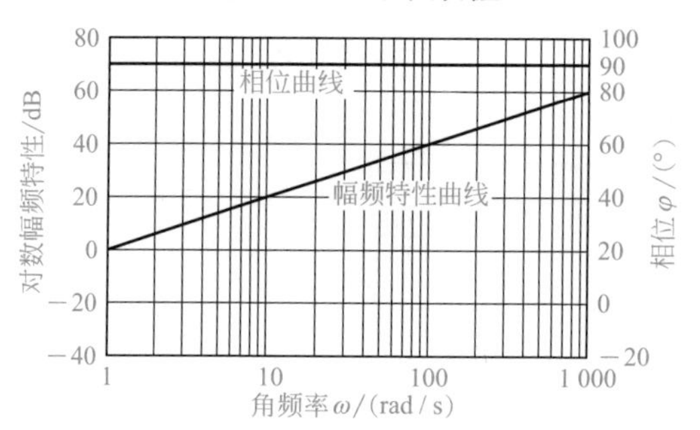

在微分环节，相位的差是常数的90°，而幅频特性曲线指向右上方。

图6.13　微分环节的伯德图

(4) 常见环节的伯德图小结

在设增益系数K为常数的场合，比例环节、积分环节以及微分环节具有如下的特点。

在后述的PID控制中，需要利用到这些特性。

① 在比例环节，幅频特性在所有的角频率范围内是常量，输出信号和输入信号之间不会出现相位

偏差。

② 在积分环节，输出信号的幅度为输入信号的$1/\omega$倍，相位滞后于输入信号90°。

③ 在微分环节，输出信号的幅度为输入信号的ω倍，相位比输入信号提前90°。

专栏 古典控制理论和现代控制理论

根据控制理论出现的年代顺序，将其分为古典控制理论（20世纪30年代产生）和现代控制理论（20世纪50年代产生）（见表6.3）。古典控制理论并没有因为产生的年代久远而不可使用，如今也被应用于辅助基本控制理论的理解和实际的控制。

表6.3 古典控制理论和现代控制理论的比较

古典控制理论	现代控制理论
基础是单输入和单输出	能够实现多输入和多输出
目的是通过建立输入和输出之间的关系式，求解传递函数。 求解传递函数的方法有拉普拉斯变换，而因为使用变换表进行变换，所以不需要太多的数学知识。 传递函数用s的分数式表示，采用s=jω替代绘制伯德图，分析频域的幅频特性和相频特性	目的是求解以输入和输出以及控制环节等为状态变量的状态方程（这是一阶的联立微分方程，使用矩阵和向量进行标记）和分析行列式的性质。 此外，对这些方程式需要使用数学方法求解，在时域进行方程解的分析。 因此，数学知识和计算机的辅助是不可或缺的

6.4

惯性环节的频率响应

惯性环节的伯德图近似于折线

❶ 在低频率时，幅频特性几乎为0dB，相位滞后为0°。
❷ 在高频率时，幅频特性为-20dB/dec直线，相位滞后为-90° 。

设惯性环节的增益系数为K，时间常数为T，则惯性环节的传递函数表示为：

$$G(s)=\frac{K}{Ts+1}$$

在上式中，设s=jω，则频域的传递函数就可以表示为：

$$G(\mathrm{j}\omega)=\frac{K}{1+\mathrm{j}\omega T}$$

然后，为了将频域的传递函数的分母实数化，分母和分子同乘以分母的共轭复数（1-jωT），通过整理有下式成立。

频域的传递函数一般都是复数。在复数的计算中，共轭复数是不可或缺的！！
a+jb的共轭复数是a-jb，a-jb的共轭复数是a+jb！！

$$\begin{aligned}G(\mathrm{j}\omega)&=\frac{K}{1+\mathrm{j}\omega T}\\&=\frac{K}{\mathrm{j}\omega T+1}\times\frac{(1-\mathrm{j}\omega T)}{(1-\mathrm{j}\omega T)}\\&=\frac{K(1-\mathrm{j}\omega T)}{1+(\omega T)^2}\\&=\frac{K}{1+(\omega T)^2}-\mathrm{j}\frac{K\omega T}{1+(\omega T)^2}\end{aligned}$$

在这里，如果求解频域的传递函数G(jω)（或称频率特性）的值 |G(jω)| 的话，有下式成立。

$$|G(\mathrm{j}\omega)|=\frac{K}{\sqrt{1+(\omega T)^2}}$$

然后，由幅频特性的绝对值 |G(jω)|，求解对数幅频特性则有下式成立。

$$\begin{aligned}g&=20\log_{10}|G(\mathrm{j}\omega)|=20\ \log_{10}\left[\frac{K}{\sqrt{1+(\omega T)^2}}\right]\\&=20\ \log_{10}K-20\ \log_{10}\sqrt{1+(\omega T)^2}\\&=20\ \log_{10}K-10\ \log_{10}[1+(\omega T)^2]\ (\mathrm{dB})\end{aligned}$$

求解幅频特性的对数是常用对数，也不要忘记倍数20！

在这里，设K=1，对数幅频特性为：

$$g = 20\ \log_{10}|G(\mathrm{j}\omega)| = -10\ \log_{10}[1+(\omega T)^2](\mathrm{dB})$$

另一方面，相位为：

$$\varphi = \angle G(\mathrm{j}\omega) = \arctan\left(\frac{-\omega T}{K}\right) = -\arctan\left(\frac{\omega T}{K}\right)$$

arctan(−X)=−arctanX的关系成立

同样地，假设K=1，则相位为：

$$\varphi = \angle G(\mathrm{j}\omega) = -\arctan(\omega T)$$

由以上方程式计算的对数幅频特性和相频特性的结果如图6.14所示。

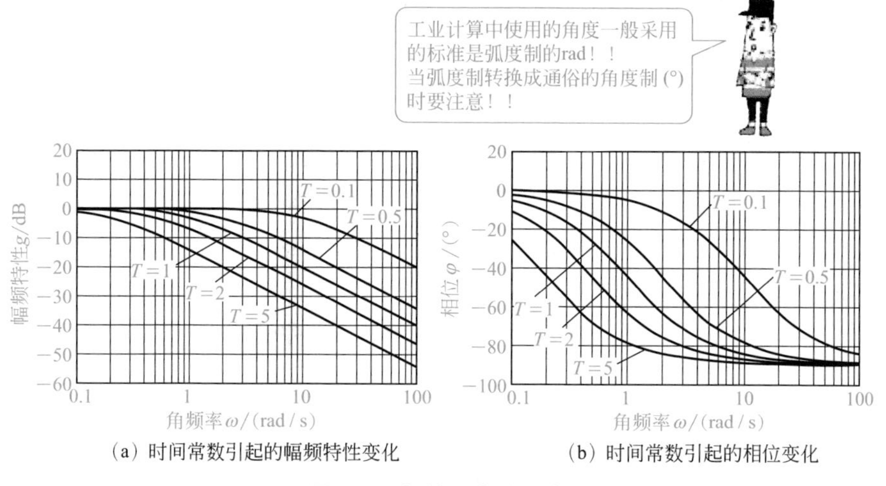

图6.14 惯性环节的伯德图

由图6.14可知，在不同的频率场合，T越大，幅频特性的增益越小，而相位的滞后越大。另外，虽然角频率ω、时间常数T、对数幅频特性g以及相位差φ之间的关系不明确，但对数幅频特性和相位差的计算式都是ωT的函数。因此，将角频率ω作为ωT进行无量纲化，试根据基本的方程式进行分析。

（1）$\omega T \ll 1$的场合

这时，即使认为$1+(\omega T)^2 \approx 1$也无碍，因此对数幅频特性为：

$$g = -10\ \log_{10}[1+(\omega T)^2] \approx -10\ \log_{10}1 = 0(\mathrm{dB})$$

另外，作为极限的场合，假设$\omega T \approx 1$，相位的表达式就成为下式：

$$\varphi = \angle G(\mathrm{j}\omega) = -\arctan(0) = 0^\circ$$

由此可以推测，ωT越小，φ就越接近于0°。

也就是说，ωT越小，对数幅频特性越接近于0dB，相位也越接近于0°。

（2）**在ωT=1的场合**

因为有$1+(\omega T)^2=2$成立，所以对数幅频特性为：

$$g=-10\ \log_{10}(1+1)=-10\ \log_{10}2=-3.01(\mathrm{dB})$$

另外，相位为：

$$\varphi=\angle G(\mathrm{j}\omega)=-\arctan(1)=-45^{\circ}$$

由上述的方程式可知，如果ωT=1成立，对数幅频特性就是-3.01dB，相频特性的角度就是-45°。

由此可知，惯性环节的幅频特性是以ωT为变量进行变化！！
因此，不妨设T=1，分析使变量ω变化的状况。

（3）**在$\omega T\gg 1$的场合**

在这种场合，即使认为$1+(\omega T)^2\approx(\omega T)^2$也无碍，因此对数幅频特性为：

$$g=-10\ \log_{10}(\omega T)^2=-20\ \log_{10}\omega T(\mathrm{dB})$$

也就是说，ωT越大，对数幅频特性曲线就越接近倾斜度为-20dB/dec的直线。这时的相位为：

$$\varphi=\angle G(\mathrm{j}\omega)=-\arctan(\omega T)\ (^{\circ})$$

由上式可知，ωT越大，相位就越接近于-90°。

综上所述，惯性环节的伯德图能够用图6.15（a）和（b）所示的唯一的图进行表示。然而，图6.15的（a）和（b）的横轴的角频率都是无量纲化的。

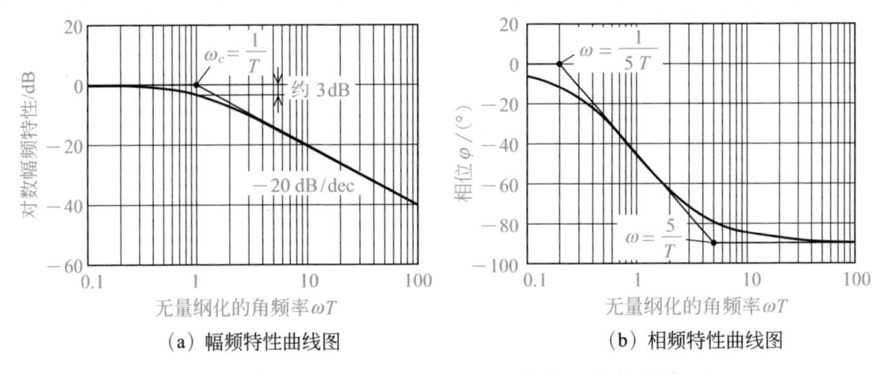

（a）幅频特性曲线图　（b）相频特性曲线图

图6.15　使用无量纲化角频率的惯性环节的伯德图

在图6.15(a)的对数幅频特性曲线图中，得知对数幅频特性曲线是由$\omega T\ll 1$时平行于横轴的0dB直线和$\omega T\gg 1$时倾斜度为-20dB/dec的直线所构成的折线（渐近线）组成。这种曲线称为渐近折线。

折线的交点是ωT=1的点，实际的幅频特性曲线在这点上需要大约3dB的校正，而所谓的大约3dB的校正除非相当精密的控制外，是不需要校正程度的误差。因此，一般的幅频特性曲线，通常是使用这种渐

在惯性环节中，通常都是使用如图所示的以近似直线表示的伯德图进行评价！！
记住近似直线是很重要的！！

近折线。进而，将$\omega_c=1/T$称为转角频率或者转折频率，它也是响应的性能评价指标。

在图6.15（b）所示的相频特性曲线中，在$\omega < 1/5T$的场合，曲线大致是平行于横轴的0°直线；在$1/5T < \omega < 5/T$的场合，大致是在$\omega T=1$点通过-45°的直线；在$\omega > 5/T$的场合，是大致平行于横轴的90°直线。这3条直线是近似于相频特性曲线的折线。

由于幅频特性曲线通常采用折线近似的方法，所以，相频特性曲线有时也采用如图6.15所示的渐近线。一般地，所使用的渐近线采用在$\omega < 1/5T$范围的0°直线、在$1/5T < \omega < 5/T$范围的连接0°和-90°的直线，以及在$\omega > 5/T$范围的-90°直线。

但是，有时也使用在$\omega < 1/10T$范围的0°直线、在$1/10T < \omega < 10/T$范围的连接0°和-90°的直线，以及在$\omega > 10/T$范围的-90°直线等三条直线作为渐近线。

专栏　控制所需要的知识

随着技术的日益进步，性能更优异的机械和器具很多都采用最新的控制技术或计算机（微机）技术。

进而，为了更广泛地学习机械领域的控制技术，除了本书所涉及的控制理论之外，了解现代控制理论、传感器技术、驱动器技术、机构学的知识、机器之间或机器与人之间的接口技术以及计算机（微机）技术等都是必要的。

6.5 振荡环节的频率响应

振荡环节的伯德图呈现特角

❶ 在低频率时，幅频特性几乎为0dB，相位滞后为0°。

❷ 当阻尼比小于0.707时，幅频特性曲线具有峰值。

设振荡环节的增益系数为K、阻尼比为ζ、无阻尼固有频率为ω_n，则振荡环节的传递函数用下式表示。

$$G(s)=\frac{K\omega_n^{\ 2}}{s^2+2\zeta\omega_n s+\omega_n^{\ 2}}\quad(\zeta>0)$$

在这里，设s=jω，求解传递函数的频率特性得到下式。在式中，设增益系数K=1。

$$\begin{aligned}G(\mathrm{j}\omega)&=\frac{\omega_n^{\ 2}}{(\mathrm{j}\omega)^2+2\zeta\omega_n(\mathrm{j}\omega)+\omega_n^{\ 2}}\\&=\frac{\omega_n^{\ 2}}{(\omega_n^{\ 2}-\omega^2)+\mathrm{j}(2\zeta\omega_n\omega)}\\&=\frac{\omega_n^{\ 2}(\omega_n^{\ 2}-\omega^2)}{(\omega_n^{\ 2}-\omega^2)^2+(2\zeta\omega_n\omega)^2}-\mathrm{j}\frac{2\zeta\omega_n^{\ 3}\omega}{(\omega_n^{\ 2}-\omega^2)^2+(2\zeta\omega_n\omega)^2}\end{aligned}$$

将$(\omega_n^2-\omega^2)-\mathrm{j}(2\zeta\omega_n\omega)$同时乘以分母和分子，进行实数化。

采用同上节相同的方法，根据上式求解幅频特性和相频特性，就能够绘制出振荡环节的伯德图。然而，为了能够更好地评价频率特性，使用角频率ω除以固有角频率ω_n，所得的值称为归一化角频率η（无量纲化的角频率）。在这里，设$\eta=\omega/\omega_n$，整理上式后，得：

$$G(\mathrm{j}\omega)=\frac{1-\eta^2}{(1-\eta^2)^2+(2\zeta\eta)^2}-\mathrm{j}\frac{2\zeta\eta}{(1-\eta^2)^2+(2\zeta\eta)^2}$$

利用上式，求解对数幅频特性g和相频特性的相位φ。首先，求幅频特性的绝对值$|G(\mathrm{j}\omega)|$，则有：

$$|G(\mathrm{j}\omega)|=\frac{1}{\sqrt{1+2(2\zeta^2-1)\eta^2+\eta^4}}$$

其次，求对数幅频特性，有：

$$g = 20\ \log_{10}|G(\mathrm{j}\omega)| = 20\ \log_{10}\left[\frac{1}{\sqrt{1+2\left(2\zeta^2-1\right)\eta^2+\eta^4}}\right]$$
$$= -20\ \log_{10}\sqrt{1+2\left(2\zeta^2-1\right)\eta^2+\eta^4}$$
$$= -10\ \log_{10}\left[1+2\left(2\zeta^2-1\right)\eta^2+\eta^4\right](\mathrm{dB})$$

另一方面，相频特性的相位为：

$$\varphi = \angle G(\mathrm{j}\omega) = -\arctan\left(\frac{2\zeta\eta}{1-\eta^2}\right)$$

然后，在归一化角频率η的三个范围内，试分析伯德图的特征。

（1）在$n \ll 1$ $\left(\dfrac{\omega}{\omega_n} \ll 1\right)$的场合

在这种时候，可以认为$\eta \approx 0$，对数幅频特性为：

$$g = -10\log_{10}\left[1+2\left(2\zeta^2-1\right)\eta^2+\eta^4\right] \approx -10\log_{10}1 = 0(\mathrm{dB})$$

另外，相频特性的相位为：

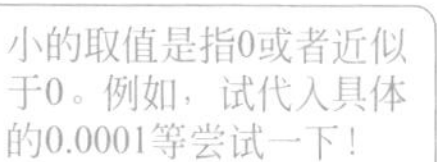

小的取值是指0或者近似于0。例如，试代入具体的0.0001等尝试一下！

$$\varphi = \angle G(\mathrm{j}\omega) = -\arctan(0) = 0^\circ$$

也就是说，$\eta=\omega/\omega_n$值越小，幅频特性就越与ζ无关，而接近于0dB，相位也越接近于0°。

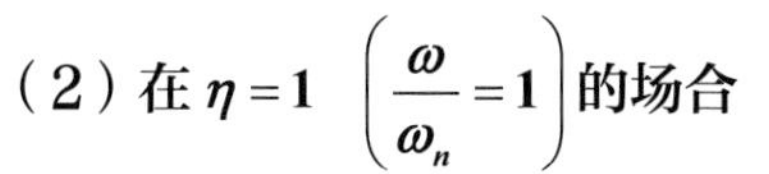

（2）在$\eta = 1$ $\left(\dfrac{\omega}{\omega_n} = 1\right)$的场合

当$\eta=1$时，对数幅频特性为：

$$g = -20\log_{10}(2\zeta)\ (\mathrm{dB})$$

另外，相频特性的相位为：

$$\varphi = \angle G(\mathrm{j}\omega) = -\arctan\left(\frac{2\zeta}{0}\right) = -\arctan(\infty) = -90^\circ$$

由此可知，当$\eta=1$时，对数幅频特性变成为$-20\ \log_{10}(2\zeta)$dB，相频特性的相位成为$-90°$。

（3）在$\eta \gg 1$ $\left(\dfrac{\omega}{\omega_n} \gg 1\right)$的场合

当η较大时，即使认为$[1+2(2\zeta^2-1)\eta^2+\eta^4] \approx \eta^4$也无碍。因此，对数幅频特

性能用下式表示。

$$g=-40\log_{10}\eta\ (\mathrm{dB})$$

另外，相频特性的相位在η较大的场合，也有$1-\eta^2\approx\eta^2$这一关系成立。相位的计算式如下：

$$\varphi=\angle G(\mathrm{j}\omega)=-\arctan\left(\frac{2\zeta\eta}{1-\eta^2}\right)$$

在上式中，如果$\eta\to\infty$，就有：

$$\varphi=\angle G(\mathrm{j}\omega)=-\arctan\left(\frac{2\zeta}{-\infty}\right)=-180^\circ$$

也就是说，$\eta=\omega/\omega_n$值越大，幅频特性曲线就越接近倾斜度为-40dB/dec的直线，相位就越接近于-180°。

综上所述，振荡环节的伯德图如图6.16所示。

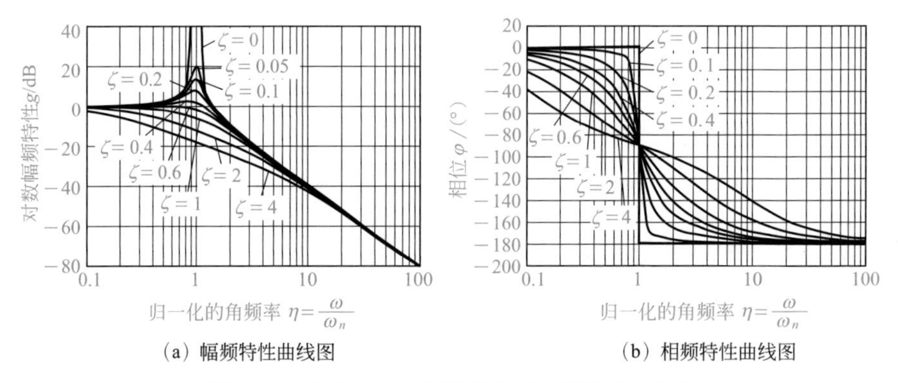

（a）幅频特性曲线图　（b）相频特性曲线图

图6.16　振荡环节的伯德图（随阻尼比的变化）

由图6.16（a）可知，如果η趋近于$0(\omega\to 0)$，对数幅频特性的值就趋近于0dB。当$\eta=1$，即$\omega=\omega_n=1$时，对数幅频特性曲线在$\omega=\omega_n$点过$-20\log_{10}(2\zeta)$dB，随着η变大（$\omega\to\infty$），幅频特性曲线逐渐接近倾斜度为-40dB/dec的直线。

进而，由图可知，当在$\eta=1$附近时，如果阻尼比ζ变小，就会出现更大的峰值，并在$\eta=1$点发生共振。

在$\eta=1$点附近，尝试具体地分析ζ较小时的状态。

（1）在$0<\zeta<\frac{1}{\sqrt{2}}$（$\approx 0.707$）的场合

当η在这一范围内时，振荡环节的对数幅频特性曲线具有峰值。这时的归一化的角频率η和共振的峰值M_p可以用如下的方程式表示。

$$
\begin{cases}
\eta = \sqrt{1-2\zeta^2} \\
M_p = \dfrac{1}{2\zeta\sqrt{1-\zeta^2}}
\end{cases}
$$

在这种场合，输出信号的振幅=输入信号的振幅$\times M_p$。

（2）在$\zeta \geqslant \dfrac{1}{\sqrt{2}}$的场合

当ζ在这一范围内时，对数幅频特性的值在$\eta \to 0$时趋于最大，不具有峰值。也就是说，无论ω取什么样的值，输出信号的振幅都不会超越输入信号的振幅。

因此，由图6.16（b）所示的相频特性曲线图可知，相频特性曲线在$\eta \to 0$时逐渐趋近于0°，在η=1时通过90°，在$\eta \to \infty$时逐渐趋近于180°。

另外，在$\zeta \to 0$时，相频特性曲线的极限在$\eta < 0$时趋近于0°，在$\eta > 1$时趋近于-180°，在η=1时为-90°

专栏　通过水悠悠球来理解动阀机构的差异

手提充水的气球（水悠悠球），让手进行上下运动（图6.17）的话，水悠悠球的上下运动依照手的运动速度，有与手的运动不同步的分界点。这一点可以认为是系统的固有频率。固有频率越小（弹簧系数越小），充水的气球跟随手运动的范围就越窄。

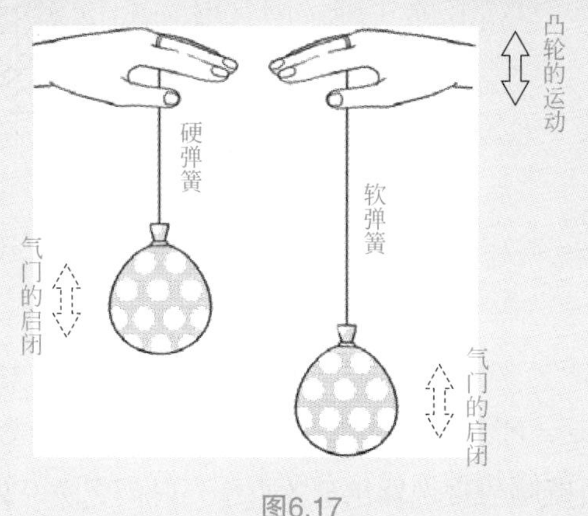

图6.17

这里顺便提示一下，在比较OHV型气门与OHC型气门时，曾认为OHV型气门的弹簧系数小（参照第2.6节和第3.1节专栏部分）。

手的运动与水悠悠球的运动相反，就相当于试图用凸轮关闭气门时，却反而开启了气门这一运动，结果就是降低了汽车的输出功率。

这种现象在OHV型气门中有显著呈现。

6.6

瞬态响应和频率响应的关系

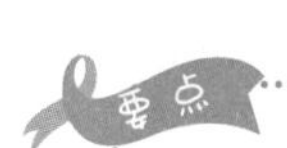

动态特性的控制指标是快速反应性能

❶ 通过瞬态响应掌握输出信号过渡过程的状况。
❷ 通过频率响应掌握输出信号的振幅、相位差以及反应的快速性等。

在实际控制系统的动态响应特性（瞬态响应和频率响应）中，只要知道了瞬态响应，就能够方便地了解到输出随时间的变化状况。另外，只要知道了频率响应，也就能够推测出时域的增益（振幅比）和相位差。

下面，我们将尝试分析控制系统中典型环节的指数响应和频率响应。

（1）比例环节

设增益系数为K的比例环节的阶跃响应和伯德图（K=10）如图6.18所示。

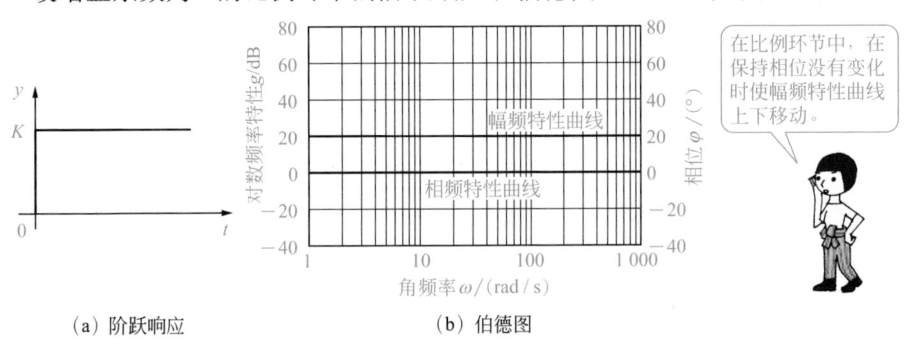

（a）阶跃响应　　（b）伯德图

图6.18　比例环节的阶跃响应和伯德图

在比例环节的阶跃响应中，输出量的大小与时间无关，为恒定的常数值。

在伯德图中，输出振幅的大小也与频率无关，其值为$20\ \log_{10}K$(dB)。于是，幅频特性曲线依据增益系数K的大小可以进行上下平行移动。另外，相位与增益系数无关，是一个取0°的恒定值（滞后和超前都没有）。

（2）积分环节

设增益系数为K的积分环节的阶跃响应和伯德图（K=1）如图6.19所示。

在积分环节的阶跃响应中，输出量的大小与时间成比例，其增加比率能够用斜率为K的直线表示。

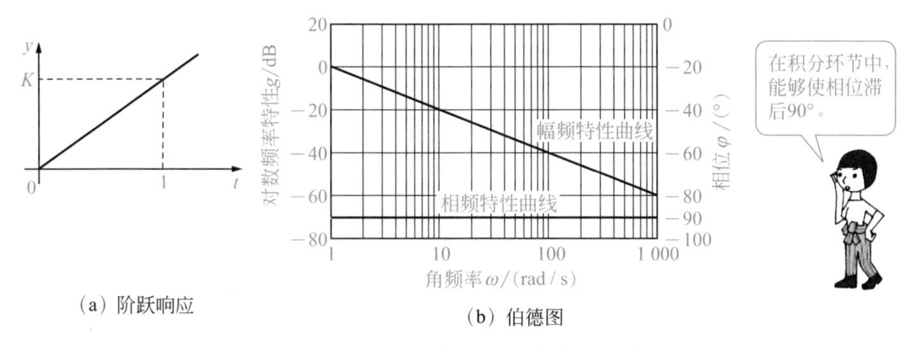

图6.19　积分环节的阶跃响应和伯德图

另外，在伯德图中，输出振幅的大小与频率成比例减小，其减小的比率为-20dB/dec。在K=1时，幅频特性的交角频率（对数幅频特性曲线与0dB线相交时的角频率）是ω=1rad/s。如果增益系数增大，幅频特性曲线就向上方平行移动。也就是说，幅频特性的交角频率也会随之变大，响应也是成比例地变快，因此，幅频特性的交角频率是反应快速性的衡量指标。

（3）微分环节

设增益系数为K的微分环节的阶跃响应和伯德图（K=1）如图6.20所示。

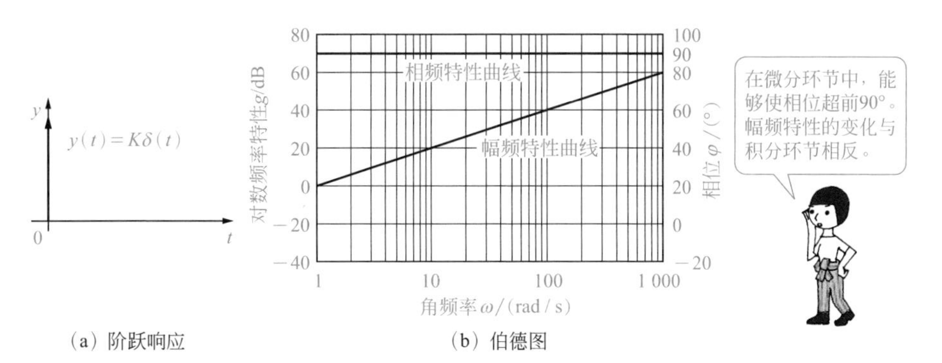

图6.20　微分环节的阶跃响应和伯德图

在微分环节的阶跃响应中，输出的变化具有瞬间的巨大峰值，随后的输出为0。

另外，在伯德图中，输出振幅的大小与频率成比例地增加，其增加的比率为20dB/dec。相位与增益系数和频率无关，是一个取90°的恒定值（超前）。

（4）惯性环节

设增益系数为K和时间常数为T的惯性环节的阶跃响应和频率响应（K=1）的幅频特性曲线如图6.21所示。

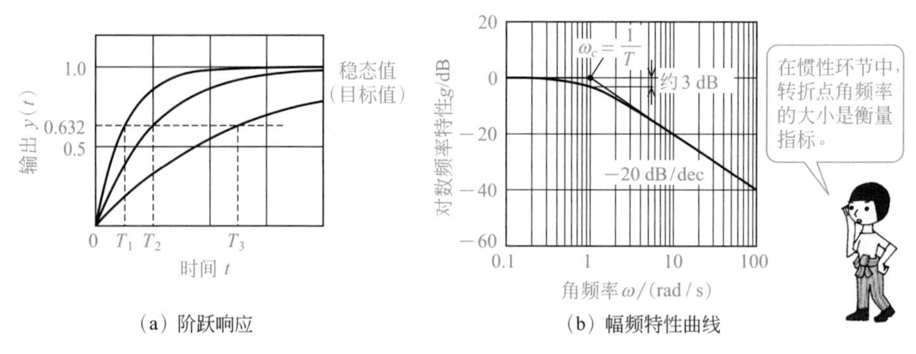

图6.21　惯性环节的阶跃响应和幅频特性曲线

由阶跃响应可知，输出的量值（增益）是$t\to\infty$时的值（在图6.21中，K=1），反应的快速性是时间常数T越小越快。

另外，由幅频特性曲线图可知，增益系数K使用20 $\log_{10}K$(dB)式，通过$\omega\to 0$时的极值能够求得。控制系统的反应快速性可以用转折点角频率$\omega_c=1/T$进行评价。

(5) 振荡环节

设增益系数为K=1的振荡环节的阶跃响应和频率响应的幅频特性曲线如图6.22所示。

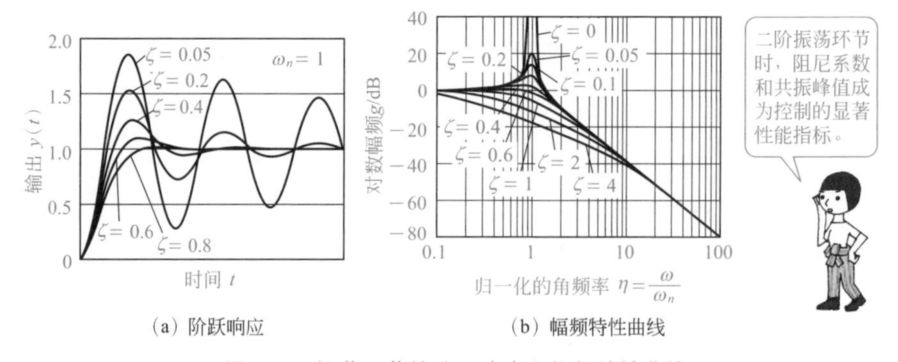

图6.22　振荡环节的阶跃响应和幅频特性曲线

由阶跃响应可知，输出的量值（增益）是$t\to\infty$时的值（在6.22图中，K=1），反应的迅速程度是阻尼比ζ越小越灵敏，但因此也带来振荡。

另外，由幅频特性曲线图可知，增益系数K使用20 $\log_{10}K$(dB)式，通过$\omega\to 0$时的极值能够求得。

输出响应的趋势能通过频率特性的共振峰值M_p和阻尼比ζ的值进行评价。当M_p较小时，控制系统稳定，M_p=1.1～1.5这一程度是稳定性的指标范围。另外，阻尼比ζ的指标范围是0.5～0.7。

专栏　延迟环节的频率响应

延迟环节的传递函数是$G(s)=e^{-SL}$，频域的传递函数是$G(j\omega)=e^{-j\omega L}$。根据欧拉公式$(e^{j\theta}=\cos\theta+i\sin\theta)$，得到：

$$G(j\omega)=e^{-j\omega L}=\cos(\omega L)-j\sin(\omega L)$$

然后，如果求解对数幅频特性和相频特性的话，就有下式成立。

$$g=20\log_{10}|G(j\omega)|=20\log_{10}1=0(dB)$$

$\cos^2(\omega L)+\sin^2(\omega L)=1$

$$\varphi=\angle G(j\omega)=-\omega L$$

由此可见，延迟时间的对数幅频特性与角频率ω无关，是恒定为0dB的常数值，而相频特性是与ω成比例地无限延迟。因此，当控制的机器内部存在延迟环节时，整体系统就容易变得不稳定。

习题

习题1　尝试由下列分析的传递函数$G(s)$求解出频域的传递函数$G(\mathrm{j}\omega)$，并写成$a+\mathrm{j}b$的标准型。

$$(1)\ G(s)=\frac{5}{s}\quad (2)\ G(s)=\frac{3}{2s+1}\quad (3)\ G(s)=\frac{3}{s^2+8s+17}$$

习题2　频域的传递函数在某一角频率ω_1时如下所示，试求出幅频特性（dB）和相频特性（°）。

$$(1)\ W\left(\mathrm{j}\omega_1\right)=2+\mathrm{j}\quad (2)\ W\left(\mathrm{j}\omega_1\right)=\frac{5}{1+2\mathrm{j}}\quad (3)\ W\left(\mathrm{j}\omega_1\right)=\frac{1-2\mathrm{j}}{2+\mathrm{j}}$$

习题3　有如图6.23所示方框图的控制系统。以系统的传递函数$W(s)=C(s)/R(s)$为基础绘制的频率特性的近似对数幅频特性曲线是图6.24中的哪一个。

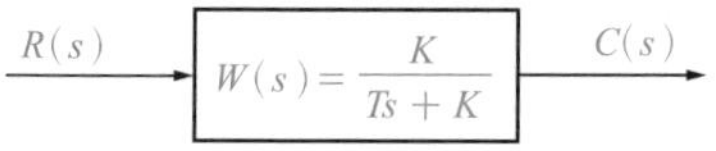

$R(s)$ → $W(s)=\dfrac{K}{Ts+K}$ → $C(s)$

图6.23

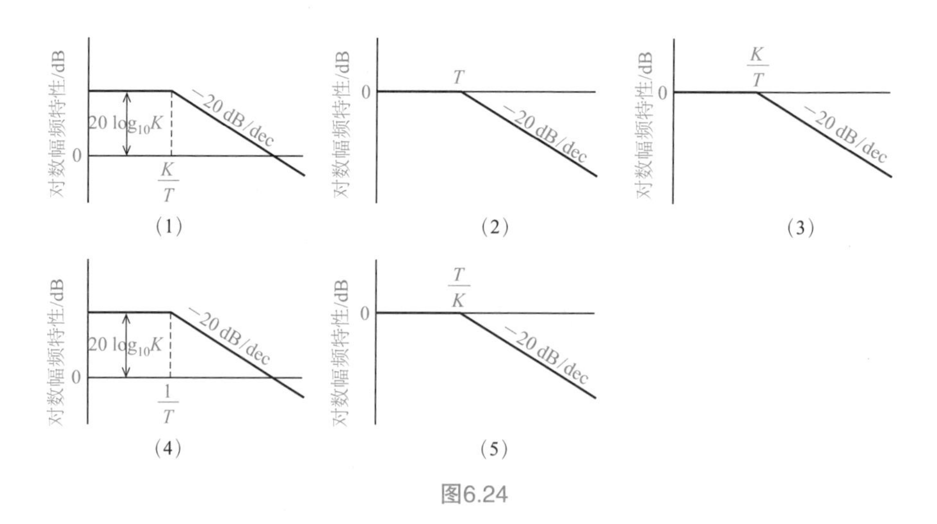

图6.24

第7章

反馈控制系统

如第1.2节所述，前馈控制是在一定的场合下时间偏差较小的有效控制方法。但是，在变化的环境或者存在干扰（干扰控制量那样的信号或噪声）的场合下，这种控制方式就不再适用。

另一方面，反馈控制是通过不断地检测控制量（输出信号）从而控制目标值（输入信号）。因此，即使存在环境变化或干扰，也能够尽可能地接近目标值。

这样一来，能够精确地进行定位等的反馈控制，成为了机械和机械装置等控制的主要方式。

在本章中，针对反馈控制系统的特点、稳态响应、频率响应以及PID控制等进行说明。

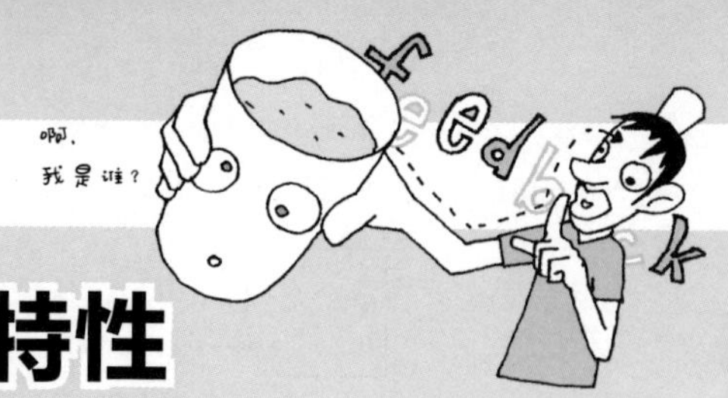

7.1 反馈控制系统的特性

反馈虽然有消极的一面，但抗干扰能力强。

❶ 反馈控制是将执行的结果反馈到输入端的控制。
❷ 反馈控制分为正反馈和负反馈。

所谓的反馈意味着将输出端的信号返回到输入端，也称为回馈。图7.1表示了反馈控制系统的基本组成。

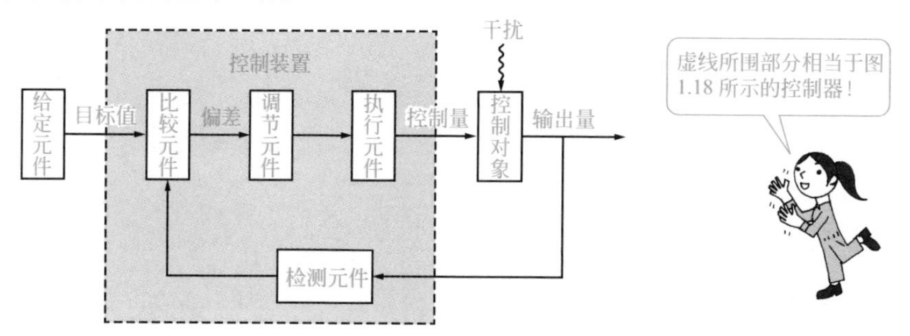

图7.1　反馈控制系统的基本组成

在图7.1中，给定元件是设定标准的目标值（输入信号）。调节元件以目标值和来自检测元件的信号为依据向执行元件发送必要的信号，执行元件将来自调节元件的信号转变为执行量，驱动控制对象。执行的结果就是检测元件“从逐次变化的输出量中提取控制所需要的信号，发送给比较元件”这一反馈的循环流程。

在这里，我们学习这种反馈控制的特性。

（1）正反馈和负反馈

反馈分为正反馈和负反馈。

正反馈（正回馈，Positive Feedback）来源于过去无法获得高增益时代的放大器等，这是通过将输出信号直接添加在输入端以获得高增益的机构。如图7.2所示，反馈信号直接被用于增强目标值（正值）。

另一方面，负反馈（负回馈，Negative Feedback）如图7.3所示，为了减少相对于目标值的偏差（目标值和从输出量检测出的反馈信号之间的差），从目标值中减去反馈信号（减法）。

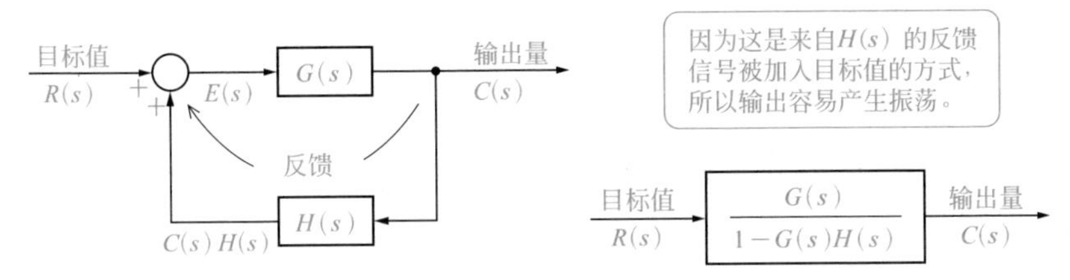

图7.2　正反馈（正回馈）

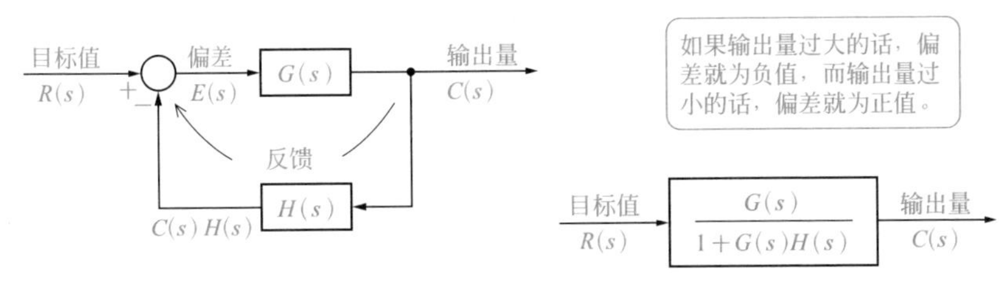

图7.3　负反馈（负回馈）

即使是在存在干扰的控制系统中，通过负反馈也能逐渐减少偏差，控制系统就能够实现输出量尽可能地接近目标值。

（2）前向传递函数和闭环传递函数

如图7.4所示，可以将一般反馈控制系统的方框图分解成如图7.5（a）和（b）所示的方框图。

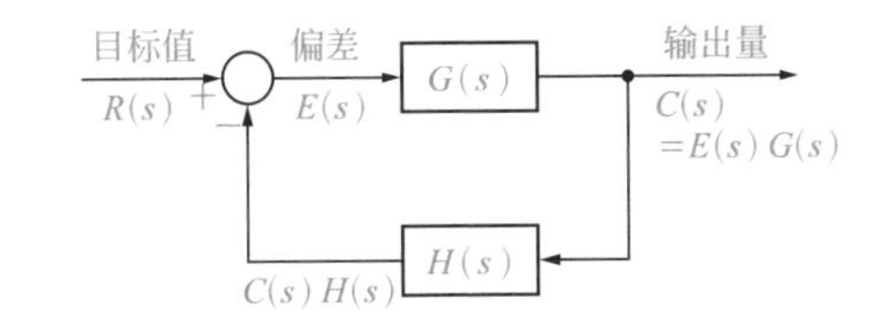

图7.4　一般反馈控制系统的方框图

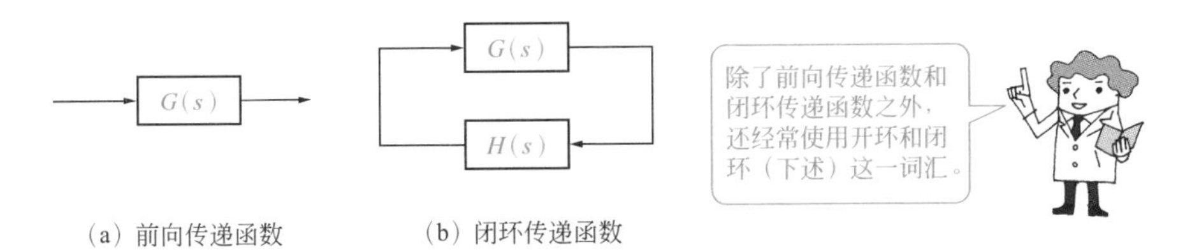

（a）前向传递函数　　（b）闭环传递函数

图7.5　前向传递函数和闭环传递函数

将图7.5（a）所示的称为前向传递函数，而图7.5（b）所示的分析图7.4中反馈环节的闭环称为闭环传递函数。如果这样分析的话，图7.4所示环节的传递函数就能用下式表示。

$$W(s)=\frac{G(s)}{1+G(s)H(s)}=\frac{(\text{前向传递函数})}{1+(\text{闭环传递函数})}$$

另外，图7.5（a）所示的方框图是从左向右流过而没有形成闭环。因此，只考虑图7.5（a）所示部分的控制系统称为开环控制系统，在图7.4所示的方框图连接成封闭的反馈信号所分析的场合称为闭环控制系统。

当分析反馈控制系统的频率响应时，有时需要将开环控制系统与闭环控制系统分开，分别进行分析。

（3）消除干扰的对策

设干扰$D(s)$施加在如图7.6（a）所示的控制环节$G(s)$的输出端，考虑到在输出$C_1(s)$上增加干扰所引起的变化量$C_2(s)$，则系统的总输出为$C(s)=C_1(s)+C_2(s)$。

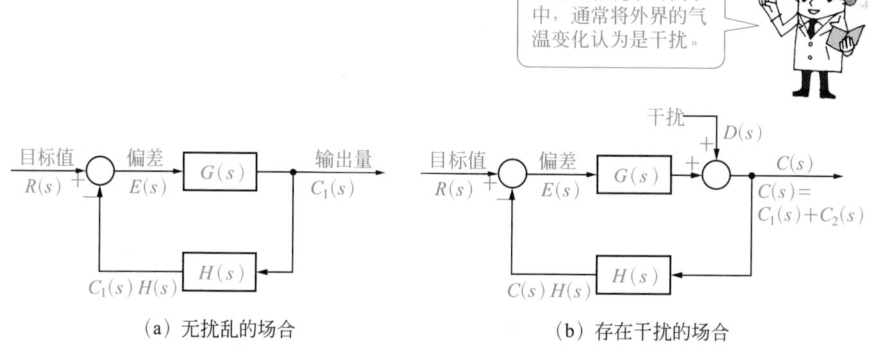

（a）无扰乱的场合　　（b）存在干扰的场合

图7.6　存在干扰的反馈控制系统的方框图

在这种场合下，图7.6（b）所示的各信号之间关系用下式表示。

$$\begin{cases}E(s)=R(s)-C(s)H(s)\\E(s)G(s)+D(s)=C(s)\\C(s)=C_1(s)+C_2(s)\end{cases}$$

因此，由图7.6(a）所示的关系和上式可知，存在干扰场合的变化量$C_2(s)$为：

$$C_2(s)=\frac{D(s)}{1+G(s)H(s)}$$

一般情况下，通常将在t域（时域）的干扰看作如表5.1所示的函数或者指数函数（如e^{-t}）。于是，作为s域（频域）的干扰的传递函数就能够用常数、$1/s$或者$1/(Ts+1)$等表示。

例如，假设$D(s)=1/s$，则有：

$$C_2(s) = \frac{1}{1+G(s)H(s)} \times \frac{1}{s}$$

这时，根据终值定理（参照第2.4节），有$c_2(t \to \infty)$存在，这就是能够推测出稳定状态的值。如果使用上式分析由干扰所引起的输出量的增加部分，则有下式成立。

$$\begin{aligned}\lim_{t \to \infty} c_2(t) &= \lim_{s \to 0} sC_2(s) \\ &= \lim_{s \to 0}\left\{ s \times \frac{1}{1+G(s)H(s)} \times \frac{1}{s} \right\} \\ &= \lim_{s \to 0}\left\{ \frac{1}{1+G(s)H(s)} \right\}\end{aligned}$$

在反馈控制系统的闭环传递函数中，当$s \to 0$时，要尽可能地加大$G(s)H(s)$的值，这样一来就能抑制干扰的影响。

于是，如果能使闭环传递函数的绝对值（增益）$|G(s)H(s)| \gg 1$的话，则有：

$$\lim_{t \to \infty} c_2(t) \to 0$$

由上式可知，这种情况能够尽可能地减小干扰所造成的影响。

7.2

反馈控制系统的性能评价

如果立起那边，这边就立不起来！

❶ 控制系统的性能要通过上升时间和超调量等进行评价。

❷ 在各控制系统中，尽善尽美是不现实的。

图7.7（a）所示的方框图是上节所述的反馈控制系统在无干扰存在时的基本框图。在这种场合，我们知道如果尽可能增大闭环传递函数的绝对值（$|G(s)H(s)|$），就可以使干扰的影响减小。另外，图7.7（b）是存在干扰的方框图。到目前为止，我们所考虑的只是图7.7（a）所示的$G(s)$的动态性能，而以下的分析包含了反馈信号的反馈控制系统的性能评价。

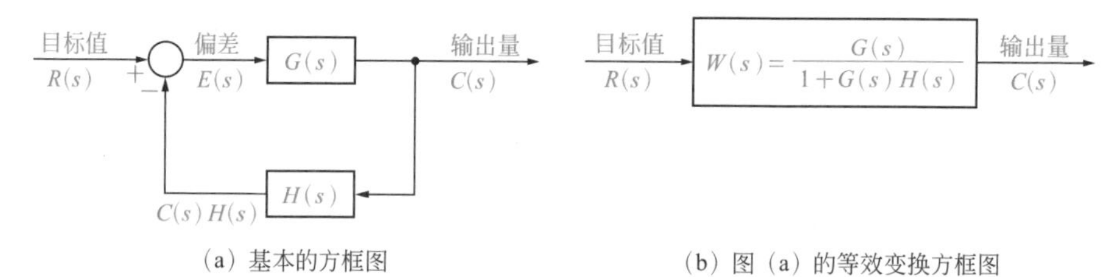

（a）基本的方框图　　（b）图（a）的等效变换方框图

图7.7　反馈控制系统的方框图

在机械自动控制学科中没有所谓的权威规定，通常是按照控制系统的类型和各自的使用目的确定各种最佳的参数。例如，控制系统的稳定性和快速性在大多数条件下都是相互对立的参数，汽车的乘坐感觉（舒适性）和操作性能等也是相互对立的参数。

在表示一般反馈控制系统的阶跃响应等的衰减振动状态（图7.8）时，评价控制状态的一般指标有以下几种。

上升时间（T_r）：响应值从稳态值（y_∞）的10%达到稳态值的90%所需要的时间（也有人认为是5%～95%），属于快速性的指标。

延迟时间（T_d）：响应值第一次达到稳态值y_∞的50%所需要的时间，属于快速响应特性的指标。

这里所列的条款多数是用于评价控制的结果！所谓的快速性是指迅速反应的功能！

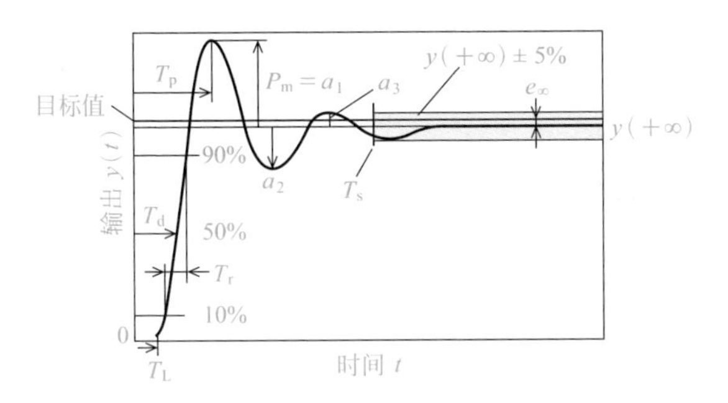

图7.8 反馈控制系统的阶跃响应示例

峰值时间（T_p）：当响应为振动时，响应到达第一个峰值（称为过冲量或者超调量）所需要的时间。

最大超调量（P_m）：这是指响应在峰值时间内的第一个峰值，是P_m相对于稳态值的比值。通常用百分率（%）形式表示。这个值越小，衰减性能越好。

滞后时间（T_L）：由于传递函数是由e^{-t}这种形式的滞后环节产生，所以，这是从输入施加后到响应出现时的时间。

调整时间（T_s）：响应值进入到规定的允许范围（例如稳态值的±5%，还有1%、2%等），而从此之后也一直不超出这一范围的时间，这一指标与系统的快速响应特性和衰减性能都有关，它成为瞬态响应和稳态响应的分界点。

稳态偏差（e_∞）：这也称为偏移量，表示控制系统稳定后的目标值和输出量之间的差。稳态偏差属于快速响应特性和控制精度的指标。

阻尼比：在纯粹的振荡环节中，用ζ（阻尼比）表示。当响应变为振动时，用第k+2次峰值和第k次峰值之比表示（如图7.8中的a_3/a_1）。阻尼比属于控制系统稳定性的指标。

7.3 闭环控制系统的阶跃响应

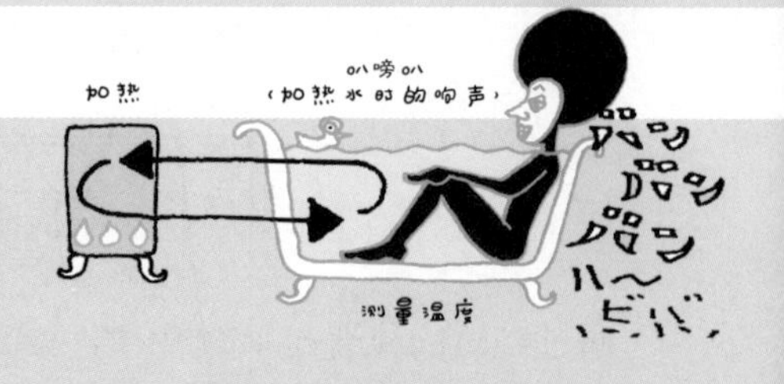

闭环是将输出量返回到输入端

❶ 用前向传递函数求解闭环系统的传递函数。
❷ 比例增益越大，稳态偏差越小。

在反馈控制系统中，由于方框图是闭合的，所以称为闭环的控制系统。闭环控制系统传递函数的动态特性分析方法也是与第5章以及第6章所述的基本动态特性相同。然后，阶跃（单位阶跃）函数作为闭环控制系统的输入时，分析响应（瞬态响应和稳态响应）函数在时域的性能。

首先，惯性环节的前向传递函数$G(s)$可以用下式表示。

$$G(s)=\frac{K}{Ts+1}$$

方框图采用如图7.9（a）所示的直接反馈的连接方式，其等效变换简化的方框图是图7.9（b）。在这种场合下，简化反馈连接的闭环系统的传递函数$W(s)$为：

$$W(s)=\frac{\dfrac{K}{Ts+1}}{1+\dfrac{1+K}{Ts+1}}=\frac{K}{Ts+K+1}$$

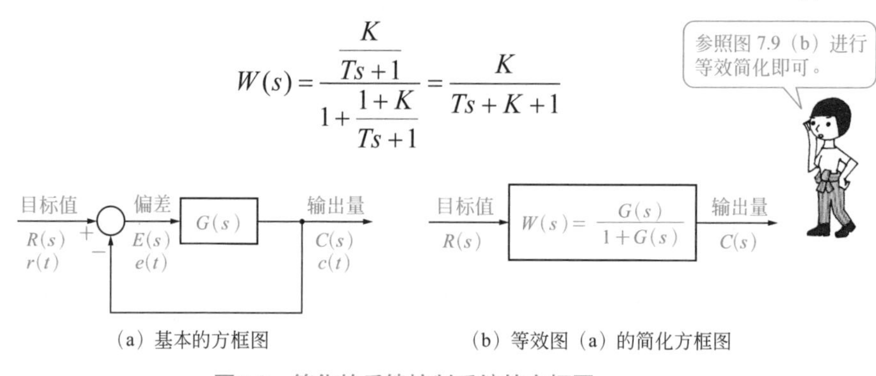

（a）基本的方框图　　（b）等效图（a）的简化方框图

图7.9　简化的反馈控制系统的方框图

其次，已知输入的单位阶跃函数$r(t)=1$，求解输入所对应的输出的拉普拉斯变换，则有：

$$C(s)=W(s)R(s)=\frac{K}{Ts+K+1}\times\frac{1}{s}=\frac{K}{s(Ts+K+1)}$$

为了对上式进行拉普拉斯逆变换，将输出响应$C(s)$展开成部分分式，则有：

$$C(s)=\frac{K}{s(Ts+K+1)}=\frac{K}{K+1}\left[\frac{1}{s}-\frac{1}{s+\dfrac{K+1}{T}}\right]$$

通过$C(s)$的拉普拉斯逆变换，能够求出输出信号$c(t)$。

$$\begin{aligned}c(t)&=\mathcal{L}^{-1}[C(s)]\\&=\frac{K}{K+1}\left\{1-\exp\left[-\frac{(K+1)t}{T}\right]\right\}\end{aligned}$$

由上式可知，如果$c(t\to\infty)$的话，下式成立。

$$c(\infty)=\frac{K}{K+1}$$

上式表明，输出稳态值和输入$r(t)$=1之间存在着差值。于是，将输出稳态值和输入值（目标值）的差称为稳态偏差e_∞，用下式表示。

输出的稳态值$c(\infty)$采用拉普拉斯变换的终值定理也是可以求出的。

$$c(\infty)=\lim_{s\to 0}[sC(s)]$$

$$e_\infty=1-\frac{K}{K+1}=\frac{1}{K+1}$$

图7.10（时间轴是用时间常数T进行归一化的无量纲值）所示的是前向传递函数为惯性环节，并采用单位负反馈连接的瞬态响应。由图可知，当前向传递函数的惯性环节的增益系数变大时，曲线上升变快，稳态误差减小。

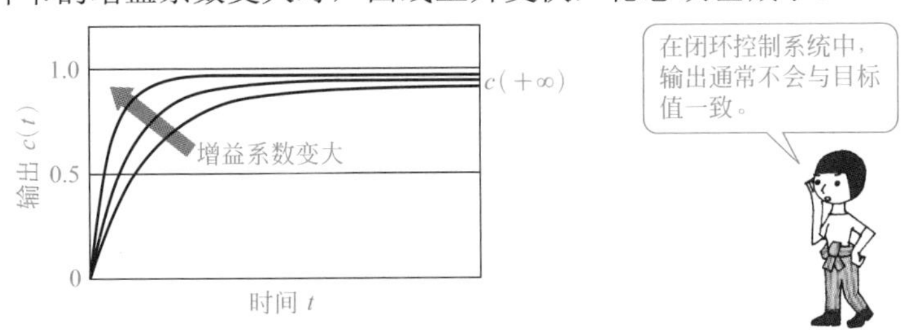

图7.10 单位负反馈连接的瞬态响应示例

第7章 反馈控制系统

7.4 闭环控制系统的频率响应

输出减半的–3dB是控制的指标。

❶ 理想的增益是0dB。
❷ 相位没有偏差是最好的。

我们在上节以惯性环节作为闭环控制系统瞬态响应的示例进行了分析。在这里，尝试对闭环控制系统（图7.11）的振荡环节的频率特性进行分析。现在，设前向传递函数如下式所示。

$$G(s)=\frac{K\omega_n^{\ 2}}{s^2+2\zeta\omega_n s+\omega_n^{\ 2}} \quad (\zeta>0)$$

式中，K为增益系数；ζ为阻尼比；ω_n为无阻尼固有频率。在这种场合下，如图7.11所示的单位负反馈连接的闭环系统的传递函数$W(s)$可以用下式表示。

$$W(s)=\frac{K\omega_n^{\ 2}}{s^2+2\zeta\omega_n s+(K+1)\omega_n^{\ 2}}$$

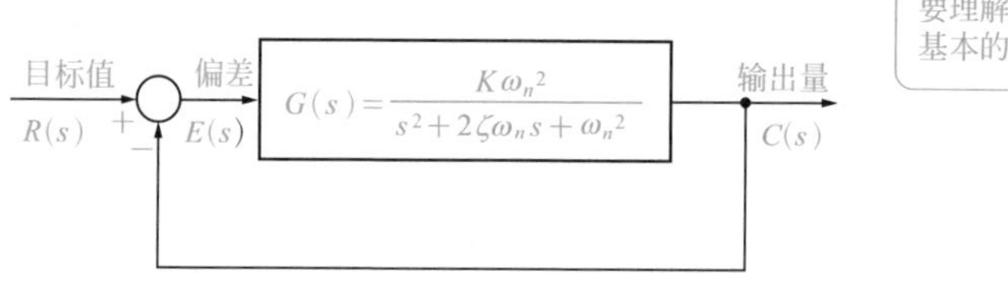

图7.11　单位负反馈连接的控制系统的方框图

然后，设s=jω，求出的频率传递函数如下。

$$\begin{aligned}G(\mathrm{j}\omega)&=\frac{K\omega_n^{\ 2}}{(\mathrm{j}\omega)^2+2\zeta\omega_n(\mathrm{j}\omega)+(K+1)\omega_n^{\ 2}}\\&=\frac{K\omega_n^{\ 2}}{\left[(K+1)\omega_n^{\ 2}-\omega^2\right]+\mathrm{j}\left(2\zeta\omega_n\omega\right)}\\&=\frac{K\omega_n^{\ 2}\left[(K+1)\omega_n^{\ 2}-\omega^2\right]}{\left[(K+1)\omega_n^{\ 2}-\omega^2\right]^2+\left(2\zeta\omega_n\omega\right)^2}-\mathrm{j}\frac{2K\zeta\omega_n^{\ 3}\omega}{\left[(K+1)\omega_n^{\ 2}-\omega^2\right]^2+\left(2\zeta\omega_n\omega\right)^2}\end{aligned}$$

基于上式，可以采用与前述示例同样的方法求解增益和相位，绘制振动环节的伯德图。但是，为了能够更通用地评价函数的频率特性，采用无阻尼固有频率ω_n除以固有频率ω的归一化角频率η（无量纲化的角频率）。在这里，将$\eta=\omega/\omega_n$代入上式并进行整理，得到：

$$G(\mathrm{j}\omega)=\frac{K\left[(K+1)-\eta^2\right]}{\left[(K+1)-\eta^2\right]^2+(2\zeta\eta)^2}-\mathrm{j}\frac{2K\zeta\eta}{\left[(K+1)-\eta^2\right]^2+(2\zeta\eta)^2}$$

通过这一方程式，能够求解对数幅频特性g和相频特性φ。首先，求出幅频特性的绝对值｜$G(\mathrm{j}\omega)$｜，则有：

$$|G(\mathrm{j}\omega)|=\frac{K}{\sqrt{(K+1)^2+2\left[2\zeta^2-(K+1)\right]\eta^2+\eta^4}}$$

于是，对数幅频特性g为：

$$\begin{aligned}
g&=20\log_{10}|G(\mathrm{j}\omega)|\\
&=20\log_{10}\left\{\frac{K}{\sqrt{(K+1)^2+2\left[2\zeta^2-(K+1)\right]\eta^2+\eta^4}}\right\}\\
&=20\log_{10}K-20\log_{10}\sqrt{(K+1)^2+2\left[2\zeta^2-(K+1)\right]\eta^2+\eta^4}\\
&=20\log_{10}K-10\log_{10}\left\{(K+1)^2+2\left[2\zeta^2-(K+1)\right]\eta^2+\eta^4\right\}(\mathrm{dB})
\end{aligned}$$

另一方面，相频特性为：

$$\varphi=\angle G(\mathrm{j}\omega)=-\arctan\left[\frac{2\zeta\eta}{(K+1)-\eta^2}\right]$$

尝试通过归一化的角频率大小掌握频率特性的概况。

进而，试在归一化角频率η的各范围内分析伯德图。

（1）$\eta\ll1$的场合

当$\eta\ll1$时，存在$\eta\approx0$，对数幅频特性g可以用下式表示。

$$\begin{aligned}
g&=20\log_{10}K-10\log_{10}\left\{(K+1)^2+2\left[2\zeta^2-(K+1)\right]\eta^2+\eta^4\right\}\\
&\approx20\log_{10}\frac{K}{K+1}(\mathrm{dB})
\end{aligned}$$

另外，相频特性φ为：

$$\varphi=\angle G(\mathrm{j}\omega)=-\arctan(0)=0^\circ$$

由此可知，如果η减小，对数幅频特性就与阻尼比ζ无关，而趋近于$20\log_{10}[K/(K+1)]$ (dB)，相位趋近于0°。

（2）η=1的场合

当η=1时，对数幅频特性g可以用下式表示。

$$g = 20\log_{10} K - 10\log_{10}\left(4\zeta^2 + K^2\right)\ (\text{dB})$$

另外，相频特性φ为：

$$\varphi = \angle G(\text{j}\omega) = -\arctan\left(\frac{2\zeta}{K}\right)$$

（3）$\eta \gg 1$的场合

当$\eta \gg 1$时，如果考虑到η值较大，不妨就认为$(K+1)^2 + 2[2\zeta^2 - (K+1)]\eta^2 + \eta^4 \approx \eta^4$这一方程式成立。于是，对数幅频特性$g$为：

$$g = 20\log_{10} K - 40\log_{10}\eta\ (\text{dB})$$

另外，如果对于相位也考虑到η值较大，不妨就认为$(K+1) - \eta^2 \approx -\eta^2$这一方程式成立。于是，相频特性为：

$$\varphi = \angle G(\text{j}\omega) = -\arctan\left[\frac{2\zeta\eta}{(K+1) - \eta^2}\right] = -\tan^{-1}\left(\frac{2\zeta}{-\eta}\right)$$

当$\eta \to \infty$时，有下式成立。

$$\varphi = \angle G(\text{j}\omega) = -\arctan\left(\frac{2\zeta}{-\infty}\right) = -180^\circ$$

由此可知，η值一旦变大，对数幅频特性曲线就会成为倾斜度为-40dB/dec的直线，相位越接近于-180°。

在图7.11所示的闭环控制系统中，当增益系数K较大时，常用的伯德图就如图7.12和图7.13所示。

伯德图给出了单位负反馈控制系统的频域性能指标中所定义的各种特征量。

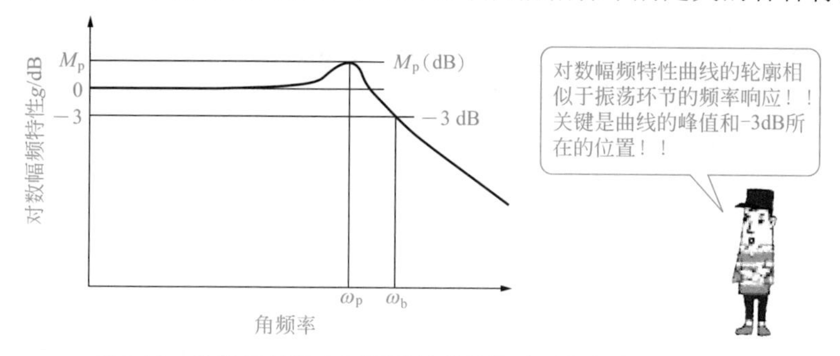

图7.12　单位负反馈控制系统的伯德图（对数幅频特性曲线）

首先，在图7.12所示的对数幅频特性曲线图中，曲线的峰值（M_p称为峰值增益或者谐振峰值，是增益曲线的极值）是表示系统稳定性的指标之一。

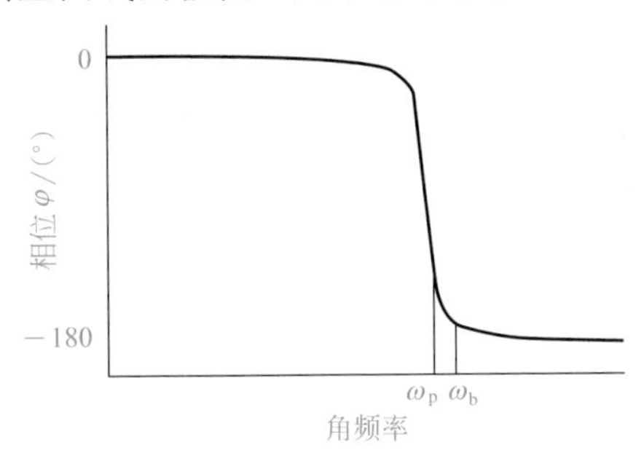

图7.13　单位负反馈控制系统的伯德图（相频特性曲线）

M_p越大，控制系统的稳定性就越差。另外，如果使用M_p分析振幅比的话，当$M_p>1$时，就容易出现共振现象（输出的振幅极端地大于输入振幅）。只不过，当M_p变小而不具有极值时，虽然系统的稳定性增加，但快速反应性能会变得极端差。为此，默认最好的程度是M_p=1.1～1.5。

尽管在数学式上应记为$\varphi=-\arctan\left(\frac{2\zeta}{-\eta}\right)=\arctan\left(\frac{2\zeta}{\eta}\right)$，但为了能够准确地求解相位$\varphi$，特意要保留分母的负号。具体参考第6.2节的专栏！

将出现谐振峰值M_p的角频率用ω_p表示，称为谐振峰值频率或者峰值频率。谐振峰值频率是反映系统快速反应性能的指标，这个值一旦变大，就连高频的输入信号也能响应（追随）。

图7.11所示的前向环节的增益系数越大，ω_p的值也就越大。

在图7.12所示的曲线特征值中，随着角频率的增加，曲线通过峰值M_p后逐渐减小，当曲线下降了-3dB（增益由$\omega\to 0$时的值下降3dB相当于输出减半）时的频率称为系统的截止频率（截止频带）ω_b。

截止频率ω_b也是反映快速反应性能的指标，表示控制系统的输出响应追随输入的极限。在角频率高于这一指标时，幅频特性曲线的增益就降低，相位的滞后如图7.13所示，将趋近于180°。

当角频率比固有角频率还小时，增益为0dB，相位无滞后。

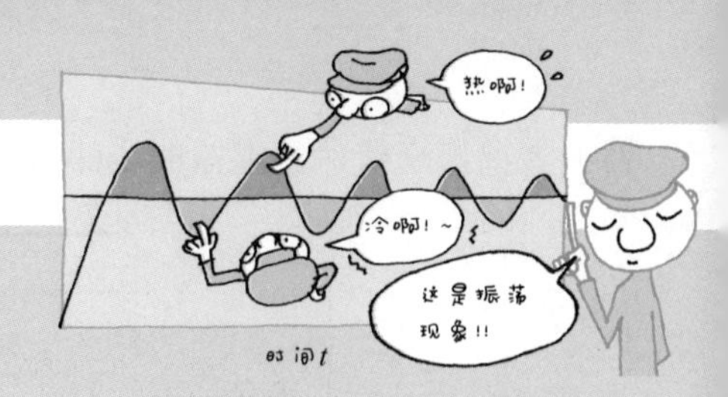
热啊!
冷啊!~
这是振荡现象!!
时间t

7.5 反馈控制系统的稳定性

要点

反馈不能避免的振荡现象

❶ 振荡现象是跟踪控制的缺点。
❷ PID控制能够防止振荡现象出现。

以机械自动控制为主流的反馈控制在控制系统的快速反应性能、稳定性以及控制的精度等方面优点突出，但并不是没有缺点。

如图7.14所示，电取暖桌和电热水壶等的加温系统是采用加温到设定温度，并保持设定温度为目标的单纯的开-关控制系统（开-关动作）。这就是说，温度一旦上升到设定的值，电源就关闭。另外，若温度下降过多，电源就开启，进行加热升温。在这样的开-关控制过程中，将会产生如图7.15所示的振荡现象，这是温度在设定的温度值附近进行的上下变动。

这样的开-关控制通常采用双金属式的恒温器。

电取暖桌采用单纯的开-关控制

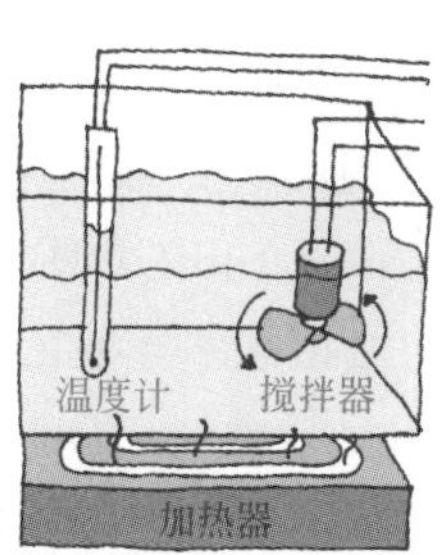
温度计
搅拌器
加热器

图7.14　反馈控制式的加温系统

另外，即使控制系统不采用开-关控制的方式，当控制系统的输出为具有振动可能性的振荡环节或以上的高阶时，在降低阻尼比的基础之上，并在控制系统容易产生滞后的场合下，也容易发生振荡现象。

反馈控制是利用当前的结果进行追踪的控制，如果检测偏差的变化所引起的输出量变化花费的时间过长（检测输出量的传感器反应迟钝），就会成为出现过冲或下冲的原因。因此，某种程度的振荡现象是无法避免的。

然而，当这种振荡引起的输出量变化的振幅在允许范围内时，这种现象对于控制来说并不存在问题，但当振荡幅度超过允许范围时，就需要采取防止振荡现象出现的措施。

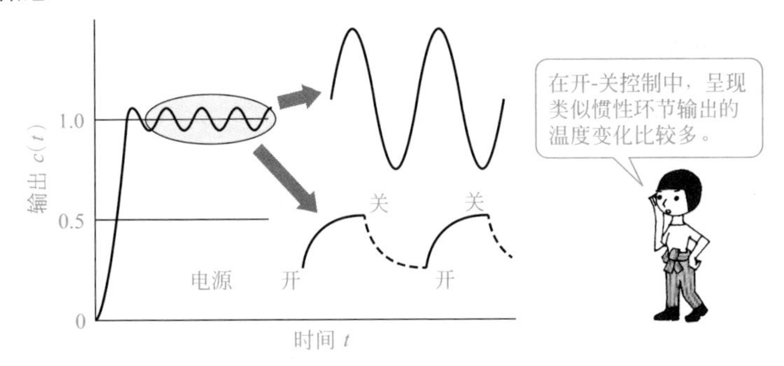

图7.15　反馈控制系统的振荡现象

为了应对输出超过允许范围的振荡现象，所采用的控制方式就是PID控制。即使是在反馈控制中，PID控制方法也是被最多采用的方法，它属于过程控制的范围。

所谓的PID是与偏差成比例（Proportional）的项、对偏差进行时间积分（Integral）的项以及对偏差进行时间微分（Derivative）的项三者英文首字母的合称，是在这三项上分别添加适当的权重而形成新的偏差，并将这一偏差施加到控制环节，进行反馈控制。

由于PID控制器的P、I以及D的增益系数都是能够在现场分别进行自由调节的，所以这种控制器能够直接在现场使用。

具有这样特点的PID控制器，通常并不是所有的功能都被使用，常用的方法有只使用P功能、使用PI功能（P功能和I功能的组合）以及使用PID功能（全部的P功能、I功能以及D功能）3种。

7.6

PID控制

虽说PID简单，但也要掌握其理论。

❶ PID是基于当前量、累积量以及趋势考虑控制。

❷ 按照需求对P、I以及D进行组合。

❸ PID是顾虑偏差的控制方法。

PID功能（控制）是通过并列连接与当前的偏差成比例的P功能、偏差直到当前时刻随时间变化的积分值的I功能，以及偏差对时间的微分（偏差的变化率）的D功能而获得输出，并将这一输出作为新的偏差施加到控制环节，使反馈控制系统性能提高的控制方法。方框图表示的PID控制布局如图7.16所示。

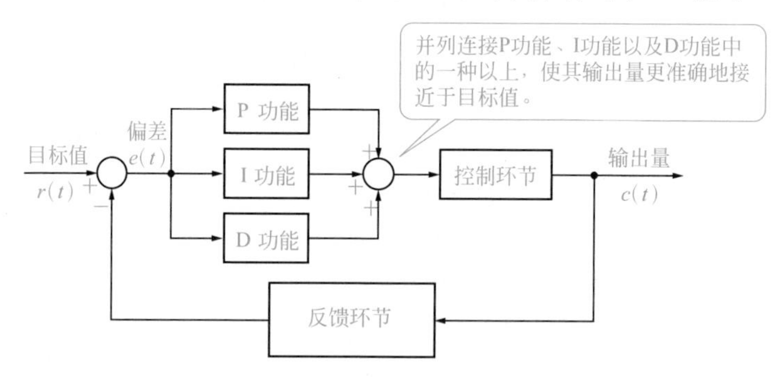

图7.16　包含PID控制调节功能的反馈控制系统

图7.16所示的PID控制的特点如下所述。

① P和I以及D的含义分别是：P（比例）是与当前偏差成比例的校正调节，I（积分）是直到当前的累积成比例的校正调节，D（微分）是与当前的变化率成比例的校正调节。换句话说，这就是前面讲述的比例环节、积分环节以及微分环节，从时间上来说，是表示当前（比例）、直到当前（积分）以及当前之后（微分）的趋势。

PID是有意图地使通常的偏差增加或减少，从而让输出量尽快地接近目标值的方法！

② 由于PID的各项和组合都是线性的，所以理论上容易理解。

③ 在采用PID控制器的场合，P和I以及D的各增益系数等参量都能够在现场进行调整，具有较高的自由度。

（1） P控制调节

P控制调节（比例调节）是根据偏差（控制调节的信号）的当前值对控制对象进行控制的调节方法。

在反馈控制系统中，含有P控制调节功能的方框图如图7.17所示。设控制系统的目标值为单位阶跃函数$R(s)=U(s)=1/s$，控制环节近似于振荡环节［传递函数设为$G(s)$］，分析其系统响应的输出量。

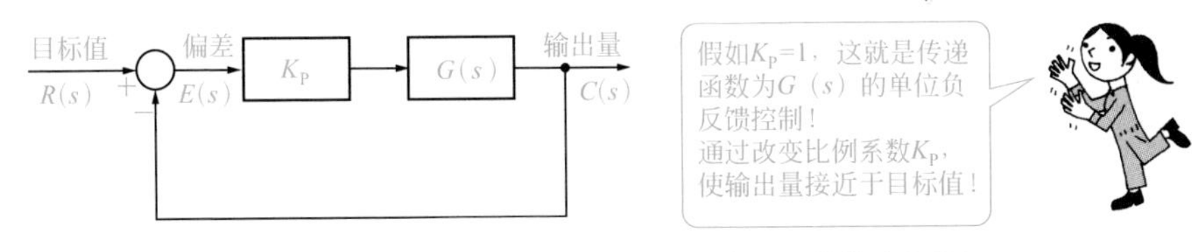

图7.17 反馈控制系统中含有P控制调节的方框图

设振荡环节的增益系数为K、阻尼比为ζ、无阻尼固有频率为ω_n，则振荡环节的传递函数可以用下式表示。

$$G(s)=\frac{K\omega_n^2}{s^2+2\zeta\omega_n s+\omega_n^2}\quad(\zeta>0)$$

在振荡环节的传递函数之前插入比例增益为K_P的P控制调节环节，试分析如图7.17所示的与反馈控制系统串联连接的P控制调节器。

这种P控制调节器与反馈控制系统串联连接的闭环系统的传递函数为：

$$W(s)=\frac{K_PK\omega_n{}^2}{s^2+2\zeta\omega_n s+\left(K_PK+1\right)\omega_n{}^2}$$

其次，输出的稳态值$c(\infty)$由拉普拉斯变换的终值定理能够求出。

$$\begin{aligned}c(\infty)&=\lim_{s\to0}[sC(s)]\\&=\lim_{s\to0}\left[sW(s)U(s)\right]\\&=\lim_{s\to0}\left[s\frac{K_PK\omega_n{}^2}{s^2+2\zeta\omega_n s+\left(K_PK+1\right)\omega_n{}^2}\times\frac{1}{s}\right]\\&=\lim_{s\to0}\frac{K_PK\omega_n{}^2}{s^2+2\zeta\omega_n s+\left(K_PK+1\right)\omega_n{}^2}\\&=\frac{K_PK}{K_PK+1}=\frac{K}{K+\dfrac{1}{K_P}}\end{aligned}$$

图7.17所示的控制系统的输出状态如图7.18所示。在这种场合下，如果使P

控制调节的增益K_P变大，则稳态输出值为$c(\infty)\to 1$。但是，通常会存在稳态偏差（偏移量），这由图7.18或方程式$c(\infty)$能够看出。

因为P控制调节是与偏差大小成比例的控制，所以可以消除振荡现象。但是，为了减小稳态偏差而极度增大增益，振荡现象的抑制效果就会变小。

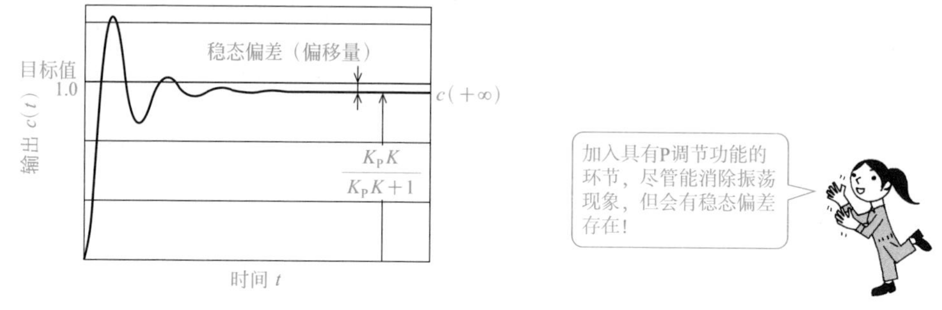

图7.18　只有P控制调节（比例调节）的单位阶跃响应

(2) P控制调节＋I控制调节

I控制调节（积分调节）的本身是当阶跃状的控制信号（参照第5.2节）输入到积分环节后，输出以一定的比例增加（与输入的积分值成比例）的调节方法。也就是说，在控制信号为固定的场合，积分环节的输出信号持续增加，经过足够的时间后，输出信号将变为无限大，因此可将其视为增幅率为无限大的增幅器。即I控制调节功能是只要控制的稳态偏差持续存在，就能起到消除稳态偏差的作用。

因此，为了消除P控制调节的稳态偏差，分析加入了如图7.19所示的PI控制调节功能的反馈控制系统。

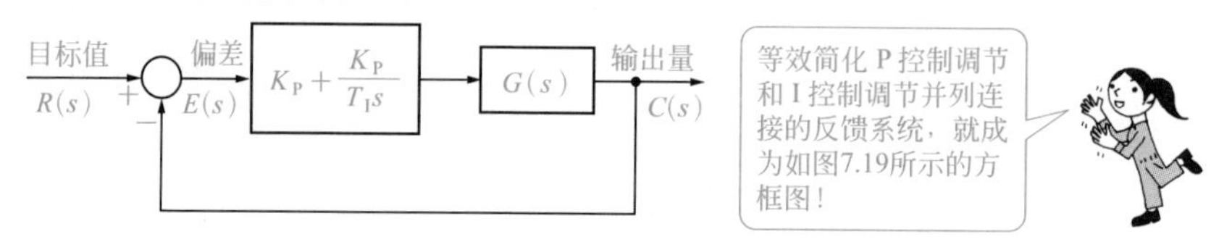

图7.19　反馈控制系统中存在PI控制调节环节的方框图

设控制系统的传递函数$G(s)$为振荡环节（增益系数为K，阻尼比为ζ，无阻尼固有频率为ω_n），在传递函数$G(s)$之前插入并列的P控制调节（传递函数为常数K_P）和I控制调节（传递函数为$K_P/T_I s$），试分析在如图7.19所示的串联连接的反馈系统中PI控制器的作用。在这种场合，串联连接的反馈系统的闭环传递函数为：

$$W(s)=\frac{K_P K\omega_n^2\left(T_I s+1\right)}{T_I s^3+2\zeta\omega_n T_I s^2+T_I\omega_n^2\left(K_P K+1\right)s+K_P K\omega_n{}^2}$$

式中，T_I为积分时间。

其次，输出的稳态值$c(\infty)$由拉普拉斯变换的终值定理能够求出。

$$\begin{aligned}
c(\infty) &= \lim_{s\to 0}[sC(s)] \\
&= \lim_{s\to 0}[sW(s)U(s)] \\
&= \lim_{s\to 0}\left[s\frac{K_{\mathrm{P}}K\omega_n^2\left(T_{\mathrm{I}}s+1\right)}{T_{\mathrm{I}}s^3+2\zeta\omega_n T_{\mathrm{I}}s^2+T_{\mathrm{I}}\omega_n^2\left(K_{\mathrm{P}}K+1\right)s+K_{\mathrm{P}}K\omega_n^2}\frac{1}{s}\right] \\
&= \lim_{s\to 0}\left[\frac{K_{\mathrm{P}}K\omega_n^2\left(T_{\mathrm{I}}s+1\right)}{T_{\mathrm{I}}s^3+2\zeta\omega_n T_{\mathrm{I}}s^2+T_{\mathrm{I}}\omega_n^2\left(K_{\mathrm{P}}K+1\right)s+K_{\mathrm{P}}K\omega_n^2}\right] \\
&= \frac{K_{\mathrm{P}}K\omega_n^2}{K_{\mathrm{P}}K\omega_n^2}=1
\end{aligned}$$

可以将图7.19所示的控制系统的输出状态用图7.20表示。由此可知，单位负反馈控制系统在串联P控制调节环节之上，插入与P控制调节并列的I控制调节，稳态输出值就成为$c(\infty)\to 1$，稳态偏差逐渐消失。

进而，I控制调节本身同时具有抑制振荡现象和减小稳态偏差的效果。因此，采用在P控制调节的基础上加入I控制调节的PI控制方式，就不会陷入振荡缺陷，能够实现如图7.20所示的偏差为0状态。但是，因为PI控制方式是输出量逐渐接近目标值的方法，所以其具有在干扰发生等情况时快速反应性能不太好的缺点。而且如果使I环节的作用增加（T_{I}减小）的话，则相位滞后，因此其还有控制系统容易不稳定的缺点。

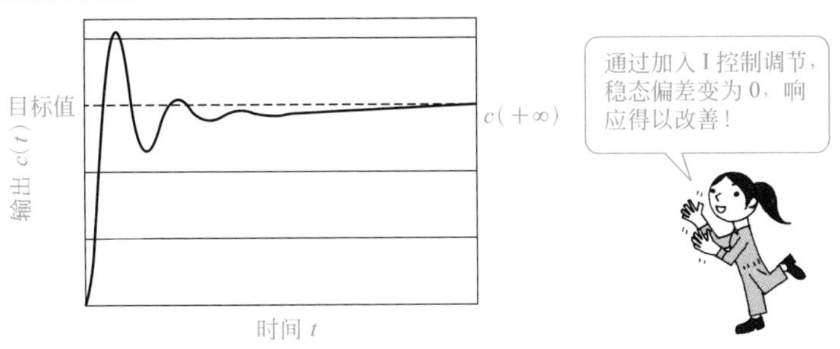

图7.20 PI控制调节（比例控制调节+积分控制调节）的阶跃响应

(3) P控制调节+I控制调节+D控制调节

D控制调节（微分调节）本身是控制信号输入到微分环节之后，输出与微分值（输入信号的倾斜度）成比例的控制方式。在第5.2节中，因为假设了阶跃输入（由于不存在随时间的变化，所以进行微分后的值为0），所以输出为0。

由于D环节的作用是使输出值与输入信号的微分值成比例，所以在图7.16所示的控制系统中，输入D控制调节环节的输入信号为偏差，因此期待的输出是与偏差微分值（偏差倾斜度的大小）成比例的。

图7.21中，横轴是时间，左侧的纵轴指向朝下，表示输出的大小，1.0的刻度表示作为整体控制系统输入信号的阶跃函数的大小。右侧的纵轴指向朝上，表示偏差的大小。

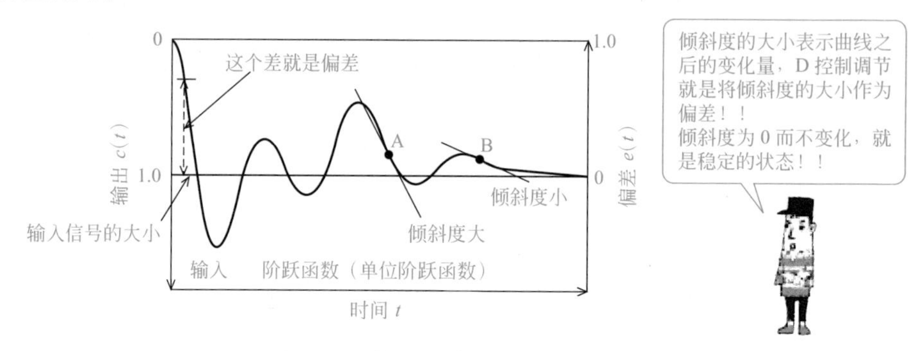

图7.21　D控制调节（微分调节）的原理

采用D控制调节方式，当偏差的倾斜度（大小用倾斜度的绝对值）大时具有大的输出，当偏差的倾斜度几乎没有变化（倾斜度小）时输出变小。实际上也考虑了倾斜度的符号，抑制过冲和下冲，尽量缩短振动周期，结果是起到了促使系统快速稳定的作用。

引入D控制调节的PID控制的反馈控制系统示例见图7.22。

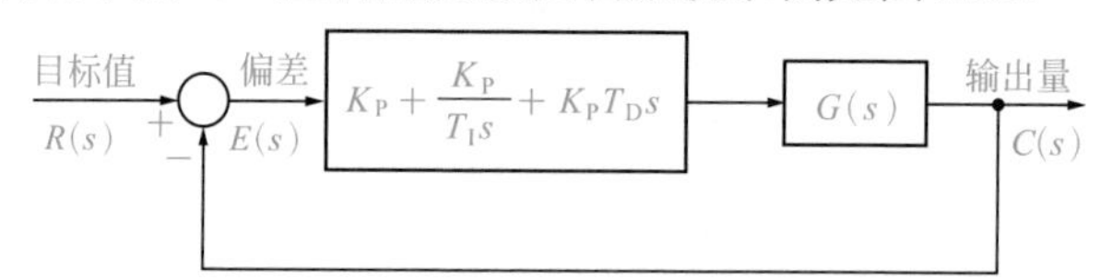

图7.22　反馈控制系统中存在PID控制调节环节的等效方框图

D控制调节是为了改善干扰发生时的响应速度而使用的调节方法。也就是说，通过对偏差的微分来求出干扰引发的变化量的大小，加大控制量（微分时间T_D越大，微分的作用越强）。合并这种D控制调节功能和PI控制调节功能的就是PID控制。

另外，在将温度、压力、流量等作为控制量的过程控制中，各增益能分别调控的PID控制器等在市场上也有销售，已经被广泛利用。

习题

习题1 有图7.23（a）所示的惯性环节和图7.23（b）所示的单位负反馈环节，试回答下列的问题。

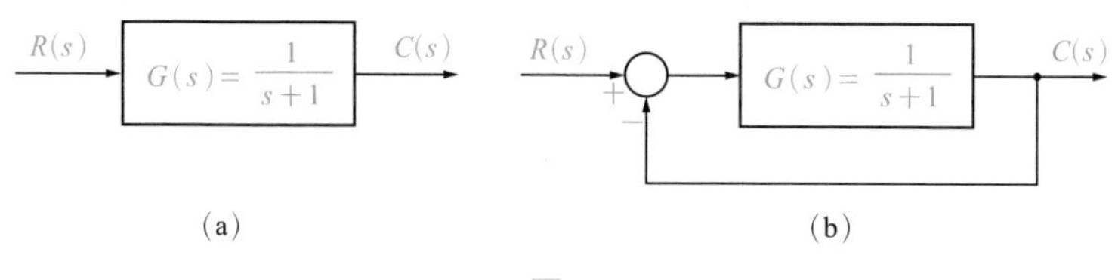

图7.23

（1）当在图（b）所示的前向传递函数$G(s)$上施加单位阶跃输入时，试求如图（a）所示的反馈不存在时的响应。

（2）在闭环系统［图7.23（b）的情况］上施加单位阶跃输入时，试求反馈系统的响应（单位负反馈）。

（3）试比较（1）和（2）的结果。

习题2 在图7.24所示的前向传递函数为惯性环节的单位负反馈系统中，试回答下列的问题。

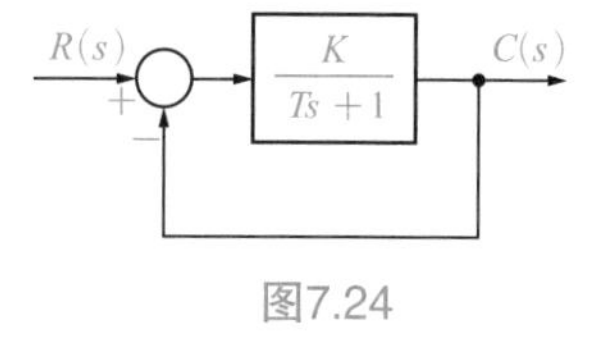

图7.24

（1）在单位阶跃输入的场合，试求稳态偏差。

（2）为了使（1）中所求出的稳态偏差为3%以下，试求K的取值范围。

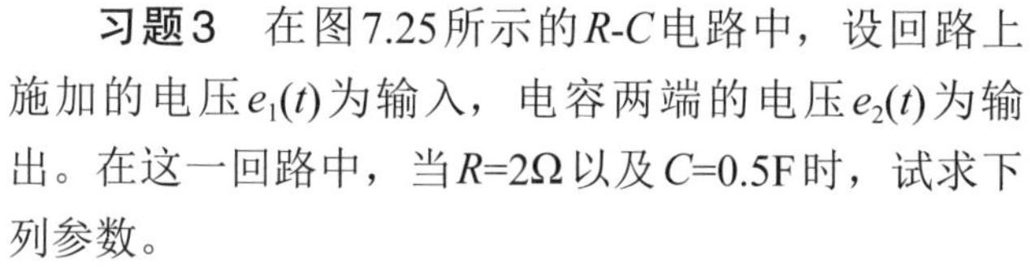

习题3 在图7.25所示的R-C电路中，设回路上施加的电压$e_1(t)$为输入，电容两端的电压$e_2(t)$为输出。在这一回路中，当R=2Ω以及C=0.5F时，试求下列参数。

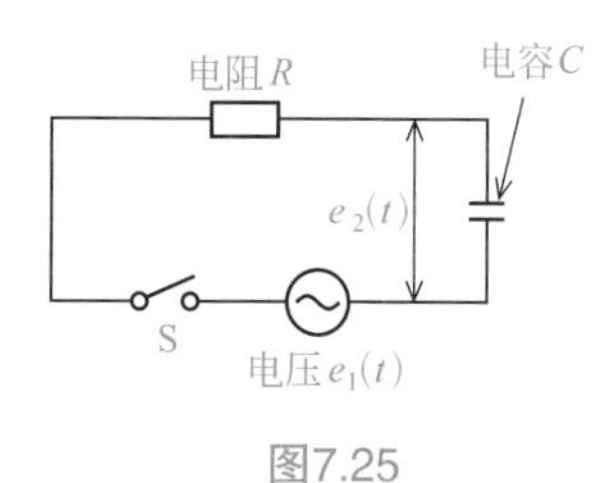

图7.25

（1）传递函数　　（2）频域的传递函数

（3）增益　　（4）相位

Memo

第8章

传感器和驱动器的基础

为了掌握机械系统的自动控制技术，我们已经学习了以反馈控制为重点的拉普拉斯变换、方框图、瞬态响应以及频率响应等。

在反馈控制系统中，通过将输出量（相当于运行1次后所得到的结果）与目标值进行比较以达到控制，因此需要有检测输出量的装置或者系统。

例如，如果将控制系统比作人体进行考虑的话，感觉器官就相当于这类装置。人是通过自己的感觉器官，进行准确的动作，巧妙地躲避危险。

机械装置也是通过安装具有与人类感觉器官相同作用的传感器，将来自传感器的信息作为输入信号，控制驱动器就能够进行所规定的运动或者避开障碍物等。

在本章中，我们将在已有的反馈控制基础知识之上，学习传感器和驱动器的基础知识。传感器和驱动器是控制系统的重要组成部分。

8.1 输出量的检测和控制对象的驱动

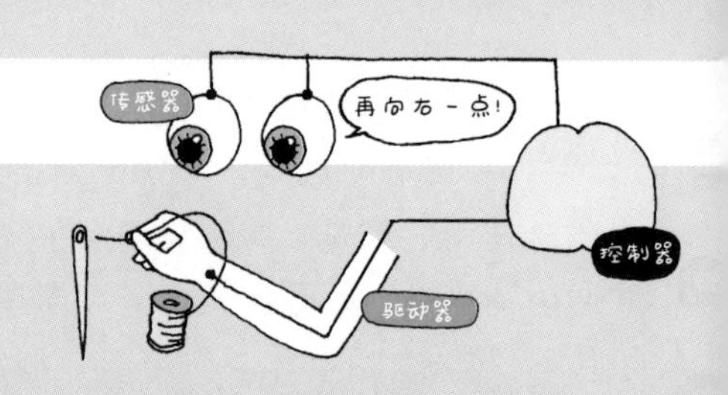

通过传感器校正驱动器的运动

❶ 传感器是检测输出量的仪表或装置。
❷ 驱动器是使控制对象进行运动的装置。

在存在干扰的场合，反馈控制系统的基本方框图可以用如图8.1所示的方式进行表示。

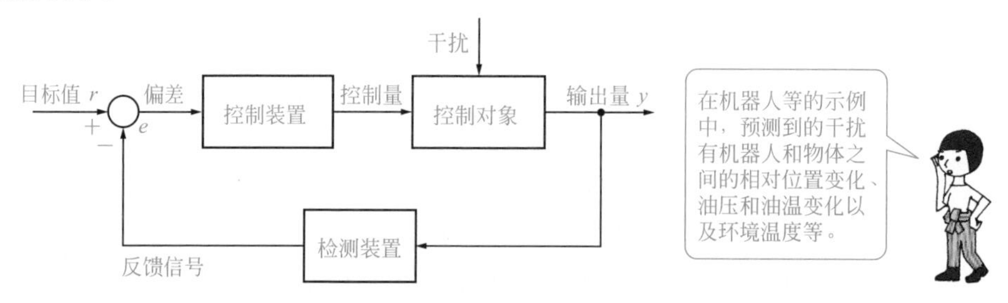

图8.1 反馈控制系统的方框图

在反馈控制系统中，一般是通过检测控制对象输出信号的被控制量，将这一检测值作为反馈信号（负反馈）返回到输入端，并与目标值进行比较，将比较所得的偏差(=目标值-控制量)作为反馈信号传递给控制装置，从而进行控制。于是，需要检测被控制量的传感器和将控制量施加到控制对象的驱动器。

例如，在采用如图8.2所示的常用的极坐标型工业机器人的场合，机器人各关节的控制就需要有能使各个关节运动的驱动器和检测各个关节位置的传感器。

图8.1所示的具有传感器和驱动器的控制系统方框图如图8.3所示。

在机械和机械装置的控制中，控制的对象一般有位移、速度、加速度、力、压力以及温度等参数，这也包括图8.2所示的机器人。例如，瓦特（J.Watt）的离心调速器（调节器，

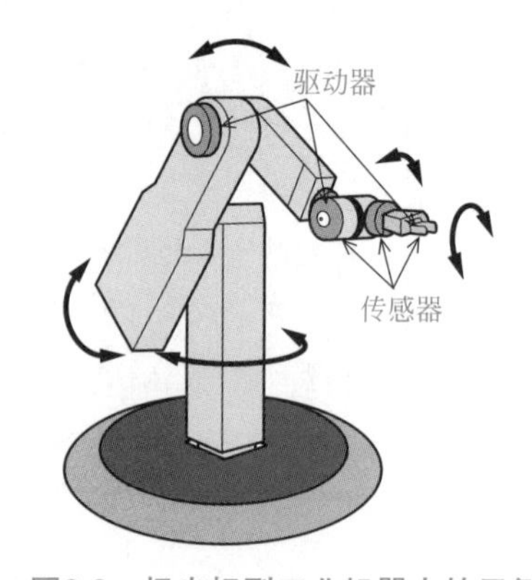

图8.2 极坐标型工业机器人的示例

图1.17）是通过摆锤检测离心力的大小，将离心力通过杠杆（驱动器）传递到汽阀（阀门），从而达到控制蒸汽量的目的。这种类型的机械式传感器即使是现在也还在使用。但是，最近的大多数控制基本上都是通过计算机（不仅是PC这样的通用计算机，而且连微型处理器单体机也包含在内）完成，这种场合下，来自于传感器的输出信号、反馈信号以及控制信号等通常都是电气信号。这种情况的控制流程如图8.4所示。

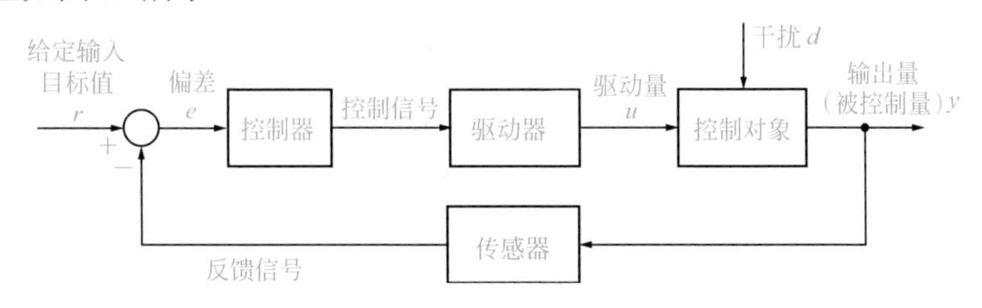

图8.3　具有传感器和驱动器的控制系统方框图

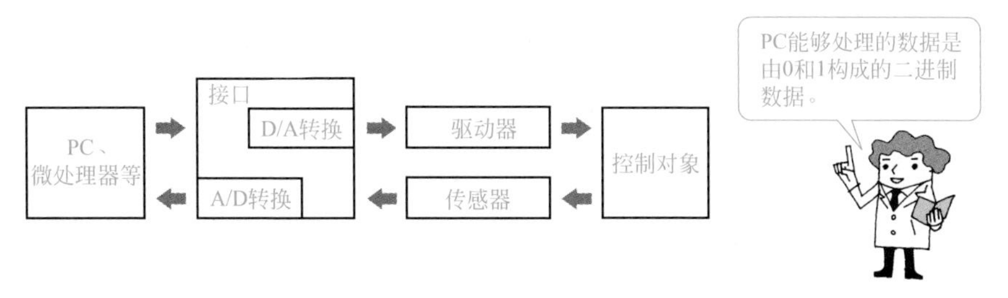

图8.4　计算机控制的流程

在图8.4中，PC和微处理器的输入使用二进制的数据。另一方面，大量的来自传感器的输出信号和流向驱动器的输入信号大都是模拟信号。于是，需要将模拟量转换成数字量（A/D转换），以及相反地将数字量转换成模拟量（D/A转换）。

此外，在计算机的内部以及众多的数字回路中，通常是将0V和5V（或者3V）的电压对应于二进制的0和1进行处理。因此，除了A/D转换所需要的回路和D/A转换所需要的回路之外，还需要与计算机和数字回路的输入电压相匹配的接口。

最近PC的CPU电源为了省电都采用3V以下的电压。

来自传感器经过接口的信号被PC或微型处理器处理之后，再经过接口传递到使控制对象运动的驱动器。

其次，所谓的驱动器就是能够利用各种能量实现机械运动的装置。通过驱动器将能量转换成机械运动，大致能分为直线运动（活塞和液压缸）和旋转运动（电机）。但是，由于将电能直接转换成高速直线运动难以实现，所以在这种情况下，先是将能量转换成旋转运动，然后通过活塞或曲柄机构等将旋转运动转换成直线运动（往复运动）。

然而，即使是完成相同运动的驱动器，由于技术方案的多样化，所以也需要考虑各自方案的特点。例如，在图8.5所示的机器人等的摇臂部位，使摇臂运动的方案也有两种。一种方案是进行直线往复运动，即通过图8.5所示的液压缸A的直线运动（伸缩），摇动摇臂的方法。当想加大摇臂摆动的角度时，采用连杆机构，摇摆角度就能增大。

另一种方案是在摇臂的回转轴上安装电动机，通过电动机的转动带动摇臂转动。

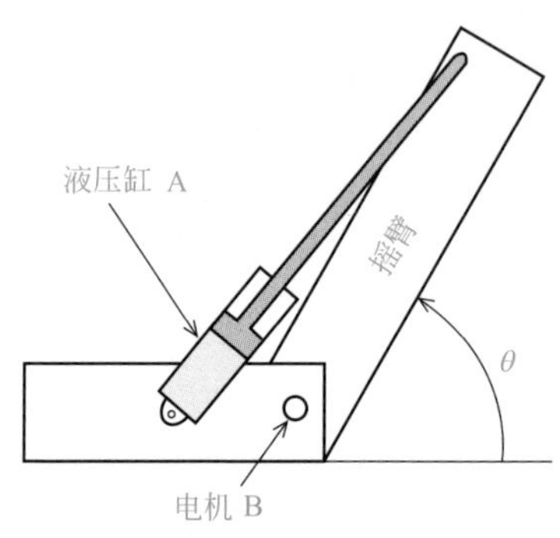

图8.5　驱动器的使用示例

专栏　模拟和数字

将位移、声音以及电流等物理量表现为如图8.6（a）所示的连续的大小变化的量，称为模拟信号。

另一方面，如图8.6（b）所示的数字信号是将模拟信号进行离散化（例如将横轴进行等间隔分割，数值化处理各自的信号大小）处理。通常为了有利于计算机处理，一般是将模拟量转换成数字代表性的二进制（0和1的组合）。

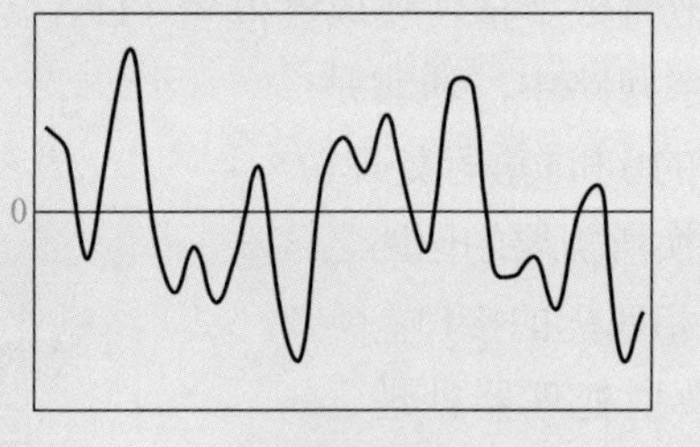

（a）模拟信号

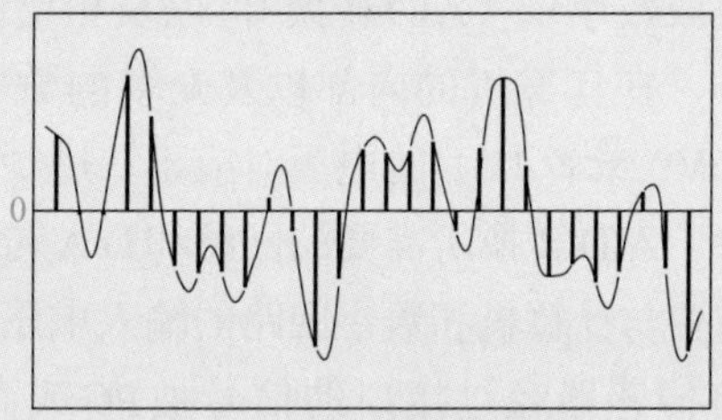

（b）离散信号

图8.6　模拟量和数字量

对模拟信号的处理方法是直接进行记录、处理以及通信，例如，像音乐信号这种经常变化的模拟信号就是这样处理的。对数字信号的处理方法是将模拟信号进行离散化处理，进行记录、处理以及通信。模拟信号处理的缺点是经由记录的复制、通信距离以及装置等的影响，信号原有的状态逐渐劣化，有时甚至不可能实现准确的再现。

另一方面，采用二进制方法处理和保存的数字信号在数据处理的过程或传输过程中出现劣化通常也是不可避免的，但这种信号有采用简单的滤波器就能够复现原有状态的特性。简单的滤波器的思路就是将二进制数作为按照0或1进行处理的数据［图8.7（a）］，即使是在数据处理或传输过程中变成0.2或0.75等［图8.7（b）］，只要设定了门槛值（也称门限值）为0.5的话，通过相对于这一门槛值的大小比较，数值就可以复现成0或1［0.2→0，0.75→1，见图8.7（c）］。

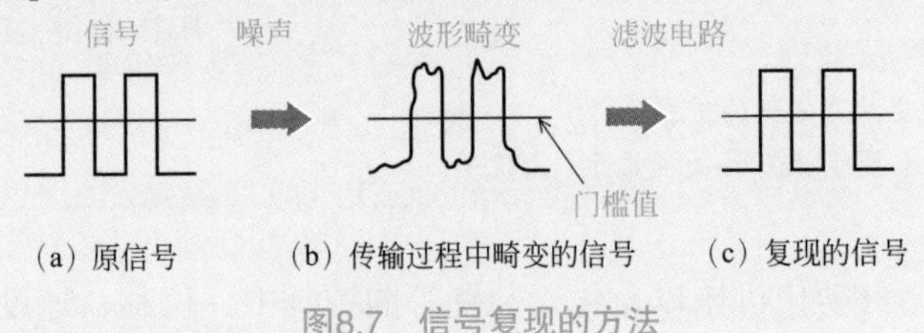

图8.7　信号复现的方法

8.2 利用电阻变化的传感器

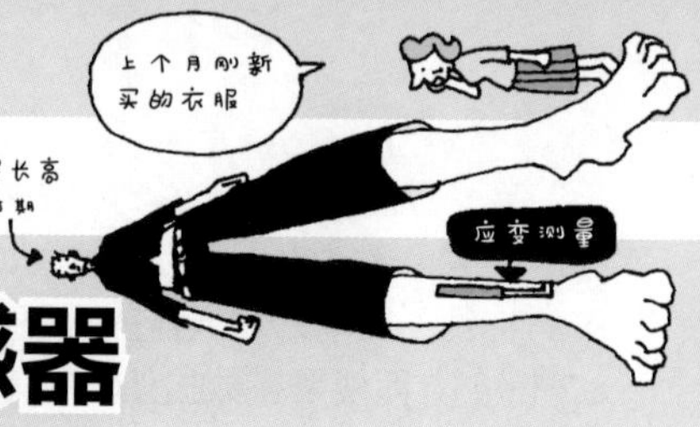

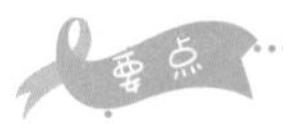

上个月刚新买的衣服
正是长高的时期
应变测量

要点　用传感器检测物体的变化

❶ 电阻应变片是常见的传感器。
❷ 有的传感器可以在开-关型的开关上使用。

在机器人、自动化机械以及化工装置等的控制中，位移、速度、力以及压强等常会成为控制的对象。

检测这些物理量的传感器，通常都如图8.8所示，是基于某种机理而采用电气、磁性或光等的变化去感知想要控制的位移、速度、力以及压强等的变化，并将这些变化量转换成与之相当的电气信号输出。传感器的输出信号分为模拟信号、数字信号、开和关的二值信号。

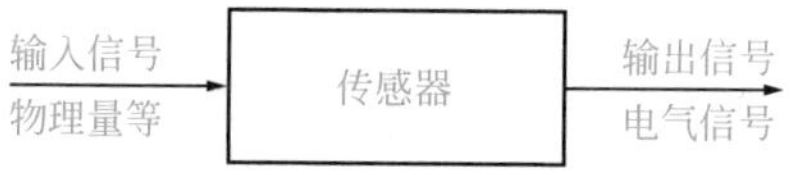

输入信号
物理量等
传感器
输出信号
电气信号

图8.8　传感器的输入和输出

一旦模拟信号连接了电压表或电流表，就可以直接读取表的数值，但在进行计算机处理的场合，就需要将模拟信号转换成数字信号。另一方面，在输出的是数字信号的场合，输出能够直接进入到计算机。二值信号适用于限位器等接触式传感器。

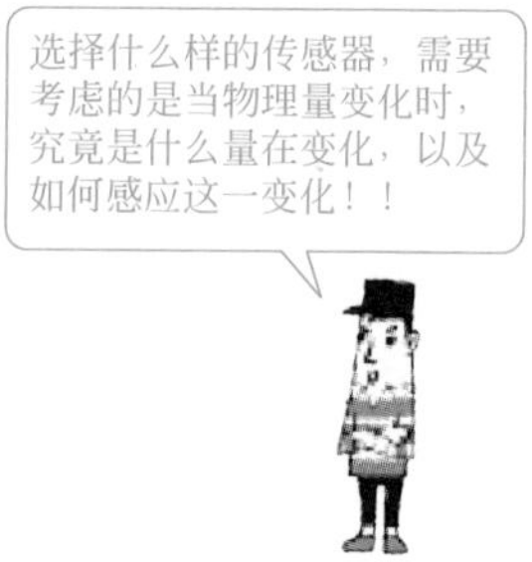

选择什么样的传感器，需要考虑的是当物理量变化时，究竟是什么量在变化，以及如何感应这一变化！！

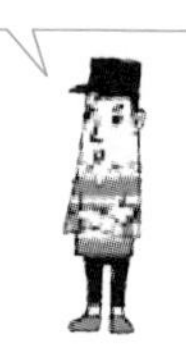

在传感器中，既有可以直接连接机构的机械式输出的类型，也有将感知的对象变化转换为电压、电流或磁性等的变化的类型，而现在的主流类型是感知型传感器。

例如，利用电阻值随着某种物理量的变化而变化这一特性的代表性传感器有应变片。普通的应变片是如图8.9所示的电阻丝应变片，这是在塑料或纸等绝缘薄膜上粘贴细金属导线而制成的。金属栅长度的大致范围是从1mm到10cm，由于应变的测量值是金属栅长度内电阻变化的平均值，所以最好是根据应变的变化程度确定使用的金属栅长度。这种测量方式中传感器的原理如下所述。

为了由缩短长度为L的电阻丝构成金属栅的长度，可以进行如图8.10所示的弯曲。这种电阻丝在弯曲时受到拉伸，可以认为电阻丝长度的变化为$L+\Delta L$。在这里，电阻的变化率和长度的变化率（相当于应变）之间具有以下的关系。

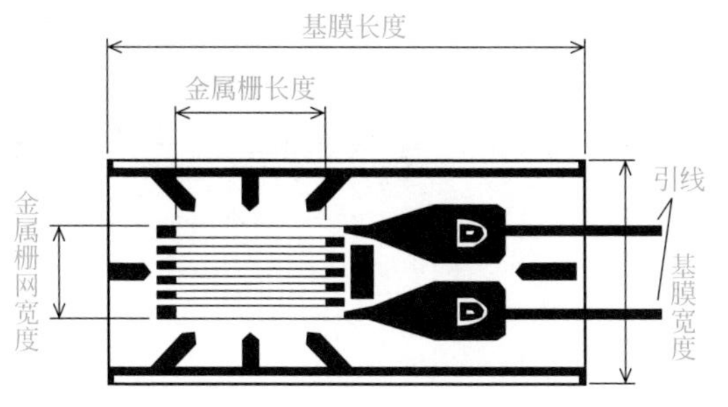

图8.9　电阻丝式应变片

$$\frac{\Delta R}{R}=k\frac{\Delta L}{L}=k\varepsilon$$

式中，ε为应变；k为灵敏度系数。此外，通常的金属丝电阻应变片的灵敏度系数为2左右，电阻值R通常为120Ω。

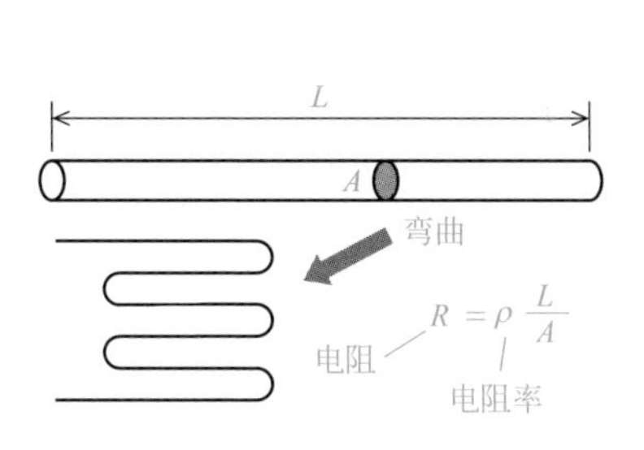

图8.10　应变片的工作原理

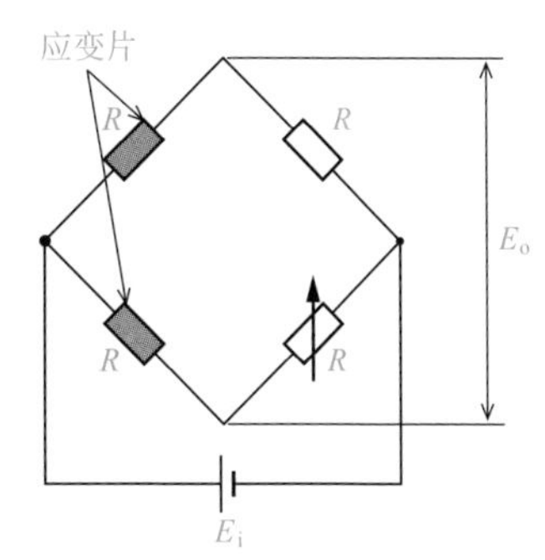

图8.11　采用应变片的桥式电路

在采用应变片测量应变的场合，通常采用如图8.11所示的桥式电路进行测量。但是，为了取得桥式电路的平衡，需要组接一个可变电阻。

实际上，如图8.11所示，最少也要采用两个电阻应变片，一片粘贴到待测量物体上（如图8.12所示），另一片放置在待测量物体的附近以进行温度补偿（消除温度变化的影响）。在这里，当位于桥式电路的四个桥臂的电阻处于平衡状态时，输出E_o（图8.11）为0V。

其次，当电阻R的变化只有ΔR时，桥式电路的输出E_o变化用下式表示。

$$E_o=\frac{1}{4}\frac{\Delta R}{R}E_i(\mathrm{V})$$

这个传感器的输出E_o通过接口传送到PC或微处理器等。

根据上式可知，由于E_o和E_i成比例，因此，要想在相同的电阻变化为ΔR时，增加输出E_o的量值，只要增大施加在电桥上的电压E_i就能实现。不过，如果过多增大E_i的话，需要注意不能因为焦耳热而烧损金属丝栅片。

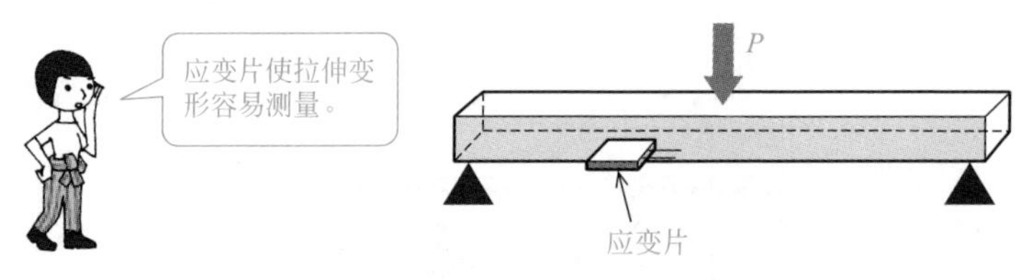

应变片使拉伸变形容易测量。
P
应变片

图8.12　应变片的粘贴位置

(1) 称重传感器

在市场上销售的称重传感器中，有被称为测力计的器具。测力计的工作原理与图8.12所示的工作原理相同，是在图8.12中根据预先记录（校正）的已知载荷的应变推测相对于这一应变的未知载荷。

市场上销售的测力计和称重传感器都能够确保输出处于平衡状态，但手工制作测力计时需要使用可变电阻器确保输出处于平衡状态。

(2) 压力传感器

市场上销售的压力传感器有各种类型，如利用电阻应变片的传感器和利用半导体形变的传感器（灵敏度系数为50～120）等。其工作原理基本上与测力计相同，但为了获得更大的变形而使用隔膜（可以想象成容易变形的板），在这一点上多少有所不同（图8.13）。

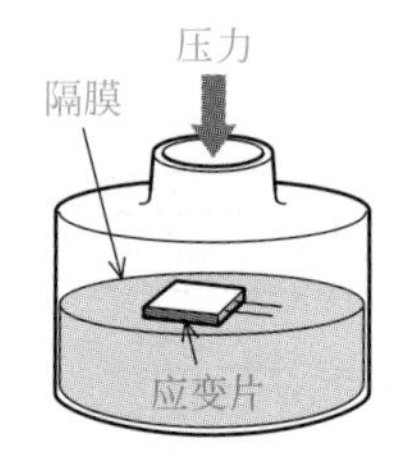

图8.13　压力传感器

(3) 其他类型的传感器

利用导线的电阻值随温度变化几乎呈线性变化的特点，通过测量电阻值来分析温度的传感器有热电阻温度传感器（热电阻温度计）。这种产品能测量500℃以下的温度。

另外，热敏电阻是利用电阻值在某一温度突变这一特性的感温半导体。热敏电阻通常是由锰、镍、钴等的氧化物烧结而成，其性质因成分配比的不同而变化。因此，热敏电阻并不适用于连续性的温度测量，而适用于检测是否超过某一温度。

光传感器利用的是所谓的光电导效应，即光传感器一旦接受光的作用，电阻值就会发生变化（减少）。在可见光的范围内，传感器的材料通常是以硫化镉或镉硒等为主要成分。

这种传感器虽然响应速度慢，但因为价格便宜而又简单，所以适用于街道路灯的自动点亮或熄灭以及照度计等方面。

专栏　提高桥式电路的输出

在桥式电路的四个桥臂全部采用电阻应变片，且各电阻的变化分别为R_1=R_1+ΔR_1、R_2=R_2+ΔR_2、R_3=R_3+ΔR_3以及R_2=R_4+ΔR_4时（图8.14），输入和输出电压之间的关系可以用下式表示。

$$E_o = \frac{1}{4}\left(\frac{\Delta R_1}{R_1} - \frac{\Delta R_2}{R_2} + \frac{\Delta R_3}{R_3} - \frac{\Delta R_4}{R_4}\right) \times E_i$$

由这一方程式可知，如果采取R_1和R_3被压缩以及R_2和R_4被拉伸的粘贴方式（或者相反的粘贴方式），电压输出就能够大幅度提高。

尤其是，按照ΔR_1 =ΔR_3=-ΔR_2=-ΔR_4这样的位置粘贴应变片的话，输出就将扩大4倍。

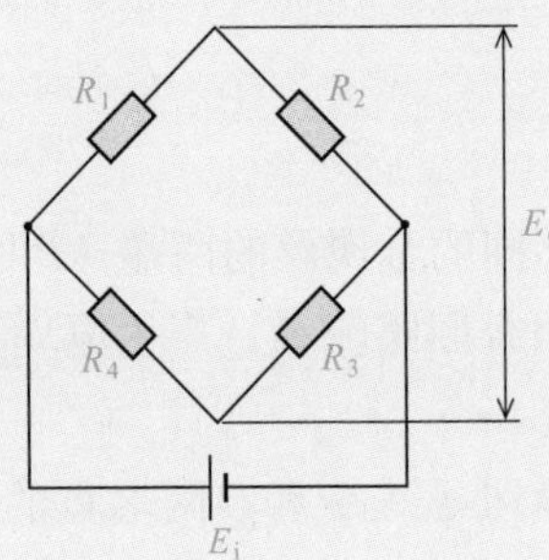

图8.14　增加输出电压的桥式电路

8.3 利用产生电动势的传感器

起因于物理量变化的电动势

❶ 热电偶是因温度的变化产生电流。

❷ 辐射传感器是因光量的变化产生电动势。

（1）温度传感器

如图8.15所示，将材料不同的金属丝的两端（P和Q）分别连接，当在PQ之间形成温度差时，电流就在闭合回路流动，产生电动势。这种电动势称为热电动势，这种现象称为塞贝克效应。

塞贝克效应引发的电流大小只与P和Q两端点的温度差（t_2-t_1）成比例，不受PQ两点间的中间温度的影响。

利用这种现象测量温度的温度传感器如图8.15所示，被称为热电偶。表8.1表示了热电偶的金属丝材料和测量范围。但是，测量的温度范围会因为合金的比例而变化，因此表中的数值只是参考值。

温度 t_2
Q
金属 A
金属 B
P
温度 t_1

图8.15 热电偶

表8.1 热电偶和测量的温度范围

金属（金属A・金属B）	测量的温度范围
铬镍合金・镍铝合金	-200～1000℃
铬镍合金・铜镍合金	-200～700℃
铁・铜镍合金	-200～600℃
铜・铜镍合金	-200～300℃
铂・铂铑合金	0～1600℃

注：1. 铬镍合金：镍和铬的合金。
2. 镍铝合金：镍和铝的合金。
3. 铜镍合金：镍和铜的合金。

热电偶是通过测量图8.15所示回路中的电流或者PQ两点之间的电位差，来测量PQ两点之间的温度差。在这里，只要PQ两点中的某一点［称为基准点（冷端），例如t_1］温度为已知，另一点的温度就能够知道。国际上通常规定了基准点（冷端）使用的温度标准，其中之一就是冰点（在平衡状态，有t_1≈0℃）。

普通的酒精温度计只能测量到100℃，而热电偶甚至能测量到1000℃以上！！

（2） 位置传感器和光开关

二极管是采用硅、锗、砷化镓以及砷化镓磷等为主的半导体材料制造的p型半导体和n型半导体器件。当二极管的结合面受到光照时，电极间就会产生电动势，这种现象称为光电效应。利用光电效应的感光元件有光电二极管、光电晶体管、CCD（电荷耦合器件）以及太阳能电池等。

光电二极管具有从可见光到红外线附近的敏感度范围，响应特性也好。器件一旦感光，就会产生电动势，有微弱的电流流动。由于产生的电流和光量的比值是稳定的，所以常作为要求高精度的感光元件使用。其通常应用于照度计、数码相机的感光元件、发光笔，以及电视和空调等的遥控器等。

光电晶体管属于晶体管类，比二极管增加了1个电极，并采用NPN结合或PNP结合方式。如果简单考虑的话，它是相当于光电二极管的输出被输入到增幅回路，因此光电晶体管的灵敏度比光电二极管还要高。然而，光电晶体管的敏感度虽然高，但由于输入和输出的关系并不是线性的，所以通常只是利用晶体管的切换作用。另外，组合光电二极管和IC构成的是光电IC。

光开关如图8.16所示，传感器上配置有发射红外线的发光元件和接收这种光的感光元件，能够检测出发光元件和感光元件之间是否有物体存在。在制造机器和装置等的过程中，为了检测部件（物品）的位置或物体的有无等，通常采用这种利用光的传感器。

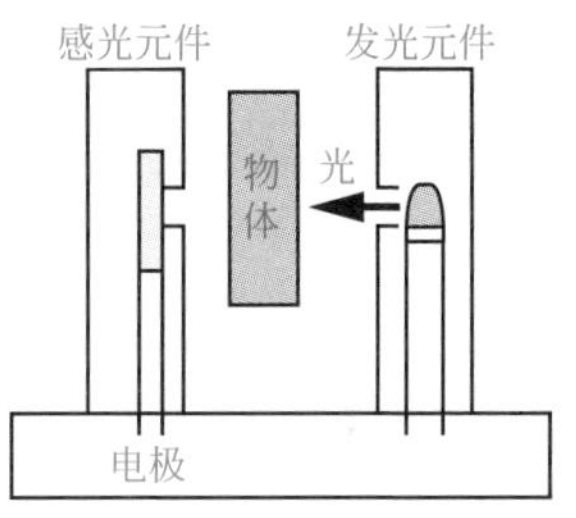

图8.16 光开关

（3） 角度传感器

对角度传感器（编码器）按结构进行分类的话，有检测旋转角度的旋转式编码器、检测平面上移动的直线式编码器（不是旋转的圆盘，而是在带状的板上有缝隙）。简单的旋转式编码器在PC的鼠标上使用。

旋转式编码器的工作原理如图8.17所示。

一般地，发光元件使用发光二极管（LED），感光元件使用光电二极管或者光电晶体管。发光元件发出的光通过固定板的缝隙（也被称为输入缝隙，实际

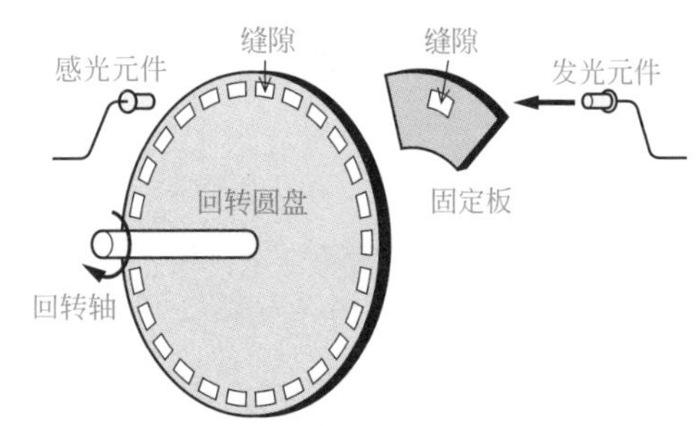

图8.17 旋转式编码器

上要比图8.17所示的略微复杂），而感光元件只能够感知到通过旋转圆盘缝隙的光线。每转动1圈的缝隙的数量越多，分解能力（灵敏度）越强。

（4）测距传感器

图8.18是差压变压器型的涡流测距传感器的示意图，它利用的是金属导体所产生的涡流会引起磁通量发生变化的原理。这种传感器采用3个线圈，其中的线圈①是作为产生磁通量用的发射线圈，一旦施加电压，就会产生磁通量。

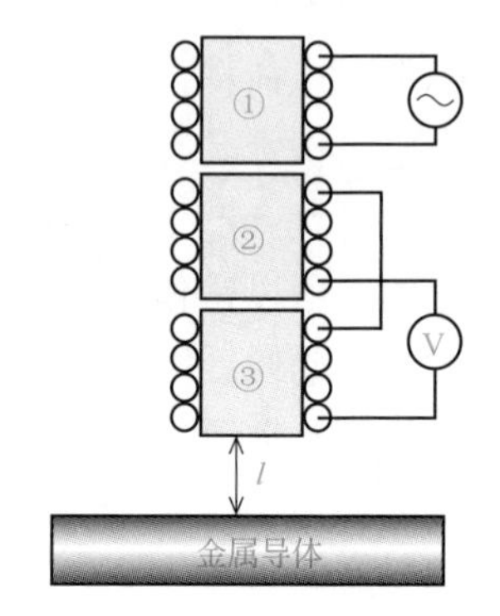

图8.18 利用磁通量差的传感器

线圈②和线圈③采用差动（线圈②产生磁通量的方向和线圈③产生的磁通量方向相反）方式连接，例如电压表按图所示的方式连接。当金属板离线圈③足够远时，可以认为通过线圈②和线圈③的磁通量基本相同，电压为0V。

在这种场合下，使金属导体接近线圈③的话，金属导体内就产生涡流，通过线圈③的磁通量减少。也就是说，通过线圈②和线圈③的磁通量产生差值，电动势才出现。

测距传感器利用的就是这种电动势（或者电流）和磁通量之间的关系。

专栏 采用CCD识别颜色

所谓的CCD（电荷耦合器件）就是光电二极管的集合体，300万像素的数码相机就可以认为是采用300万个光电二极管进行网格式排列的CCD图像传感器。

数码相机汇集来自各光电二极管接受的光学信息，集成一个图像。

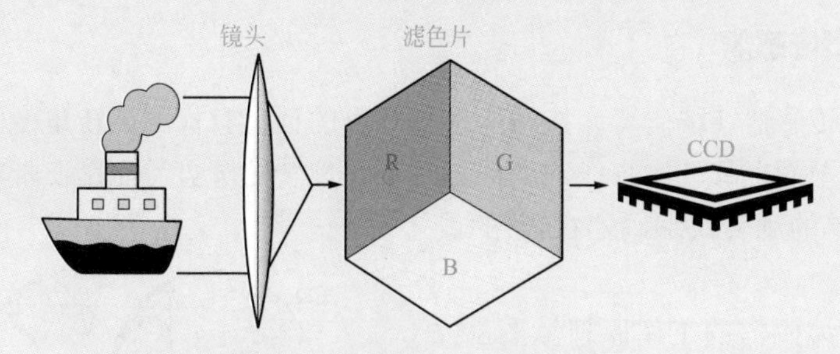

图8.19 使用CCD识别色彩的原理

如图8.19所示，通过镜头的光被CCD接收。但是，CCD只能感知“光的强弱（深浅）”，无法感知到“色彩的差异”，所以，这样的状态下无法从CCD中提取彩色图像。

顺便说一句，在PC显示器中，就是通过红（R）、绿（G）、蓝（B）的深浅组合来显示图像。也就是说，只要将来自镜头的入射光分解成红色和绿色以及蓝色，就能知道合成光的组成成分。

例如，如果采用只有红色光才能通过的滤光片，就能知道图像中红色光线成分的深浅程度。也就是说，通过在CCD上增设红（R）、绿（G）、蓝（B）的“原色过滤片”，就能对光的三种原色的各色进行深浅程度的分离和提取。通过三种原色的深浅组合，基于RGB彩色原理的彩色图像就能形成。

另外，不仅是三种原色，还有使用补色用的青色（C）、品红（M）、黄色（Y）的“补色滤光片”，这种色彩表示模式是分离三种修补颜色的CMY彩色。

无论采用哪种方式，只要合成用各自方法所得到的色彩信息，就能得到彩色图像。

8.4 直线运动型驱动器

接收能量进行直线运动

❶ 液压和气压的最大差别在于可压缩性。
❷ 电磁阀多用于开-闭型的系统。

图8.3所示的是驱动器的方框图，是将接收的控制信号转换成机械的运动（执行量，机械能），使控制对象执行动作的装置。图8.20只表示了图8.3所示的驱动器部分。

图8.20　驱动器的输入和输出方框图

实际上接收控制信号并执行任务的驱动器的能源有电气、液压以及气压。驱动器根据各自的能源进行分类的结果如图8.21所示。

另外，驱动器的运动大致分为电磁阀和液压缸那样的直线运动和电动机那样的回转运动。

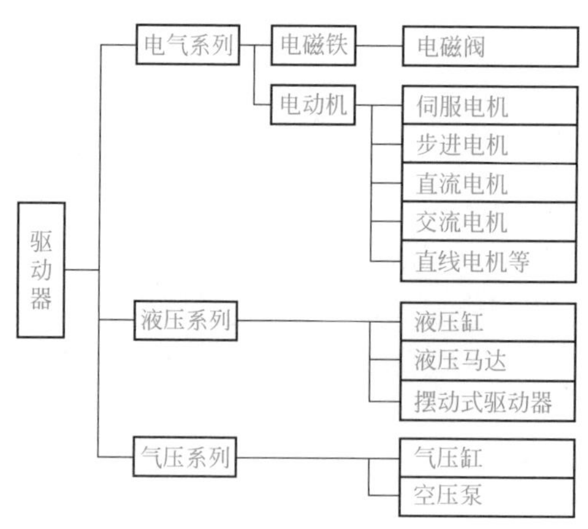

图8.21　驱动器的分类

表8.2汇总了作为驱动器动力源的电气、液压以及气压的各自特点。液压机器和空压机器在机械结构的框架和运动方面相似，而最大的区别是液压油几乎是不可压缩的，而空气的压缩性是相当大的。

表 8.2　驱动器的动力源比较

性能	电气	液压	气压
反应速度	极快	快	慢
运动速度	快	快	比较快
控制性	容易	容易	定位控制困难
使用寿命	比较长	长	短

空压机器之所以有“反应速度慢”和“定位控制困难”等缺点，是因为空气的压缩性较大。

另外，一般以电能为动力的驱动器多是回转运动型的，而以液压和空压为动力的驱动器多是直线运动（往复运动）型的。

在图8.22所示的流体为液压油的场合，因为液压油是不可压缩的，所以活塞的移动量只是液压油流入的容量，并有等量于流入量的流体从右侧的小孔流出。另一方面，在流体为空气的场合，因为空气的可压缩性大，所以即使有空气流入，但由于活塞和缸体之间的摩擦、活塞的重量以及施加在活塞上的负载等，连活塞完全不动的极端状况或瞬间地运动过头的现象也都可能出现。因此，空压机器的定位控制比较有难度。

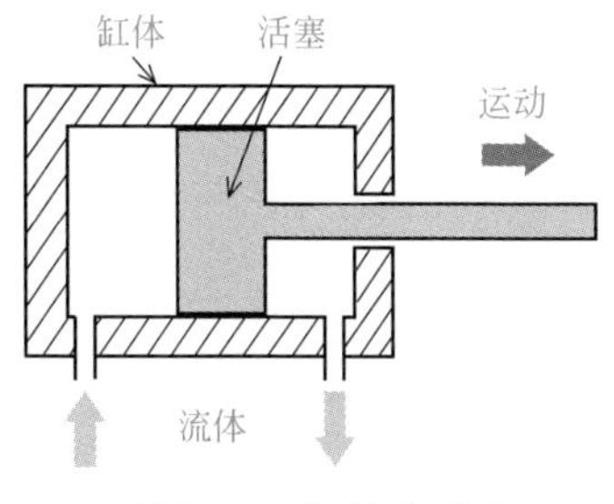

图8.22　缸体的运动

(1) 电磁阀

直接利用电磁吸引力的驱动器称为电磁阀。电磁阀的工作原理如图8.23所示，当中空的线圈有电流通过时，滑阀（可移动的铁芯）被牵引到线圈的中心，而当电流消失时，滑阀由于弹簧力的作用恢复到原来的位置。

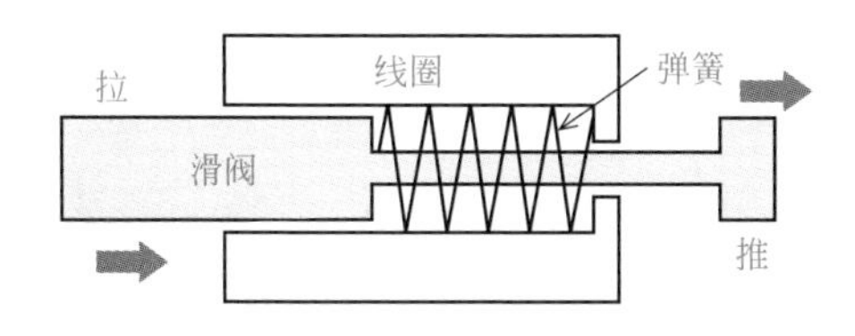

图8.23　电磁阀的运动

因此，能利用拉力将滑阀拉到线圈的中心，或者相反地利用推力将其推回到原位。只利用拉力的电磁阀称为拉力型电磁阀，只利用推力的电磁阀称为推力型电磁阀，而两种力都利用的电磁阀称为两用型电磁阀。此外，还有滑阀的复位不采用弹簧力而使用两个线圈的类型。

其次，由于电磁阀是利用电流的开启和关闭的装置，所以通常利用滑阀进行机器以及装置的开启和关闭，而不适用于机器的微调。

（2）空压缸和液压缸

活塞缸是执行直线（往复）运动的驱动器的一种。如图8.24所示，活塞缸大致可以分为单活塞杆式和双活塞杆式。

另外，使活塞杆运动的流体分为液压油和空气。采用加压空气的称为气缸，采用加压液压油的称为液压缸。

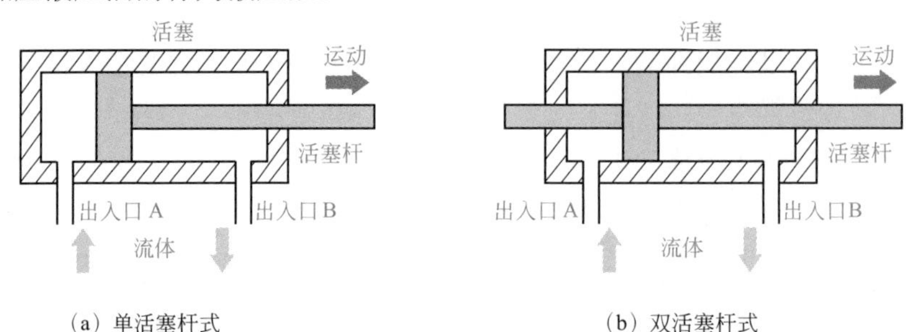

图8.24　缸体的类型

在图8.24所示的状态，如果改变流体的流动方向，活塞杆也就会向相反的方向移动。这样的活塞称为双作用的活塞缸，能够用于进行双方向运动的场合。另一方面，使用弹簧或外力实现活塞杆复位，只向单方向运动的活塞称为单作用的活塞缸。

在采用液压的场合存在多种问题，如担心液压油泄漏和火灾（取决于液压油的类型）、因液压油的温度过高需要冷却用的油箱等。

专栏　液压和空压设备

（1）缓冲装置（图8.25）

当单杆式的活塞缸的活塞杆向右移动时，活塞有与缸体的端盖发生碰撞的可能。为了避免这种情况，使用如图8.25所示的缓冲装置。当活塞的凸部A进入缸体顶部的凹部C时，B部位的流体就被节流通道和缓冲阀阻碍，由于从C部位流向输送管接口的流量减少，所以活塞的速度降低。

当活塞向左运动时，来自输送管接口的流体通过C部位和止回阀，部分流经缓冲阀，全部都流出到B部位，全面地形成推动活塞的力。

（2）溢流阀（图8.26）

当空气或压力油等工作流体的压强超过设定的值时，机器就会有损坏的危险。为了防止这种现象的发生，应装配溢流阀。当压力超过溢流阀设定弹簧压力给定值时，工作流体就会向上推动溢流阀，流体向右流出，内部压力降低。

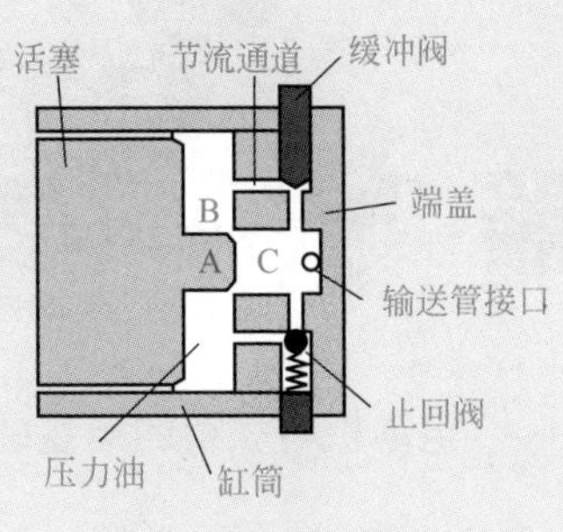

图8.25　缓冲装置

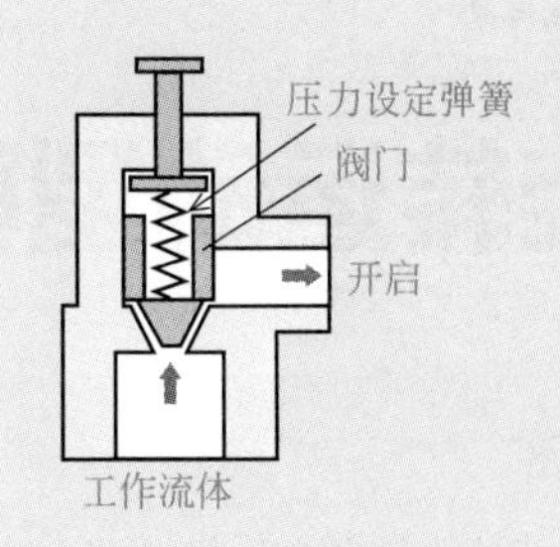

图8.26　溢流阀

（3）滑阀（图8.27）

滑阀是通过阀芯切换流动方向的控制阀。在图8.27的左图场合，两个流入口之一的左侧口被阀芯遮挡。来自右侧入口的流体通过B部进入驱动器。驱动器排出的流体通过A部，经由流出口排出。右图是阀芯向左移动的场合，这是流向驱动器的流体流动方向相反的结构形式。从左侧入口流入的流体通过A部进入驱动器，驱动器排出的流体通过B部，经由流出口排出。

例如，如果将这种滑阀连接图8.24所示的结构，就能够通过阀芯的移动切换活塞杆的运动方向。

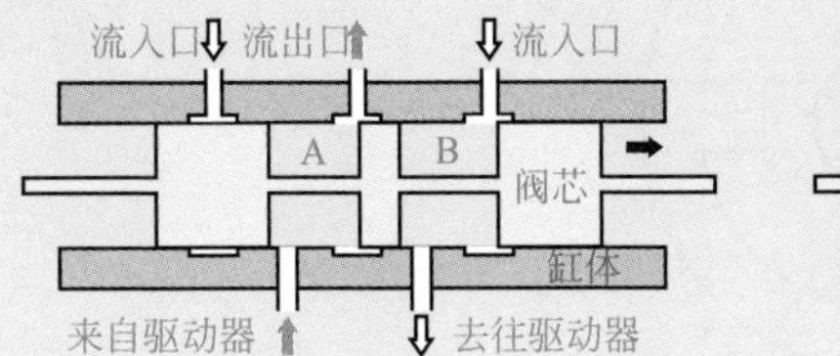

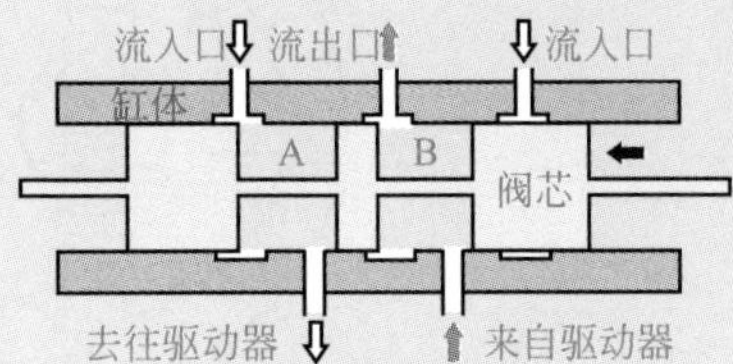

图8.27　滑阀

8.5

旋转运动型驱动器

电动机将获得的能量转变成回转

❶ 步进式电动机的控制较为简单。

❷ 伺服式电动机是附有控制用传感器的电动机。

（1）步进式电动机

步进式电动机是由缠绕多圈线圈的定子磁极和与定子略有间隙的凸型转子构成的（原理如图8.28所示）。

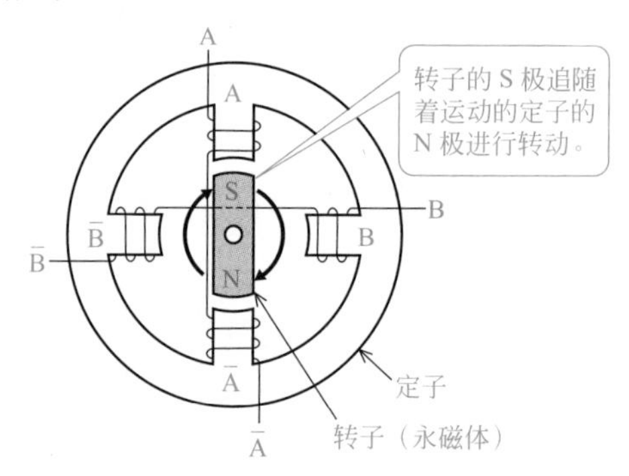

图8.28　步进式电动机的原理

在图8.28中，线圈A和线圈 $\overline{A}$ 以及线圈B和线圈 $\overline{B}$ 成对布置，当一方为+时，另一方就为-。例如，当电流经过线圈A（+）和线圈 $\overline{A}$ （-）时，线圈A变为N极，线圈 $\overline{A}$ 变为S极，永磁体的转子就位于图中所示的位置。

然后，当电流流经线圈B（+）和线圈 $\overline{B}$ （-）时，线圈B变为N极，线圈 $\overline{B}$ 变为S极，转子旋转到由图中所示位置向右转90°的位置。于是，如果流通电流的线圈按照A→B→ $\overline{A}$ → $\overline{B}$ →A→…的顺序进行切换的话，转子就追随线圈的磁场变化按固定的角度（本图中是90°）进行转动。这种固定的角度被称为步进角，简单地说是线圈的对数越多，步进角越小，微小角度的转动控制就能实现。

也就是说，步进式电动机是对应于输入的脉冲信号只转动了一个步进角度，转动速度与输入信号的切换速度成比例。驱使步进式电动机转动的脉冲信号生成的方法（励磁方法）有利用专用的驱动器IC、晶体管等组成的电子回路以及PC的输出接口等。励磁方式（电流通过固定线圈的方法）一般分为1相励磁、2相励磁、1-2相励磁，按各自的时间表变化如图8.29所示。1相励磁（Ⅰ）方式是只有1组线圈有电流流入（励磁），按顺序循环通电从而实现转动。

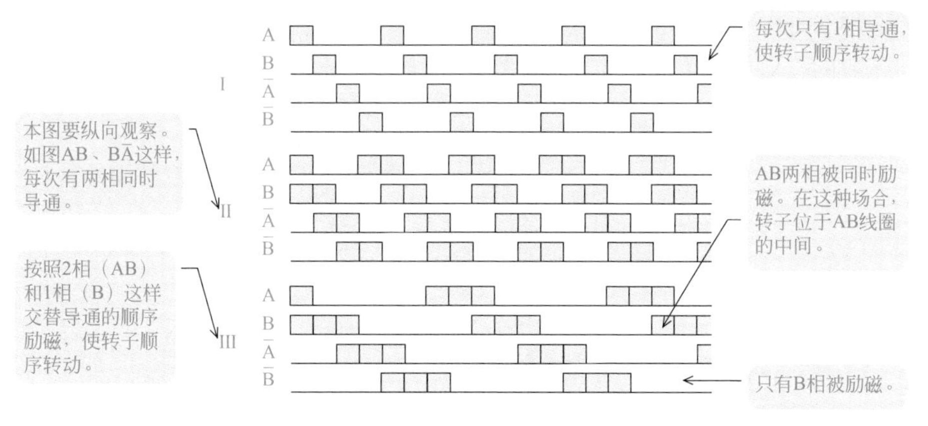

图8.29　步进式电动机的励磁时间顺序

2相励磁（Ⅱ）方式是每次导通电流的线圈有两相，按顺序切换导通电流的线圈进行转动。这种方法能获得高输出扭矩，为1相励磁的倍数。

1-2相励磁（Ⅲ）方式是1相励磁和2相励磁交替导通，由于驱动脉冲是每发射2次脉冲进行切换，所以步进角度是1相励磁或2相励磁的一半。

无论采用哪种励磁方法，导通电流的线圈顺序相反时，步进式电动机都能进行逆转。

由以上的说明可知，转子被定子的励磁线圈牵引着进行转动。只要励磁线圈的运动停止，转子也就停止转动。也就是说，在除去其他励磁方法的情况下，步进式电动机是通过励磁线圈的运动（运动速度）和停止控制转子的转动。因此，这种电动机能够在不含反馈的开环控制中应用，例如用于打印机的送纸机构或打印头的移动控制。

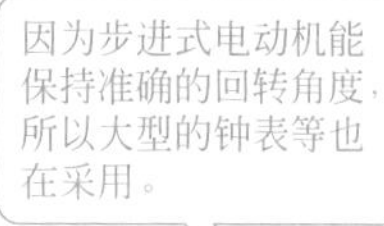

步进式电动机的特点是能够准确地控制角度和转动的稳定性等。另外，从电动机的工作原理可知，即使是在静止状态，由于转子被磁力所固定，所以静态扭矩大也是这种电动机的特点。

（2）伺服电动机

伺服电动机是遵循接收的控制信号，能准确改变转动方向、转动速度以及输出等的电动机。按照使用的电源类型分为直流伺服电动机和交流伺服电动机两大类，这种电动机的基本结构与普通的电动机（电动马达）相同。

直流伺服电动机的励磁方式有他励型和自励型，其中自励型再分为串联自励和并列自励。交流伺服电动机有感应式电动机和同步式电动机。

伺服电动机用于需要急加速、急减速、正转以及反转等的情况，伺服电动机与一般电动机的区别在于为降低惯性所造成的误差会减小转子的直径、为获得高扭矩会增加轴向的长度等。

一般的直流伺服电动机的原理如图8.30所示。

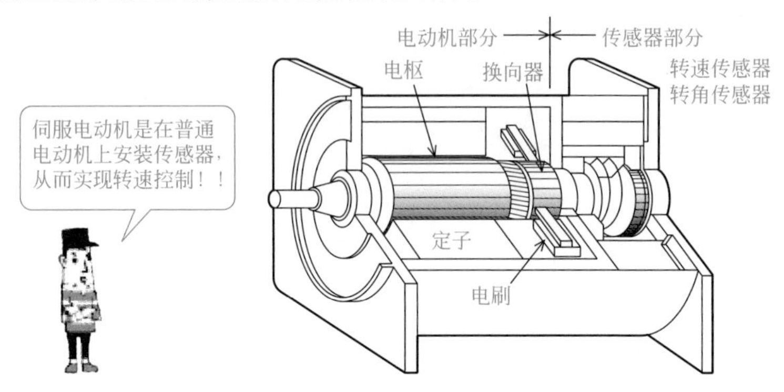

图8.30　直流伺服电动机的示意图

由图8.30可知，伺服电动机是由普通的电动机部分和相邻的传感器部分构成。传感器部分使用了各种传感器，如转速检测用的测速发电机以及转角检测用的旋转编码器等。

直流伺服电动机大多是将缠绕线圈的电磁铁作为转子，而使用永磁体作为定子。交流伺服电动机通常是采用永磁体作为转子，缠绕线圈的电磁铁作为定子。另外，直流型和交流型在结构上的差异在于是否带有换向器和电刷。直流伺服电动机中存在的换向器和电刷具有使流经转子线圈的电流总是保持一定方向的特点。

直流伺服电动机的特点如下。

① 控制装置的组成简单。

② 正转和逆转以及速度控制容易实现。

③ 由于电刷是消耗品，所以需要定期更换。

交流伺服电动机的特点如下。

① 由于没有换向器和电刷，所以故障少。

② 抗过载能力强。

③ 电源容易获得。

直流伺服电动机一般用于打印机等的位置确定和送纸机构以及监控摄像机的驱动等，交流伺服电动机一般用于工业机器人和机床等。

（3）液压式驱动器

液压式驱动器由于具有响应性能好、能够获得较大输出的优点，所以被广泛使用。但是，近年随着电动机性能的提升，液压式驱动器有逐渐被电动机替代的趋势。液压式驱动器的类型有以下几种。

在液压马达中，有通过液压油驱动带有叶片的转子转动的叶片马达和通过缸套和滑阀的往复运动获得推动力的柱塞马达，还有如图8.31所示的齿轮马达。无论是哪一种，反向利用都能够变成液压泵。

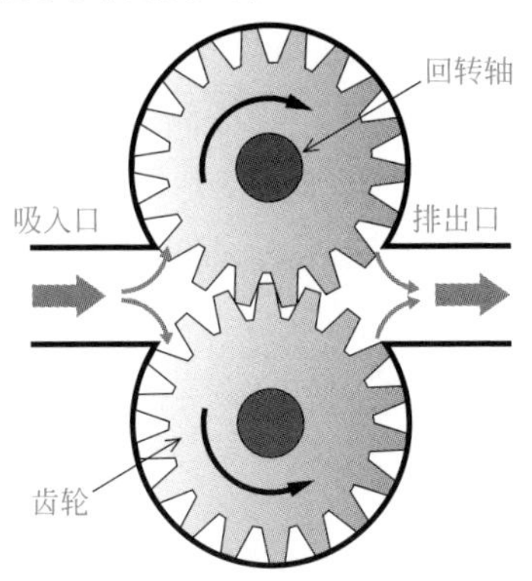

图8.31　齿轮马达的结构

如果液压油通过吸入口进入齿轮马达的话，齿轮就向图示的方向转动，而从转动的齿轮轴的单轴或者双轴获得输出。这种结构与叶片马达或柱塞马达相比，具有结构简单、小型轻量、便宜的优点。

液压装置由于结构复杂，需要大量的控制阀，所以装置的缺点是维修保养和管理麻烦。

习题

习题1 采用两片电阻应变片（粘贴在被测量物体上）和两个相同电阻值的电阻，组成如图8.32所示的桥式电路。当被测量物受到外力作用时，一个电阻应变片的电阻值增加ΔR，而另一个电阻应变片的电阻值减小ΔR。在这种场合下，试求桥式电路中输入电压E_i和输出电压E_0之间的关系。

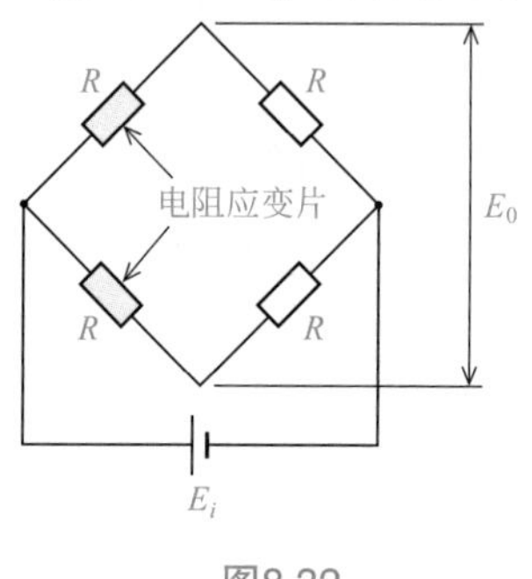

图8.32

习题2 伺服机构是对驱动器的位置或角度等进行反馈控制。基于这一观点，试比较电动伺服和油压伺服的特征。

习题3 基于自动控制的视角，试简述刚取得驾驶执照的新手驾驶能力差的原因。

习题4 基于自动控制的视角，试简述汽车的ABS系统（防抱装置）功能。

习题参考答案

第1章

习题1

如图1所示，人依据生活的经验，推测杯子中的液体温度以及杯子的材质（包括杯子的轻重、软硬、传热的容易程度等），然后实施抓起杯子的行动。通过观察眼前的杯子和杯子的内装物，如果有以前累积的抓取这类杯子的经验，就能够放心地去抓起杯子。而如果没有经验，就轻轻地触碰一下杯子，如果与自身推测的结果有差别的话，就修正最初的推测结果，再实施抓取的行动。

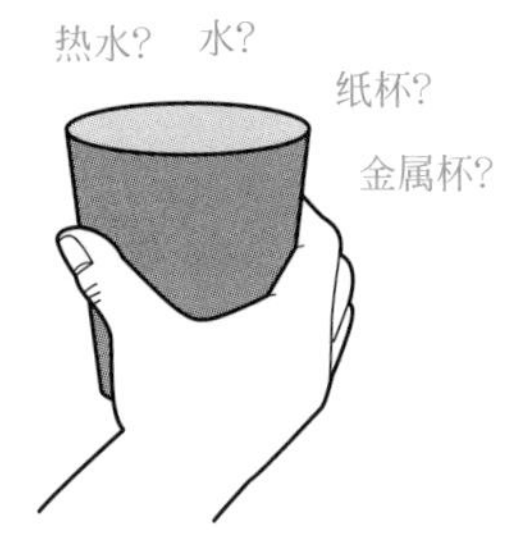

图1　人抓取杯子的场合

进而，抓取的方法也会因纸杯、玻璃杯以及陶瓷杯等的材质而有所不同，并且即使是相同材质的杯子也会因内装物的温度而有所不同。

习题2

顺序控制的四大组成装置（控制指令处理器、执行装置、控制对象以及检测装置）和信号的流向如图1.11所示。

全自动洗衣机的主要操作有：①将洗衣液倒入洗衣机中，②放入水，③启动电动机进行洗涤，④排水，⑤漂洗，⑥甩干等作业。

控制指令处理器确认上一步的执行操作完成，发送下一个命令。执行装置接收来自控制指令处理器的控制命令，进行开启水阀或者驱动洗衣槽的电动机转动的操作。

所谓的控制对象是指洗涤或漂洗等作业、表示洗衣机的状况和状态的指示灯的点亮和熄灭。另外，检测装置是指确认控制对象的状态（水槽积存的水量、洗衣作业的现阶段以及经过的时间等），向控制指令处理器传送。

习题3

顺序控制是按照预先设定的顺序进入各阶段的控制方法。例如，交通信号灯系统（图1.5）就是其典型的代表，其顺序按照预先规定的绿灯之后是黄灯，即经过规定的时间，绿灯就熄灭，黄灯点亮。在交通路口，至少要有两个方向的信号控制。虽然控制系统复杂，但是可以按照预先设定的顺序执行。顺序控制是在多种场合广泛使用的控制方法，如洗衣机、自动售货机、工厂的自动化设备以及电梯等。

所谓的反馈控制是将控制结果反馈到控制的输入端，将反馈值与控制的输入值进行比较，是为了使输出结果与输入信号相匹配而反复进行修正的控制方法。例如，在图1.16所示的方框图中，比较分析使用加热器加热物体的温度控制。这时，控制装置和控制对象是加热器和物体，控制量是物体的温度。另外，检测装置使用的是温度传感器来测量物体的温度，并将检测的结果（反馈信号）传递给比较元件。比较元件针对反馈信号和作为输入信号的温度进行比较，将比较的差值作为偏差发送到控制装置。

反馈控制的优点是即使存在影响物体温度的外部温度等的干扰，控制结果也能够逐渐接近目标值。因此，反馈控制大多数适用于机械的位置或者状态的控制。

反馈控制的缺点是这种控制方法要依据控制的输出结果进行控制，因此有时会发生反应滞后的现象。

习题4

［顺序控制］ 按一定的顺序执行运动的控制方法，有如下几种实例。

① 在自动售货机的场合，执行的顺序是“确认钱币的投入”→“选择饮料”。②在电梯的场合，执行的顺序是上下的按钮被按下的先后。例如，搭乘静止在5楼的电梯，如果先按下1楼按钮的话，电梯就开始下降运动。即使再按下6楼的按钮，电梯也是先向1楼下降。③在洗衣机的场合，执行的顺序是“注水”→“洗涤”→“排水”。

［条件顺序控制］ 当预先规定的条件满足时，才执行操作的控制方法，有如下几种实例。

① 在自动售货机的场合，当钱币投入被确认之后，首先确认这种选择的条件，当被选择的饮料在售货机内存在时，才能够实现此饮料的售卖。②在电梯的场合，当电梯门完全关闭时，首先按下目的层的按键，然后电梯才会运动。③在洗衣机的场合，若注水或排水完成的话，相应的阀门才能关闭，然后执行后续的

操作（完成洗涤或脱水的电机启动）。

［时间顺序控制和计数控制］ 满足规定的时刻、时间或计数结果之后，进行操作的控制方法，有如下几种实例。

① 在自动售货机的场合，购买完成后，当投入的金额有剩余时，在规定的时间内能够连续购买。根据购买的数量执行后续的操作指令。②在电梯的场合，电梯在某层停止之后，电梯门开启，然后电梯门在经过所设定的满足乘降的一定时间后进行关闭。③在洗衣机的场合，例如进行10分钟洗涤，而后排水，再进行2分钟脱水等这样的操作。

在这种控制系统中，需要采用计数器或计时器等。

习题5

据说煮饭最好的加热方法是按照图2所示的强弱火方式进行。

图2　煮出好吃米饭的顺序

煮饭是指将淘洗过的米放入锅中，进行加热煮熟。让米熟的加热顺序是，首先用近似于“煮米”的状态加热到米的芯部，然后一直加热蒸煮，使水分在短时间内全部蒸发，最后蒸煮到锅底的米饭微微发焦并保温，这样做出来的米饭最好吃。

从“煮”到“蒸煮”的变化点就是图2中的A点，从“蒸煮”到“蒸煮到微微发焦的程度”的变化点就是图2的B点。另外，C点是表示蒸煮出好饭的点。

在变化点A、B以及C，揭开锅盖，用眼睛就能判断出米饭的蒸煮达到何种程度，但锅盖一旦揭开，就会造成锅内的温度下降，无法蒸煮出好吃的米饭。于是，不揭开锅盖就能判断变化点A、B以及C的准则使用“咕嘟咕嘟冒泡”和“开始溢水”等生活经验。

采用这些生活经验进行数值化处理的反馈控制的电饭锅已经成为市场的主流产品。

习题6

这是将棒立在手掌而取得平衡，属于保持棒不倒的问题。如图3所示，实际上可以用眼睛来观察棒的当前角度，当棒倾斜时，迅速地向棒倾斜的方向移动手掌，并尽可能地让角度接近于$\theta=0°$。

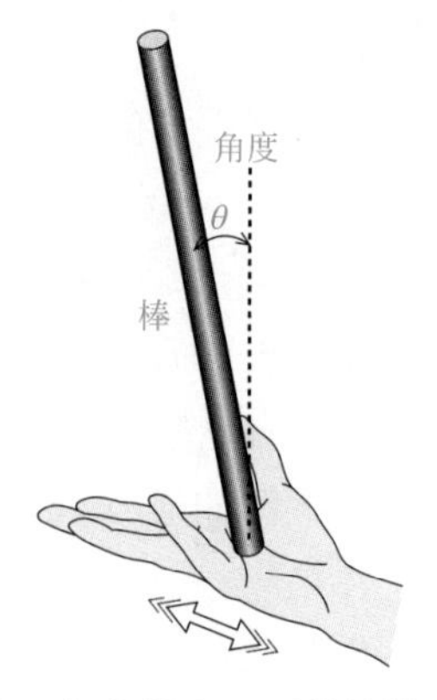

图3　如何使立于手掌的棒不倒

在这时，棒的角度θ=0°是控制的目标值。控制棒的干扰因素有棒的弯曲程度（柔度）、风、周围的景色以及地板的状态等。

在这类问题中，工学上有倒立摆（重心位于支撑点上部的振动摆）以及火箭控制等。

第2章

习题1

由于有 $x(t)=\mathrm{e}^{-\alpha t}(t>0)$ 存在，所以由拉普拉斯变换的定义式，能够求出如下的表达式。

$$\begin{aligned}\mathcal{L}\left(\mathrm{e}^{-\alpha t}\right)&=\int_0^\infty \mathrm{e}^{-\alpha t}\mathrm{e}^{-st}\mathrm{d}t\\&=\int_0^\infty \mathrm{e}^{-(\alpha+s)t}\mathrm{d}t\\&=\left[-\frac{1}{s+\alpha}\mathrm{e}^{-(\alpha+s)t}\right]_0^\infty\\&=\frac{1}{s+\alpha}\end{aligned}$$

习题2

由拉普拉斯变换的定义式，非连续函数的拉普拉斯变换也能够求出，用下式表示。

$$\begin{aligned}&\mathcal{L}[x(t)]=\int_0^\infty x(t)\mathrm{e}^{-st}\mathrm{d}t\\&=\int_0^2 \mathrm{e}^{-st}\mathrm{d}t+0\int_2^3 \mathrm{e}^{-st}\mathrm{d}t-3\int_3^5 \mathrm{e}^{-st}\mathrm{d}t+0\int_5^\infty \mathrm{e}^{-st}\mathrm{d}t\\&=\left[-\frac{1}{s}\mathrm{e}^{-st}\right]_0^2-3\left[-\frac{1}{s}\mathrm{e}^{-st}\right]_3^5\\&=\frac{1}{s}-\frac{1}{s}\mathrm{e}^{-2s}-\frac{3}{s}\mathrm{e}^{-3s}+\frac{3}{s}\mathrm{e}^{-5s}\end{aligned}$$

习题3

在所有的问题中，设 $y(t)$ 的拉普拉斯变换都为 $Y(s)$，对各自方程式的两边进行拉普拉斯变换（使用变换表）求出 $Y(s)$。

（1）用拉普拉斯变换方程式的两边，得到如下的表达式。

$$\mathcal{L}[y'(t)+2y(t)]=\mathcal{L}(5)$$

$$sY(s)+2Y(s)=\frac{5}{s}$$

整理上式，得到：

$$Y(s)=\frac{5}{s(s+2)}$$

利用拉普拉斯变换公式的终值定理，有下列关系成立。

$$\lim_{t\to\infty}y(t)=\lim_{s\to 0}sY(s)$$

因此，得到$y(t \to \infty) = \frac{5}{2} = 2.5$。

（2）用拉普拉斯变换方程式的两边，得到如下的表达式。

$$\mathcal{L}[y'(t) + 2y(t)] = \mathcal{L}(4)$$
$$sY(s) - 3 + 2Y(s) = \frac{4}{s}$$

整理上式，得到：

$$Y(s) = \frac{4 + 3s}{s(s+2)}$$

利用拉普拉斯变换公式的终值定理，有下列关系成立。

$$\lim_{t \to \infty} y(t) = \lim_{s \to 0} sY(s)$$

因此，得到$y(t \to \infty) = 2$。

习题4

（1）由于在线性问题中能够进行叠加，所以可将方程式分解成多项，分别计算后再进行叠加。例如，在问题（1）中，如果用$\mathcal{L}(\ )$表示拉普拉斯变换的话，则有：

$$F(s) = \mathcal{L}[f(t)]$$
$$\mathcal{L}(5) - \mathcal{L}(e^{-3t}) + \mathcal{L}(e^{-2t})$$

由拉普拉斯变换表求出各项的拉普拉斯变换，按照方程式各项的符号进行加减运算，计算结果如下所示。

$$F(s) = \frac{5}{s} - \frac{1}{s+3} + \frac{1}{s+2}$$

（2）$F(s) = \frac{5}{s^2 + 5^2} - \frac{3s}{s^2 + 5^2} = -\frac{3s - 25}{s^2 + 25}$

（3）将方程式展开成$f(t) = 6e^{-2t}\sin 3t - 9e^{-2t}\cos 3t$，计算结果如下所示。

$$F(s) = \frac{6 \times 3}{(s+2)^2 + 3^2} - \frac{9(s+2)}{(s+2)^2 + 3^2} = -\frac{9s}{(s+2)^2 + 9}$$

（4）$F(s) = \frac{3}{s} + \frac{4}{s^3} - \frac{36}{s^4}$

习题5

读取变换表的象函数栏可知，已知方程式所给形式的函数不存在。此外，分母 s^2+4s+5 也不能进行因式分解。在这样的二次式的场合下，最好是采取完全平方的形式。因为有 $s^2+4s+5=(s+2)^2+1$，所以方程式变为：

$$X(s)=\frac{s}{s^2+4s+5}=\frac{s}{(s+2)^2+1}$$

通过对比上式和拉普拉斯变换表，进行整理变形，得到：

$$X(s)=\frac{s}{(s+2)^2+1}=\frac{(s+2)}{(s+2)^2+1}-\frac{2\times 1}{(s+2)^2+1}$$

因此，采用变换表，得到：

$$x(t)=\mathrm{e}^{-2t}\cos t-2\mathrm{e}^{-2t}\sin t$$

第3章

习题1

在s域（拉普拉斯变换的复数域）中，电容器的电荷$Q(s)$与回路中的电流之间的关系如下式所示。

$$I_2(s)=sQ(s),\quad I_3(s)=\frac{E(s)}{R},\quad E(s)=\frac{Q(s)}{C}$$

$$I_1(s)=I_2(s)+I_3(s)=sQ(s)+\frac{E(s)}{R}=CsE(s)+\frac{E(s)}{R}$$

传递函数$G(s)$如下所示。

$$G(s)=\frac{E(s)}{I_1(s)}=\frac{R}{CRs+1}$$

因此，正确的答案是（2）。

习题2

在s域中，回路中的线圈与电阻的压降和电流之间的关系如下所示。

$$\begin{cases}E_2(s)=LsI(s)\\E_1(s)=RI(s)+E_2(s)\end{cases}$$

根据以上两个方程式，消除中间变量$I(s)$，求出传递函数$G(s)$。

$$G(s)=\frac{E_2(s)}{E_1(s)}=\frac{sL}{R+sL}$$

然后，设s=jω，将分母和分子同时除以R，所得到的频域的传递函数为：

$$G(\mathrm{j}\omega)=\frac{\dfrac{\mathrm{j}\omega L}{R}}{1+\dfrac{\mathrm{j}\omega L}{R}}$$

因此，正确的答案是（4）。

习题3

已知问题的传递函数是惯性环节的形式。惯性环节传递函数的基本形式如图4所示，关键的问题是将关于s的一次式的分母的常数项化为1。

因此，将已知传递函数的分母和分子同时除以2，变成如下的方程式。

$$G(s)=\frac{8}{5s+2}=\frac{4}{2.5s+1}$$

通过上式与图4所示传递函数的基本型进行比较，可知K=4、T=2.5。

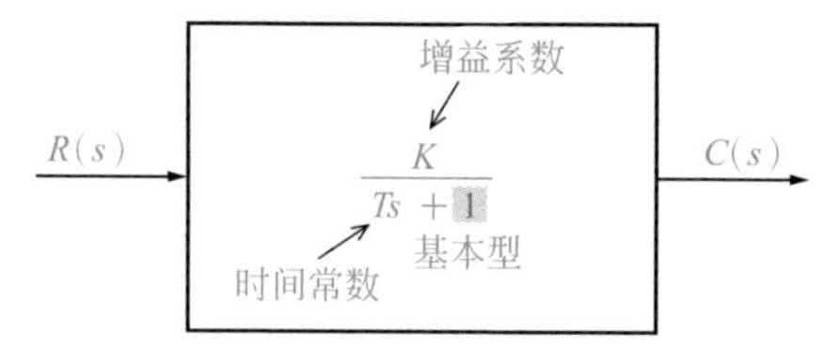

图4　惯性环节传递函数的基本型

习题4

已知问题的传递函数是振荡环节的形式。振荡环节传递函数的基本形式如图5所示，关键的问题是将关于s二次式的分母的常数项化为1。

因此，将已知的传递函数的分母和分子同时除以5，变成如下的方程式。

$$G(s)=\frac{15}{5s^2+6s+5}=\frac{3}{s^2+\frac{6}{5}s+1}$$

通过上式与图5所示的传递函数的基本型进行比较，可以得到如下的关系式。

$$K\omega_n^2=3,\quad 2\zeta\omega_n^2=\frac{6}{5},\quad \omega_n^2=1$$

根据上式，设无阻尼固有频率ω_n>0，则得到K=3、ω_n=1、ζ=0.6。

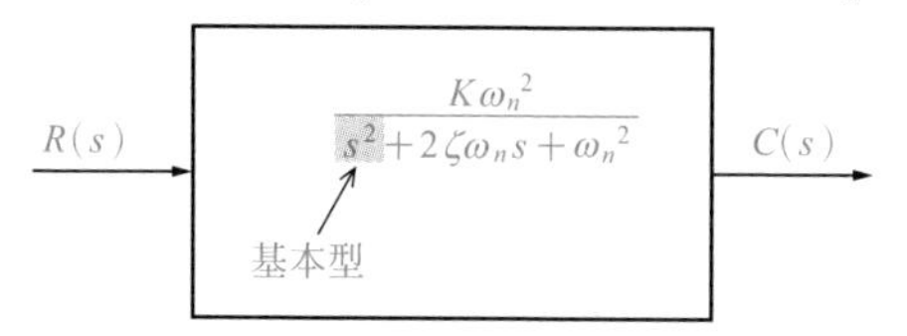

图5　振荡环节传递函数的基本型

第4章

习题1

这种问题是在图6所示的标准的反馈连接的方框图中，当$Q(s)$=1时的特殊情况。因此，得到的传递函数$G(s)$为：

$$G(s)=\frac{1}{1+H(s)}$$

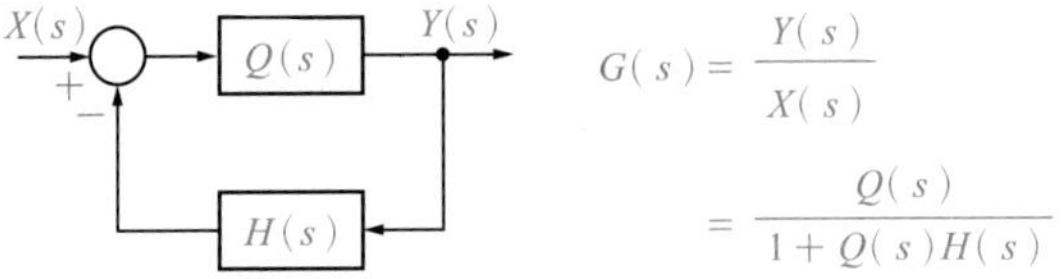

$$G(s)=\frac{Y(s)}{X(s)}=\frac{Q(s)}{1+Q(s)H(s)}$$

图6　标准的反馈连接的方框图

习题2

已知问题的方框图是将两个传递函数的串联连接通过图7（a）所示的各传递函数的乘积（步骤1）转换成的等效的方框图（最终形式），如图7（b）所示。

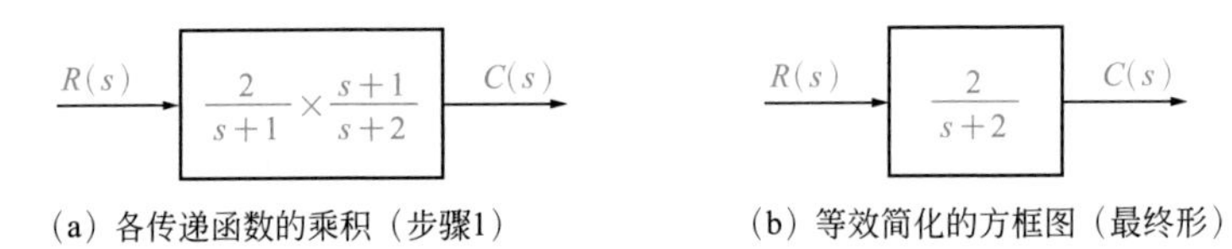

（a）各传递函数的乘积（步骤1）　（b）等效简化的方框图（最终形）

图7　串联连接的方框图的等效简化

因此，等效的传递函数$G(s)$为如下表达式。

$$G(s)=\frac{2}{s+2}$$

习题3

已知问题的方框图是两个传递函数的反馈连接，因此进行如图8（a）所示的等效变换（步骤1），变形整理之后，结果如图8（b）所示（最终形式）。

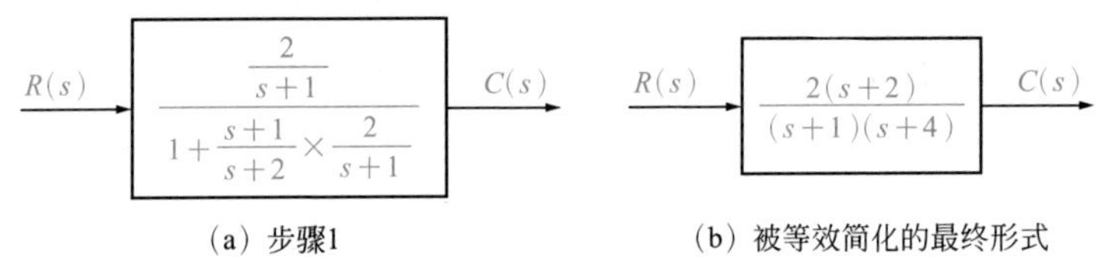

（a）步骤1　（b）被等效简化的最终形式

图8　反馈连接方框图的等效简化

因此，得到的传递函数$G(s)$如下所示。

$$G(s)=\frac{2(s+2)}{(s+1)(s+4)}$$

习题4

首先等效简化方框图内部的并联连接部分（步骤1），然后等效简化方框图的反馈部位（步骤2）。而后，将图9（a）所示的并联连接部分等效简化成图9（b）。最后，将图9（b）的反馈环节 $Q(s)$ 等效并入简化。

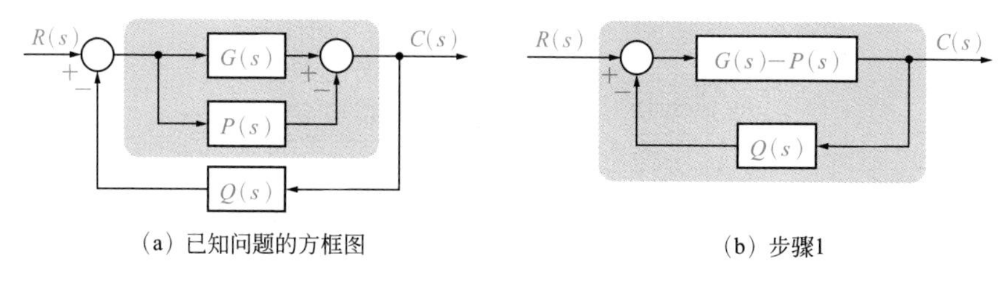

（a）已知问题的方框图　　（b）步骤1

图9　两个传递函数并联连接的方框图

简化的结果是如图10所示的等效方框图。正确的答案是（4）。

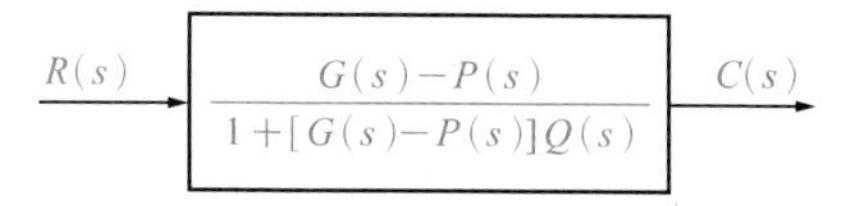

图10　等效简化反馈环节的最终结果（步骤2）

习题5

这类问题的求解方法是从中间的传递函数 $G(s)$ 和 $H(s)$ 顺次向外侧扩展进行等效简化。

（1）首先，等效简化图11所示的传递函数 $G(s)$ 和 $H(s)$（步骤1）。

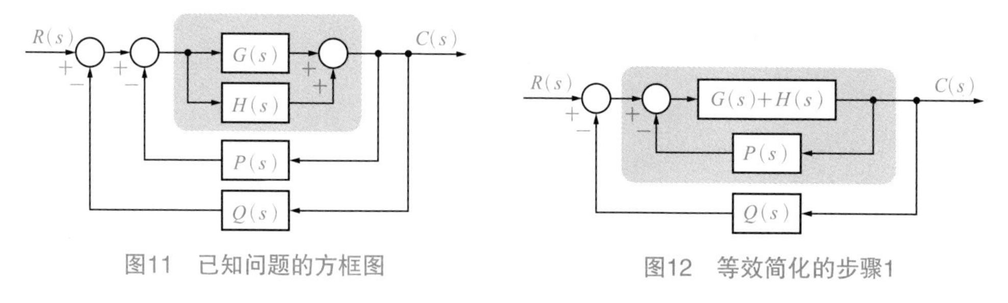

图11　已知问题的方框图　　图12　等效简化的步骤1

（2）其次，等效简化图12所示的内环的反馈环节 $P(s)$（步骤2）。

（3）最后，将图13（a）所示的反馈环节进行等效简化，形成图13（b）。

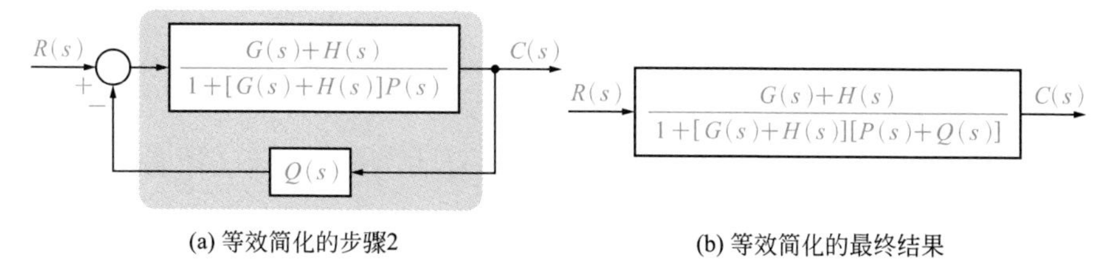

(a) 等效简化的步骤2　　(b) 等效简化的最终结果

图13　最终等效简化的方框图

习题6

（1）最好是从内到外按顺序等效简化三个反馈环节。首先，等效图14所示的传递函数$Q(s)$和反馈环节（正反馈）（步骤1）。然后，将等效的结果与串联环节$P(s)$进行等效合成（步骤2）。

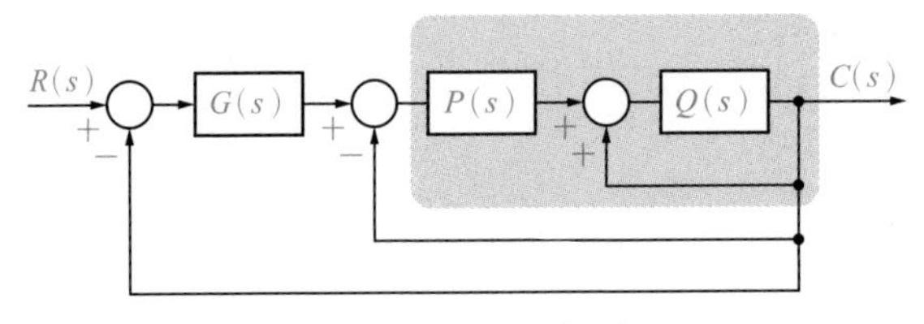

图14　已知问题的方框图

（2）其次，等效图15所示的内侧反馈环节（负反馈）。之后，将等效的结果与串联环节$G(s)$进行等效合成（步骤3）。

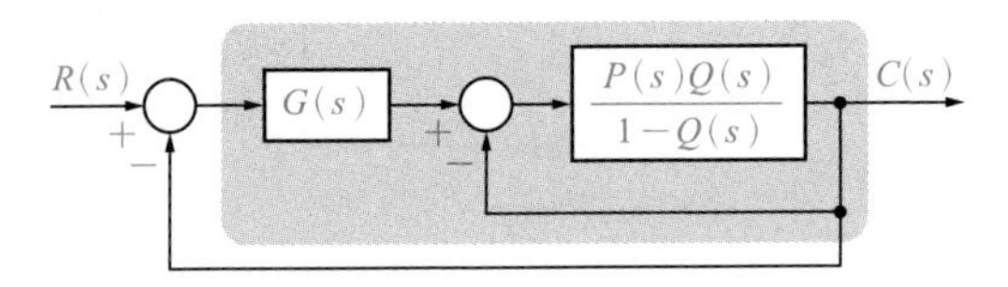

图15　步骤1和步骤2的等效结果

（3）然后，等效合成图16（a）所示的反馈环节，得到最终的等效简化结果[图16（b）]。

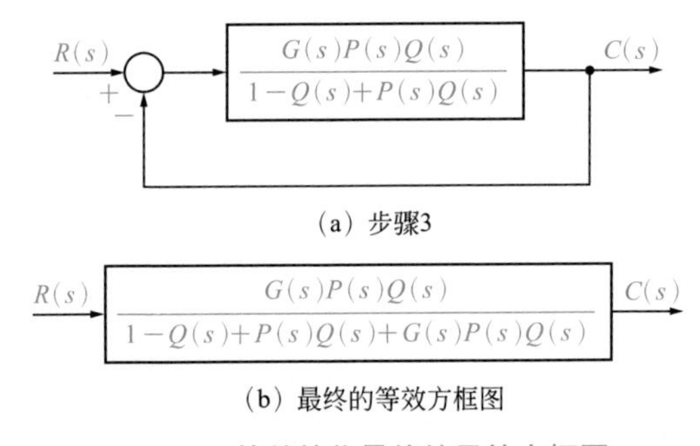

（a）步骤3

（b）最终的等效方框图

图16　等效简化最终结果的方框图

习题7

（1）由于图14所示的信号线①和信号线②有交叉，所以首先注意信号的流动方向，将信号线①右侧的引出点像图18所示那样地移动（步骤1）。然后，等效合成内环的反馈环节，再将结果与串联环节$G(s)$进行等效合成（步骤2），得到如图19所示的结果。

（2）等效合成反馈环节。

（3）等效简化串联连接环节，得到如图20所示的结果。

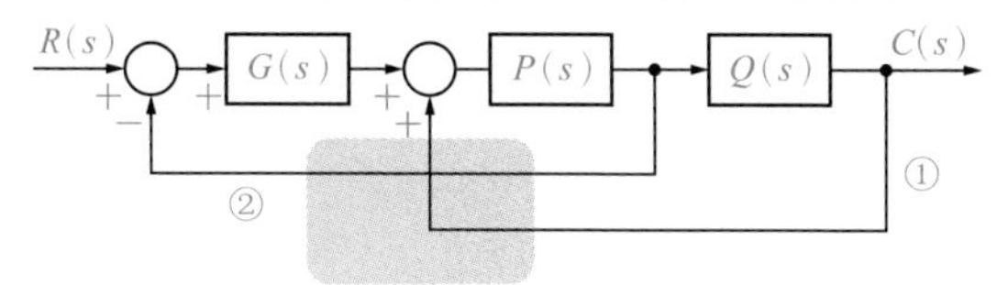

图17　已知问题的方框图

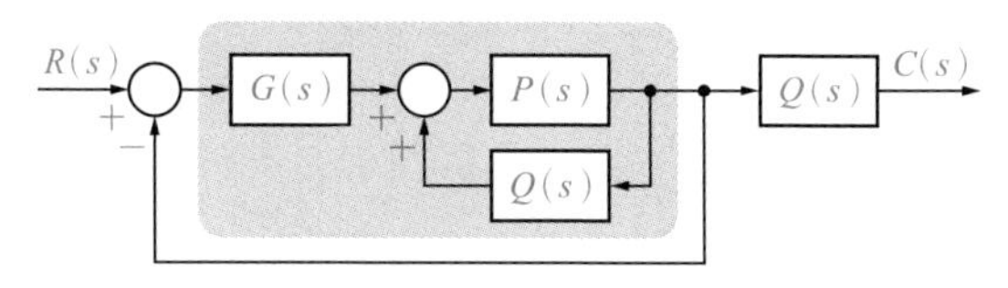

图18　等效简化步骤1

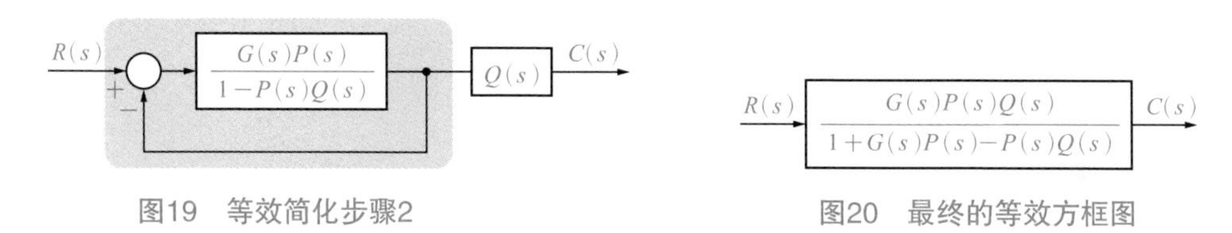

图19　等效简化步骤2

图20　最终的等效方框图

习题8

（1）在图4.46中，传递环节$Q(s)$的部分可认为是环节$H(s)$的输出信号分别被传递到$Q(s)$和$P(s)$等，因此，分支点变更能成为如图21所示的形状（步骤1）。然后，进行并联连接的$Q(s)$环节的等效合成（步骤2）。

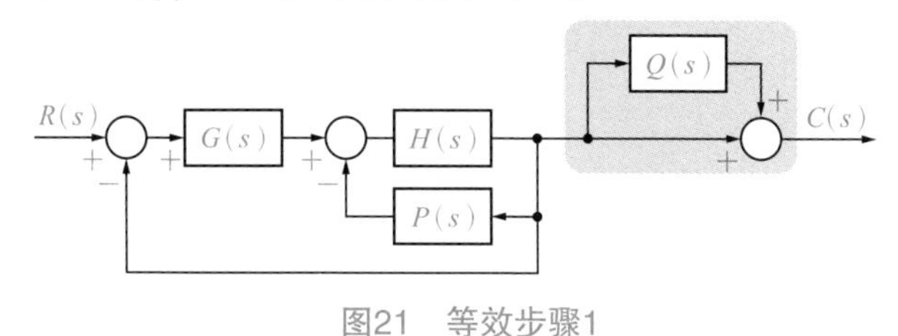

图21　等效步骤1

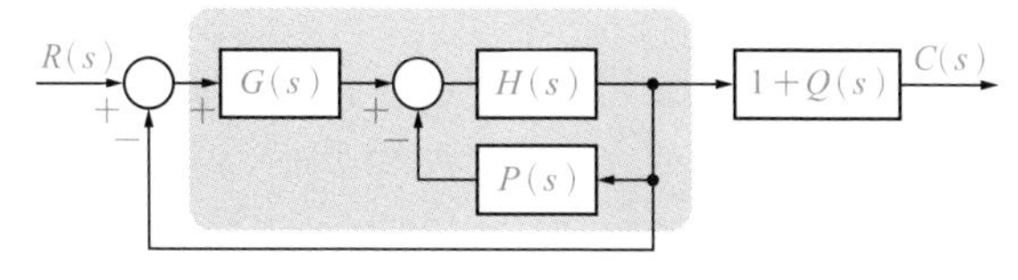

图22　等效步骤2

（2）其次，等效简化图22所示的$H(s)$和$P(s)$的反馈部位。进而，等效合成串联连接的$G(s)$环节（步骤3）。

（3）然后，等效简化图23的反馈部位（步骤4），得到图24（a）。

（4）最终，进行串联连接环节的等效合成，得到图24（b）的结果。

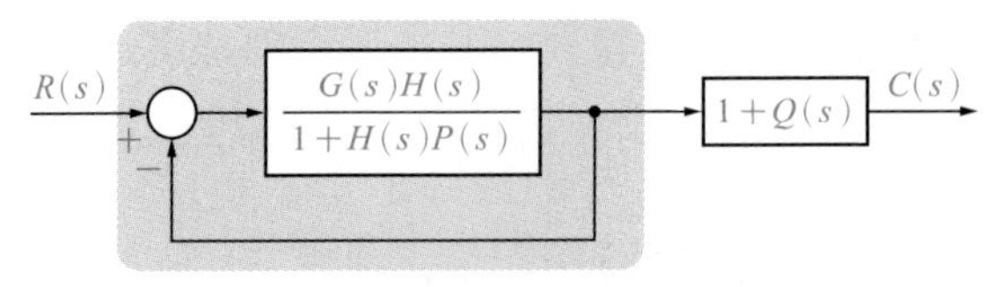

图23　等效步骤3

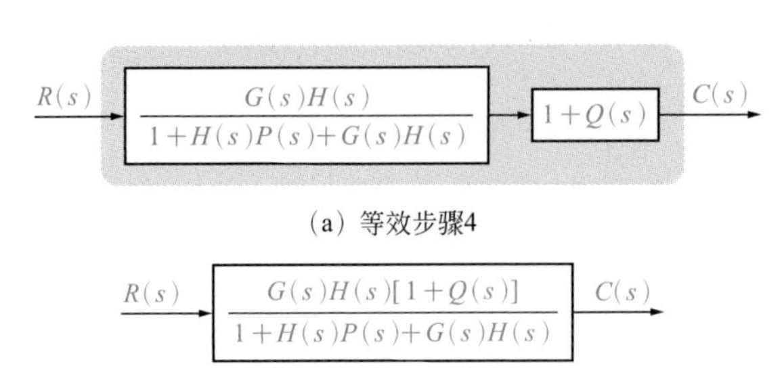

（a）等效步骤4

（b）最终等效简化的结果

图24　等效简化的最终方框图

习题9

对于图4.47所示的反馈信号（上面的部分），首先，从输出端向输入侧（最外面的循环）的反馈信号（步骤1）进行变换。站在输出端的角度来看，由于位于传递函数$G_4(s)$之前的信号被变换成通过$G_4(s)$后进行反馈，所以使这一信号通过等效变换的传递函数$1/G_4(s)$，这种结果与通过$G_3(s)$进行反馈相同。采用相同的思考方法，在信号的输入端，由于信号是通过传递函数$G_1(s)$之后进行反馈，所以在传递函数$G_1(s)$的前面进行反馈，要使信号通过$1/G_1(s)$。分析的结果如图25所示。

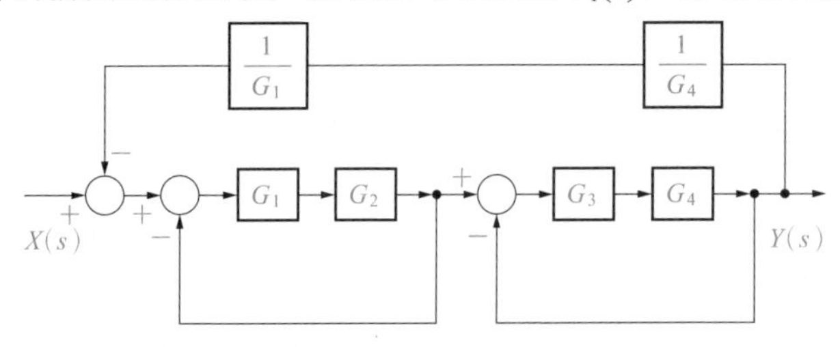

图25　等效简化的步骤1

其次，从内侧的反馈环节按顺序进行等效合成，得到如图26所示的方框图。

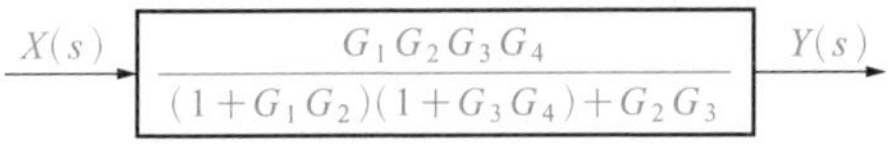

$$X(s) \rightarrow \boxed{\dfrac{G_1G_2G_3G_4}{(1+G_1G_2)(1+G_3G_4)+G_2G_3}} \rightarrow Y(s)$$

图26　习题9等效简化的最终方框图

第5章

习题1

已知的传递函数是延迟环节与惯性环节的串联连接，因此，要转变成各自环节的标准型（惯性环节的分母是Ts+1的形式）。

$$G(s)=\mathrm{e}^{-2s}\frac{6}{5s+2}=\mathrm{e}^{-2s}\frac{3}{2.5s+1}$$

控制系统的方框图和指数函数的响应如图27和图28所示。

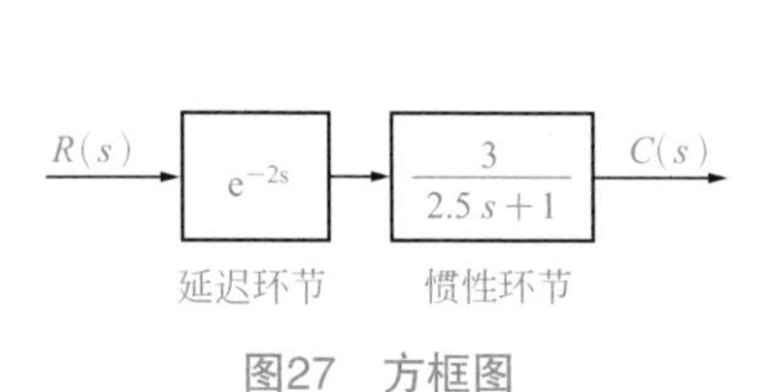

图27 方框图

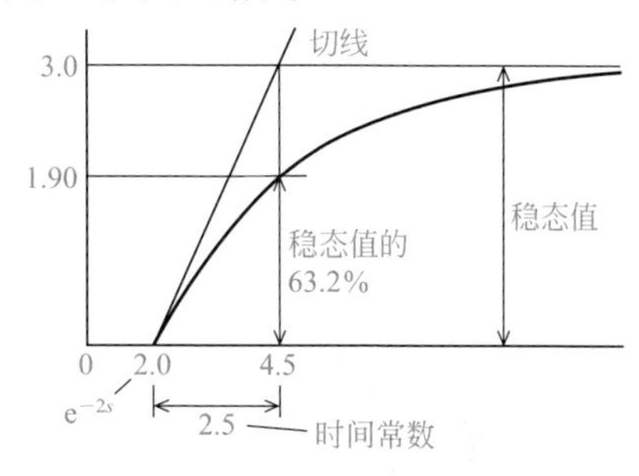

图28 指数函数的响应示意图

这一指数函数的响应特点是稳态值为3.0，e的幂次滞后时间为2.0，时间常数为2.5，当滞后时间和时间常数之和为4.5时，响应值达到稳态值的63.2%。根据图28，在横轴为2.0时的切线与稳态值的交点等于滞后时间和时间常数之和（4.5）。

习题2

（1）推导方程式的方法参考第3.5节。假设输入为$E(s)$、输出为$I(s)$，求传递函数$G(s)$=I(s)/$E(s)$。

$$G(s)=\frac{I(s)}{E(s)}=\frac{1}{Ls+R}=\frac{\frac{1}{R}}{\left(\frac{L}{R}\right)s+1}$$

这是惯性环节形式的传递函数，将此式与采用增益系数为K和时间常数为T的标准型的传递函数K/(Ts+1)进行比较，得到时间常数为T=L/R。另外，增益系数为K+1/R。

（2）因为电压是单位阶跃输入，所以若设电压为$E(s)$=1/s，则有：

$$I(s)=\frac{K}{Ts+1}\times\frac{1}{s}=K\left(\frac{1}{s}-\frac{T}{Ts+1}\right)$$

将上式进行拉普拉斯变换，得到：

$$i(t)=K\left(1-e^{-\frac{t}{T}}\right)$$

为了求解$i(t)$的稳态值，即$i(t\to\infty)$，最好是采用拉普拉斯变换的终值定理求解$i(t\to\infty)$。在这里，利用$i(t)$的响应方程式求解。

$$i(t\to\infty)=K(1-e^{-\infty})=K=\frac{1}{R}$$

（3）根据$i(t\to\infty)=\frac{1}{R}=0.05$，得到$R$=20Ω。达到稳定电流的63.2%所需要的时间等于时间常数T，则有：

$$T=\frac{L}{R}=0.004，L=0.004\times 20=0.08\quad（\mathrm{H=Wb/A}，或者\mathrm{V\cdot s/A}）$$

习题3

液面水位、流入的流量以及流出的流量等之间的关系不能认定为线性的。但是，如果从液面水位、流入的流量以及流出的流量保持平衡的变化量方面进行分析的话，就能够认为这些关系是近似线性的。

假设阶跃状的增加量为α(m^3/s)，传递函数为$G(s)=\beta/(1+Ts)$，作为输出的液面水位的变化量ε的拉普拉斯变换$E(s)$能用下式表示。

$$E(s)=\frac{\beta}{Ts+1}\times\frac{\alpha}{s}$$

其次，根据拉普拉斯变换的终值定理$\lim_{t\to\infty}\varepsilon=\lim_{s\to 0}sE(s)$，最终的$\varepsilon$为$\beta\alpha$。由此可知，全体的水位是在初始值的基础上变化成$\beta\alpha+200$。

作为参考，将上式展开成部分分式的形式，进行拉普拉斯逆变换，考虑当t=0时，h_0=200mm，则全体的水位$h(t)$用如下方程式表示。

$$h(t)=\beta\alpha\left(1-e^{-\frac{t}{T}}\right)+200(\mathrm{mm})$$

在这里，假设$T=\beta A$=720s，A=0.16m^2，$\alpha=2\times10^{-4}\times0.05$m^3/s，则$\beta\alpha$=0.045m。于是，将数值代入上式，得到：

$$h(t)=45\left(1-e^{-\frac{t}{T}}\right)+200(\mathrm{mm})$$

根据上式，当$t\to\infty$时，得到$h(t\to\infty)$=245mm。

习题4

推导方程式的方法参考第3.6节。图5.24所示的质量-弹簧-阻尼系统是振荡环节，在这种标准类型的传递函数中，无阻尼固有频率ω_n、阻尼比ζ、增益系数K采取常数变换的方式用下式表示。

$$\omega_n = \sqrt{\frac{k}{m}},\quad \zeta = \frac{\mu}{2\sqrt{mk}},\quad K = \frac{1}{k}$$

在这里，如果阻尼比ζ满足$\zeta \geqslant 1$的话，就不会出现超调现象。因此，有下式成立。

$$\begin{cases} \zeta = \dfrac{\mu}{2\sqrt{mk}} \geqslant 1 \\ \mu \geqslant 2\sqrt{mk} \end{cases}$$

在上式中，代入m=1kg=1N·s^2/m、k=400N/m，得到黏性阻尼系数μ[N/(m/s)]的范围为：

$$\mu \geqslant 2\sqrt{mk} = 2\sqrt{1 \times 400} = 40[\mathrm{N/(m/s)}]$$

第6章

习题1

（1） $G(\mathrm{j}\omega)=\dfrac{5}{\mathrm{j}\omega}=\dfrac{5}{\mathrm{j}\omega}\times\dfrac{-\mathrm{j}}{-\mathrm{j}}=-\mathrm{j}\dfrac{5}{\omega}$

（2） $$\begin{aligned}G(\mathrm{j}\omega)&=\frac{3}{2\mathrm{j}\omega+1}\\&=\frac{3(-2\mathrm{j}\omega+1)}{(2\mathrm{j}\omega+1)(-2\mathrm{j}\omega+1)}\\&=\frac{3}{1+4\omega^2}-\mathrm{j}\frac{6\omega}{1+4\omega^2}\end{aligned}$$

（3） $$\begin{aligned}G(\mathrm{j}\omega)&=\frac{3}{(\mathrm{j}\omega)^2+8(\mathrm{j}\omega)+17}\\&=\frac{3}{-\left(\omega^2-17\right)+8\mathrm{j}\omega}\\&=\frac{3}{-\left(\omega^2-17\right)+8\mathrm{j}\omega}\times\frac{-\left(\omega^2-17\right)-8\mathrm{j}\omega}{-\left(\omega^2-17\right)-8\mathrm{j}\omega}\\&=\frac{-3\left(\omega^2-17\right)}{\left(\omega^2-17\right)^2+64\omega^2}-\mathrm{j}\frac{24\omega}{\left(\omega^2-17\right)^2+64\omega^2}\end{aligned}$$

习题2

当$W(\mathrm{j}\omega_1)=a+\mathrm{j}b$时，幅频特性为$\left|W\left(\mathrm{j}\omega_1\right)\right|=\sqrt{a^2+b^2}$，相频特性可以用式$\varphi=\arctan\left(\dfrac{b}{a}\right)$给出，对数幅频特性的表示可通过$g=20\log_{10}\left|W\left(\mathrm{j}\omega_1\right)\right|$求出。

（1）$W\left(\mathrm{j}\omega_1\right)=2+\mathrm{j}$

$\left|W\left(\mathrm{j}\omega_1\right)\right|=\sqrt{2^2+1^2}=\sqrt{5}$，　$g=20\log_{10}\sqrt{5}=6.99(\mathrm{dB})$

$\varphi=\arctan\left(\dfrac{1}{2}\right)=0.464\mathrm{rad}=26.6^\circ$

（2）$W\left(\mathrm{j}\omega_1\right)=\dfrac{5}{1+2\mathrm{j}}=\dfrac{5}{1+2\mathrm{j}}\dfrac{1-2\mathrm{j}}{1-2\mathrm{j}}=1-2\mathrm{j}$

$\left|W\left(\mathrm{j}\omega_1\right)\right|=\sqrt{1^2+(-2)^2}=\sqrt{5}$，　$g=20\log_{10}\sqrt{5}=6.99(\mathrm{dB})$

$\varphi=\arctan\left(-\dfrac{2}{1}\right)=-1.11\mathrm{rad}=-63.4^\circ$

（3）$W\left(\mathrm{j}\omega_1\right)=\dfrac{1-2\mathrm{j}}{2+\mathrm{j}}=\dfrac{1-2\mathrm{j}}{2+\mathrm{j}}\dfrac{2-\mathrm{j}}{2-\mathrm{j}}=-\mathrm{j}$

$$\left|W\left(\mathrm{j}\omega_1\right)\right|=\sqrt{(-1)^2}=1,\quad g=20\log_{10}1=0(\mathrm{dB})$$

$$\varphi=\arctan\left(-\frac{1}{0}\right)=-\frac{\pi}{2}\mathrm{rad}=-90^{\circ}$$

习题3

图6.23所示的传递函数$W(s)$如下式所示。

$$W(s)=\frac{K}{Ts+K}$$

在式中，设s=jω，则频域的传递函数可以用下式表示。

$$W(\mathrm{j}\omega)=\frac{K}{\mathrm{j}\omega T+K}$$

其次，求解表示$W(\mathrm{j}\omega)$大小的绝对值$|W(\mathrm{j}\omega)|$，有下式成立。

$$|W(\mathrm{j}\omega)|=\frac{K}{\sqrt{K^2+(\omega T)^2}}$$

然后，通过$|W(\mathrm{j}\omega)|$的对数求出对数幅频特性，得到：

$$g=20\log_{10}K-10\log_{10}[K^2+(\omega T)^2](\mathrm{dB})$$

（a）在$\omega\ll1$的场合

在这种场合，可以认为$K^2+(\omega T)^2\approx K^2$，有对数幅频特性$g$=0dB。

（b）在$\omega\gg1$的场合

在这种场合，可以认为$K^2+(\omega T)^2\approx(\omega T)^2$，对数幅频特性可以用下式表示。

$$g\approx20\log_{10}K-10\log_{10}(\omega T)^2\approx20\log_{10}K-20\log_{10}\omega T\ (\mathrm{dB})$$

这也就是说，当ω不断增加时，上式成为倾斜度为-20dB/dec的直线。

（c）如果将$W(\mathrm{j}\omega)$整理成标准型，则有下式。

$$W(\mathrm{j}\omega)=\frac{K}{\mathrm{j}\omega T+K}=\frac{1}{\mathrm{j}\left(\dfrac{T}{K}\right)\omega+1}$$

频率特性的转角频率是$(T/K)\omega$=1，即ω=K/T，这点成为响应的性能评价指标。

由此可知，对数幅频特性曲线与0dB轴的交点为ω=K/T，这点是响应曲线的显著特征。从求出的（a）、（b）、（c）中可知，正确的答案是（3）。

第7章

习题1

（1）在图7.23（a）所示的惯性环节，当施加单位阶跃函数输入时，输出信号的拉普拉斯变换$C(s)$用下式表示：

$$C(s)=G(s)R(s)=\frac{1}{s+1}\times\frac{1}{s}=\frac{1}{s(s+1)}$$

为了进行拉普拉斯逆变换，将$C(s)$展开成部分分式，有：

$$C(s)=\frac{1}{s(s+1)}=\frac{1}{s}-\frac{1}{s+1}$$

因此，响应［输出信号$c(s)$］为：

$$c(t)=1-\mathrm{e}^{-t}$$

由上式可知，时间常数为1，增益系数为1。

（2）在图7.23（b）所示的单位负反馈系统中，当施加单位阶跃函数输入时，输出信号的拉普拉斯变换$C(s)$用下式表示：

$$C(s)=\frac{G(s)R(s)}{1+G(s)}=\frac{1}{s+2}\times\frac{1}{s}=\frac{1}{2}\left(\frac{1}{s}-\frac{1}{s+2}\right)$$

因此，响应［输出信号$c(s)$］为：

$$c(t)=\frac{1}{2}(1-\mathrm{e}^{-2t})$$

由上式可知，时间常数为1/2，增益系数为1/2。

（3）在以图（a）为基础进行单位负反馈连接之后，系统的增益系数减小。同时，时间常数也减小，这相当于系统的反应速度增加（$\mathrm{e}^{-t}\rightarrow\mathrm{e}^{-2t}$）。

习题2

（1）控制系统的传递函数$W(s)$和相应的单位阶跃函数输入时的输出$C(s)$分别为：

$$W(s)=\frac{C(s)}{R(s)}=\frac{K}{Ts+K+1},\quad C(s)=\frac{K}{Ts+K+1}\times\frac{1}{s}$$

因为稳态偏差ε等于目标值和稳态值之差，所以能够用下式求出。

$$\varepsilon=1-c(\infty)=1-\lim_{s\to 0}sC(s)=\frac{1}{K+1}$$

（2）因为已知的问题要求稳态偏差低于3%（0.03），所以有如下不等式成立。

$$\varepsilon = \frac{1}{K+1} \leqslant 0.03$$

根据这一不等式，得到：

$$\begin{cases} 1 \leqslant 0.03(K+1) \\ 0.97 \leqslant 0.03K \\ K \geqslant 32.3 \end{cases}$$

习题3

（1）在已知的回路中，传递函数的一般表达式可以用下式表示。

$$G(s) = \frac{E_2(s)}{E_1(s)} = \frac{1}{RCs+1}$$

在式中，由于$T=RC=2\times 0.5=1.0$，所以传递函数$G(s)$可用下式表示。

$$G(s) = \frac{1}{s+1}$$

（2）在（1）中，设$s=\mathrm{j}\omega$，则频域的传递函数$G(\mathrm{j}\omega)$可用下式表示。

$$G(\mathrm{j}\omega) = \frac{1}{\mathrm{j}\omega+1} = \frac{1}{1+\omega^2} - \mathrm{j}\frac{\omega}{1+\omega^2}$$

（3）幅频特性用$G(\mathrm{j}\omega)$的大小（绝对值）$|G(\mathrm{j}\omega)|$给出。

$$|G(\mathrm{j}\omega)| = \sqrt{\left(\frac{1}{1+\omega^2}\right)^2 + \left(\frac{\omega}{1+\omega^2}\right)^2} = \frac{1}{\sqrt{1+\omega^2}}$$

（4）设相频特性为φ，则有：

$$\tan\varphi = -\omega \text{或者} \varphi = -\arctan\omega$$

第8章

习题1

如图29所示，假设流经a侧的电流为i_1，流经b侧的电流为i_2。在这种场合，对电源和a侧回路以及电源和b侧回路采用基尔霍夫第二定律，得到如下的方程式。

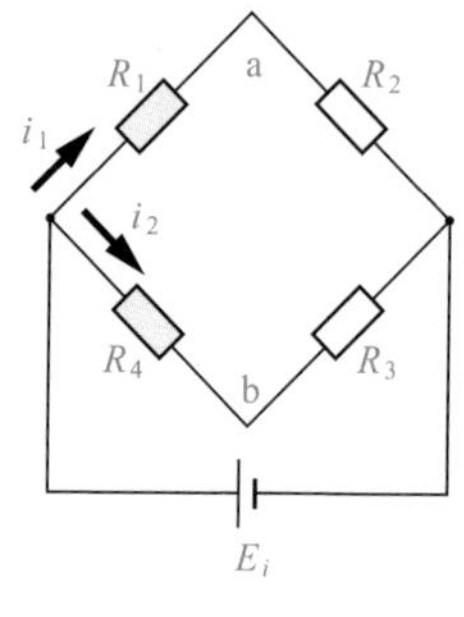

图29　桥式电路

$$\begin{cases}(R_1+R_2)i_1=E_{\mathrm{i}}\\(R_4+R_3)i_2=E_{\mathrm{i}}\end{cases}$$

在这时，a、b两点之间的电位差E_{o}可用下式表示。

$$E_{\mathrm{o}}=R_1i_1-R_4i_2$$

其次，从上式中消除中间变量电流并进行整理，得到的输入电压和输出电压之间的关系可以用下式表示。

$$E_{\mathrm{o}}=\frac{R_1R_3-R_2R_4}{(R_1+R_2)(R_3+R_4)}E_{\mathrm{i}}$$

在式中，假设所有的电阻值有R_1=R_2=R_3=R_4=R这一关系，两电阻应变片的电阻变化为R=R+ΔR和R=R−ΔR，则得到下式。

$$E_{\mathrm{o}}=\frac{(R+\Delta R)R-R(R-\Delta R)}{(R+R)(R+R)}E_{\mathrm{i}}=\frac{\Delta R}{2R}E_{\mathrm{i}}$$

习题2

在一般的伺服机构中，希望能实现急加速、急减速、瞬间的大功率输出以及低速的平滑运动等。基于动力源进行分类，伺服机构有电动伺服和液压伺服，这些动力源分别具有如下的特点。

① 动力源为电力的电动伺服具有结构简单、易于控制、操作也容易的特点。与之相比，液压动力的液压伺服需要压力油供给装置或机器，还有压力油的维修保养和管理等，操作复杂。

② 在一般情况下，电动伺服适用于中小输出，与之相比，液压伺服适用于高功率输出。但电动伺服也具有能够期待的大功率输出性能。

③ 电动伺服的输出是旋转运动，与之相比，液压伺服的输出则是面向往复运动。

参考：在本书中，有关液压方面的知识基本上没有进行解说，在此附加以下的说明。

包括液压伺服在内的液压机器需要能够提供压力油的供给装置和机器，还涉及压力油的维修保养和管理等，因此液压的操作与电气相比要复杂。此外，虽然压力油不是燃油，但还是会有发生火灾的危险。

习题3

除了法律规定的条件之外，驾驶者在驾驶汽车过程中，要不断地注意观察以行驶方向为主的道路状况和周边情况的变化，将所获得的信息（结果）的一部分进行反馈，实施实现目标的操作。

驾驶汽车过程中，外部的影响因素有沿着道路的行驶方向的变化（直行、弯道、左右转向等）、有无并行行驶的车辆和相向行驶的车辆、步行者以及障碍物等。

优秀的驾驶员可以依据经验预测影响因素，在采用反馈控制的基础上多用前馈控制。与之相比，经验较少的驾驶员只能依赖于反馈控制。也就是说，因为开始采取措施大多是在危险出现之后进行的，所以易出现驾驶操作滞后、笨拙的行为。

习题4

行驶中的汽车轮胎与地面之间，通常不会出现滑动，因此轮胎的转动方向被限制，通过操纵方向盘能够控制汽车的行驶方向。一般在刹车操作时，轮胎和地面之间也不会出现滑动，汽车通过制动鼓等和制动蹄之间生成摩擦力而停止行进（图30）。

但是，当在行驶过程中踩急刹车时，轮胎就被锁定住，车在路面上滑动。轮胎一旦被锁定住而开始滑动，汽车就变得不稳定，无法进行方向盘的操作。

为了防止这种现象的出现，实际应用中并不是将刹车板一下踩到底，而是反复进行逐渐地踩刹车板，然后稍微放松，再踏刹车板这些连续的操作。自动地实现这一过程的就是ABS（防抱装置）。

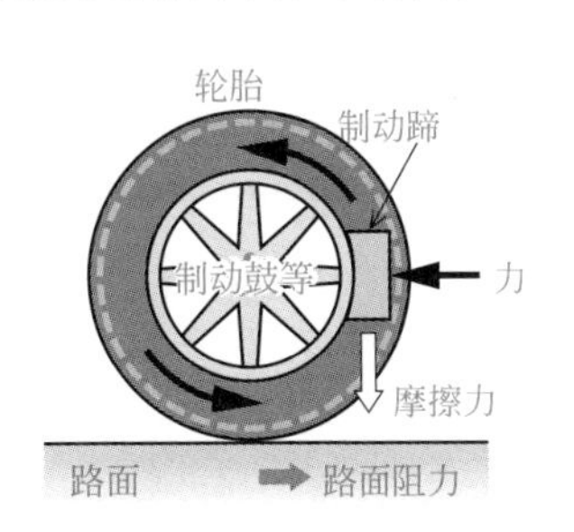

图30　急刹车和路面的阻力

换句话说，ABS就是在轮胎被锁死之前，自动地小尺度松开刹车，进行不出现锁死的控制。另外，ABS在起作用的过程中还具有通过刹车踏板的振动等使驾驶者知道ABS起作用的反馈功能。

附录

1 数学的基础知识

1.1 复数

所谓的复数是指在实数的单位基础之上，作为新的单位导入满足$j^2=-1$这一条件的虚数单位j（在数学上使用i，但在工程上使用j），使用两个实数x，y，用$x+jy$的形式表示的数。在用图表示复数的场合，一般有如附录图1所示的二维坐标系。

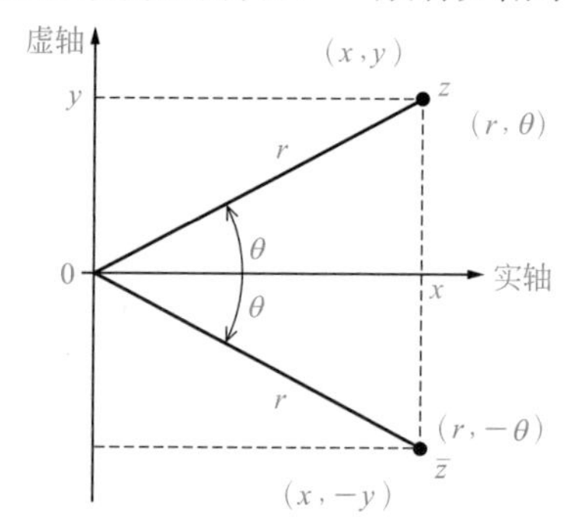

附录图1 直角坐标和极坐标

图中所示的坐标为直角坐标系，其中x轴为实轴，y轴为虚轴。在这个坐标系中，用（x，y）表示复数$x+jy$。

图中所示的另一个坐标是极坐标，这是采用距原点的长度和角度（一般是以逆时针方向为正）表示的坐标系。如图所示，直角坐标系（x，y）能使用极坐标（r，θ）进行表示。复数采用极坐标表示的形式称为复数的极坐标形式。

即，附录图1所示的复数z能够用下式：

$$\begin{aligned} z &= x + \mathrm{j}y \\ &= r\mathrm{e}^{\mathrm{j}\theta} \end{aligned}$$

另外，依据欧拉公式，$\mathrm{e}^{\mathrm{j}\theta}$能用下式表示。

$$\mathrm{e}^{\mathrm{j}\theta} = \cos\theta + \mathrm{j}\sin\theta$$

式中，e被称为纳皮尔系数，是自然对数的底，有$\mathrm{e}\approx 2.718$。

1.2 共轭复数

当两个复数的实数部分相同，而只有虚数部分的符号不同时，它们被称为互为共轭复数。改变某一复数$z(=x+\mathrm{j}y)$的虚数部位的符号所得到的复数$\overline{z}$（$=x-\mathrm{j}y$）被称为z的共轭复数，相对于z用$\overline{z}$表示。

$$\begin{aligned}\overline{z}&=x-\mathrm{j}y\\&=r\mathrm{e}^{-\mathrm{j}\theta}\end{aligned}$$

进而，各坐标之间的变换参照附录图1，能得到如下的关系式。

$$\begin{cases}r=\sqrt{x^2+y^2} \quad (x=r\cos\theta, y=r\sin\theta)\\ \theta=\angle z=\arctan\dfrac{y}{x}\end{cases}$$

1.3 复数的四则运算法则

设两个复数z_1和z_2的表达式如下。

$$\begin{cases}z_1=x_1+\mathrm{j}y_1=r_1\mathrm{e}^{\mathrm{j}\theta_1}\\ z_2=x_2+\mathrm{j}y_2=r_2\mathrm{e}^{\mathrm{j}\theta_2}\end{cases}$$

这两个复数可以进行以下运算。

1.3.1 复数的和与差

$$\begin{aligned}z_1\pm z_2&=(x_1+\mathrm{j}y_1)\pm(x_2+\mathrm{j}y_2)\\&=(x_1\pm x_2)+\mathrm{j}(y_1\pm y_2)\end{aligned}$$

注：在复数的和与差的计算中，因为用极坐标形式表示的复数计算较为复杂，所以一般不采用。

1.3.2 复数的积

$$\begin{aligned}z_1z_2&=(x_1+\mathrm{j}y_1)(x_2+\mathrm{j}y_2)\\&=(x_1x_2-y_1y_2)+\mathrm{j}(x_1y_2+x_2y_1)\end{aligned}$$

$$\begin{aligned}z_1z_2&=r_1\mathrm{e}^{\mathrm{j}\theta_1}\times r_2\mathrm{e}^{\mathrm{j}\theta_2}\\&=r_1r_2\mathrm{e}^{\mathrm{j}(\theta_1+\theta_2)}\end{aligned}$$

1.3.3 复数的商

$$\begin{aligned}\frac{z_1}{z_2}&=\frac{x_1+\mathrm{j}y_1}{x_2+\mathrm{j}y_2}=\frac{(x_1+\mathrm{j}y_1)(x_2-\mathrm{j}y_2)}{(x_2+\mathrm{j}y_2)(x_2-\mathrm{j}y_2)}\\&=\frac{x_1x_2+y_1y_2}{x_2^2+y_2^2}-\mathrm{j}\frac{x_1y_2-x_2y_1}{x_2^2+y_2^2}\end{aligned}$$

注：复数的除法运算，最好是对分母和分子同时乘以分母的共轭复数，进行实数化处理。

$$\frac{z_1}{z_2}=\frac{r_1}{r_2}e^{j(\theta_1-\theta_2)}$$

注：用极坐标表示的复数进行除法运算比较简单。无论采用哪种方法表示，只要使用的是计算方便的表示方法就好。

1.3.4　复数的绝对值

$$r^2=x^2+y^2=|z|^2=|\bar{z}|^2=z\bar{z}$$

1.4　主要的三角函数计算公式

三角函数的定义和主要的计算公式如下所述。

1.4.1　三角函数的定义和基本公式

$$\begin{cases}\sin\alpha=\dfrac{y}{r}\\ \cos\alpha=\dfrac{x}{r}\\ \tan\alpha=\dfrac{y}{x}\\ \cot\alpha=\dfrac{x}{y}\quad\text{（コタンジェント）}\\ \sin^2\alpha+\cos^2\alpha=1\quad 1+\tan^2\alpha=\dfrac{1}{\cos^2\alpha}\end{cases}$$

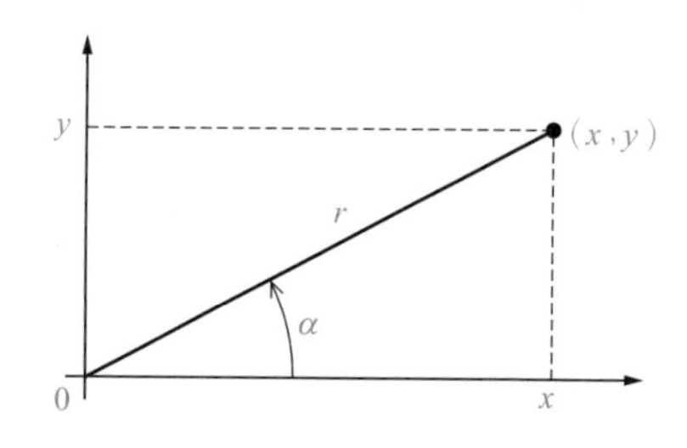

附录图2　坐标和角度的取法

1.4.2　加减法公式

$$\begin{cases}\sin(\alpha\pm\beta)=\sin\alpha\cos\beta\pm\cos\alpha\sin\beta\\ \cos(\alpha\pm\beta)=\cos\alpha\cos\beta\mp\sin\alpha\sin\beta\\ \tan(\alpha\pm\beta)=\dfrac{\tan\alpha\pm\tan\beta}{1\mp\tan\alpha\tan\beta}\end{cases}$$

1.4.3 和差化积公式

$$\begin{cases}\sin\alpha+\sin\beta=2\sin\frac{1}{2}(\alpha+\beta)\cos\frac{1}{2}(\alpha-\beta)\\ \sin\alpha-\sin\beta=2\cos\frac{1}{2}(\alpha+\beta)\sin\frac{1}{2}(\alpha-\beta)\\ \cos\alpha+\cos\beta=2\cos\frac{1}{2}(\alpha+\beta)\cos\frac{1}{2}(\alpha-\beta)\\ \cos\alpha-\cos\beta=-2\sin\frac{1}{2}(\alpha+\beta)\sin\frac{1}{2}(\alpha-\beta)\\ \tan\alpha\pm\tan\beta=\dfrac{\sin(\alpha\pm\beta)}{\cos\alpha\cos\beta}\end{cases}$$

1.4.4 积化和差公式

$$\begin{cases}\sin\alpha\sin\beta=\frac{1}{2}\cos(\alpha-\beta)-\frac{1}{2}\cos(\alpha+\beta)\\ \cos\alpha\cos\beta=\frac{1}{2}\cos(\alpha-\beta)+\frac{1}{2}\cos(\alpha+\beta)\\ \sin\alpha\cos\beta=\frac{1}{2}\sin(\alpha-\beta)+\frac{1}{2}\sin(\alpha+\beta)\\ \tan\alpha\tan\beta=\dfrac{\tan\alpha+\tan\beta}{\cot\alpha+\cot\beta}=-\dfrac{\tan\alpha-\tan\beta}{\cot\alpha-\cot\beta}\end{cases}$$

1.4.5 倍角公式和半角公式

$$\begin{cases}\sin 2\alpha=2\sin\alpha\cos\alpha\\ \cos 2\alpha=\cos^2\alpha-\sin^2\alpha=1-2\sin^2\alpha=2\cos^2\alpha-1\\ \tan 2\alpha=\dfrac{2\tan\alpha}{1-\tan^2\alpha}=\dfrac{2}{\cot\alpha-\tan\alpha}\\ \sin^2\alpha=\frac{1}{2}-\frac{1}{2}\cos 2\alpha\\ \cos^2\alpha=\frac{1}{2}+\frac{1}{2}\cos 2\alpha\end{cases}$$

1.4.6 其他的公式

$$\begin{cases}\sin\alpha=\frac{1}{2\mathrm{j}}\left(\mathrm{e}^{\mathrm{j}\alpha}-\mathrm{e}^{-\mathrm{j}\alpha}\right)\\ \cos\alpha=\frac{1}{2}\left(\mathrm{e}^{\mathrm{j}\alpha}+\mathrm{e}^{-\mathrm{j}\alpha}\right)\\ (\cos\alpha+\mathrm{j}\sin\alpha)^n=\cos n\alpha+\mathrm{j}\sin n\alpha\end{cases}$$

1.5　二次方程式的根

在系数为常数的二次方程$ax^2+bx+c=0$中，设方程根的判别式D为$D=b^2-4ac$，根据D的符号可知二次方程式的根能够分为如下几种。

① $D>0$：不相同的两个实数根

② $D=0$：相同的两个实数根（重根）

③ $D<0$：复数根

① 在$D>0$（不相同的两个实数根）的场合

设两实数根为x_1、x_2，则根的表达式如下。

$$x_1=\frac{-b+\sqrt{b^2-4ac}}{2a},\quad x_2=\frac{-b-\sqrt{b^2-4ac}}{2a}$$

② 在$D=0$（重根）的场合

设重根为$x=x_1=x_2$，则根的表达式如下。

$$x=x_1=x_2=-\frac{b}{2a}$$

③ 在$D<0$的场合

设两根为x_1、x_2，则根的表达式如下。

$$x_2=\frac{-b+\mathrm{j}\sqrt{4ac-b^2}}{2a},\quad x_2=\frac{-b-\mathrm{j}\sqrt{4ac-b^2}}{2a}$$

注：当$\sqrt{\ }$内的值为负数时，如果假设$\sqrt{-1}=\mathrm{j}$的话，也就能采用场合①的形式表示所有的解。

1.6　泰勒展开式

当$|x|<1$时，能够进行如下所示的展开计算。这种计算式称为泰勒公式。

$$(1+x)^\alpha=1+\alpha x+\frac{\alpha(\alpha-1)}{2}x^2+\frac{\alpha(\alpha-1)(\alpha-2)}{6}x^3+\cdots\quad(|x|<1)$$

另外，当x的绝对值非常小时，有下面的近似式成立。

$$(1+x)^\alpha\approx 1+\alpha x\quad(|x|\ll 1)$$

2　拉普拉斯变换和逆变换表

附录表1　拉普拉斯变换公式

	原函数	像函数
1	$\delta(t)$	1
2	1，$u(t)$	$\frac{1}{s}$
3	t	$\frac{1}{s^2}$
4	t^n	$\frac{n!}{s^{n+1}}$
5	$\mathrm{e}^{-\alpha t}$	$\frac{1}{s+\alpha}$
6	$\sin\omega t$	$\frac{\omega}{s^2+\omega^2}$
7	$\cos\omega t$	$\frac{s}{s^2+\omega^2}$
8	$\mathrm{e}^{-\alpha t}\sin\omega t$	$\frac{\omega}{(s+\alpha)^2+\omega^2}$
9	$\mathrm{e}^{-\alpha t}\cos\omega t$	$\frac{s+\alpha}{(s+\alpha)^2+\omega^2}$
10	$t^n\mathrm{e}^{-\alpha t}$	$\frac{n!}{(s+\alpha)^{n+1}}$
11	$\sinh\omega t$	$\frac{\omega}{s^2-\omega^2}$
12	$\cosh\omega t$	$\frac{s}{s^2-\omega^2}$

注：$n!$表示n的阶乘，即$n\times(n-1)\times\cdots\times2\times1$。

3 力学的基础知识

3.1 帕斯卡定律

由于液压具有响应性优异和可以获得大功率输出的优点，所以在工程领域获得了广泛应用。需要掌握的液压的重要基础知识有下述帕斯卡定律。

帕斯卡定律：

① 压力垂直作用在受力面上。

② 各点的压力将大小不变地向各个方向传递。

③ 封闭容器中的流体任一点承受外力产生压强变化，此压强增值瞬间传递到流体各点。

在附录图3所示的油压千斤顶中，给左侧缸体的活塞［设横截面积为$A(\mathrm{m}^2)$］施加作用力F(N)，使油液产生压力，这一压力与右侧的千斤顶［设横截面积为$B(\mathrm{m}^2)$］的载荷W(N)处于平衡。

在这种场合，F和W的关系可用帕斯卡定律进行如下说明。

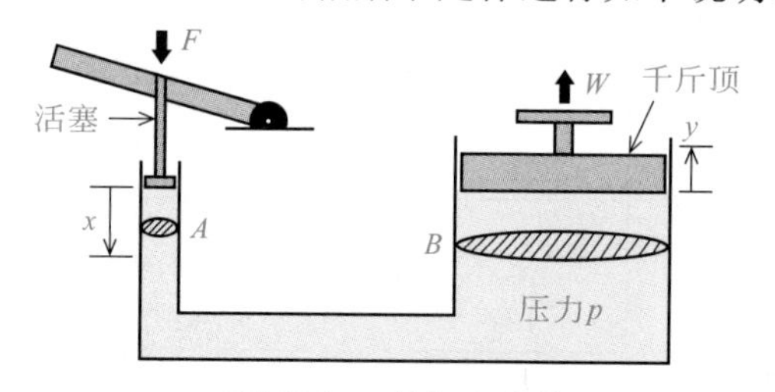

附录图3 帕斯卡定律

首先，在左侧施加的力F(N)的作用下，产生压强$p=F/A$。这个压强一瞬间以相同强度传递到油液的所有点。

当然，这个压力也传递到右侧的千斤顶，由于压力与载荷W(N)处于平衡，所以得到$W=pB$这样的关系。由此可以求出F和W的关系如下所示。

$$W=\frac{B}{A}F$$

根据上述方程式可知，如果增加两个缸体的面积比B/A的话，就能够以较小的力F获得较大的推力W。

此外，当施加在左侧的力F(N)使活塞移动x(m)时，相当于只有$Q=Ax(\mathrm{m}^2)$的油液流入右侧。在这种场合，右侧的千斤顶活塞的移动距离用下式所示。

$$y=\frac{Q}{B}=\frac{A}{B}x$$

3.2 连续性方程和伯努利定理

在如附录图4所示的管道中，只要非可压缩性的流体为定常流动（流动不随时间变化）的话，则无论管道的截面如何，流经管道内任意横截面的流量Q(m^3/s)都是恒定的。这被称为连续性方程。

（1）连续性方程

$$Q = A_1 v_1 = A_2 v_2$$

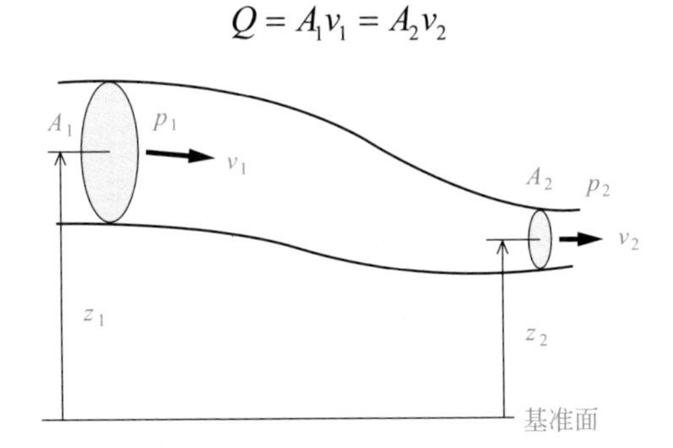

附录图4　伯努利定理

另外，作为流体能量守恒定律的伯努利定理也成立。

（2）伯努利定理

$$\frac{v_1^2}{2} + gz_1 + \frac{p_1}{\rho} = \frac{v_2^2}{2} + gz_2 + \frac{p_2}{\rho}$$

在伯努利定理中，第1项是动能，第2项是势能，第3项是压力能，每项都与能量有关。在上式中，A_1(m^2)和A_2(m^2)为横截面积，v_1(m/s)和v_2(m/s)为流速，z_1(m)和z_2(m)为距离基准面的高度，p_1(N/m^2)和p_2(N/m^2)为流体的压力，ρ(kg/m^3)为流体的密度，g(m/s^2)为重力加速度。

例如，自来水的水龙头一旦打开的话，水就大量地涌出。这种情况下的水流是非定常流动。然后，逐渐减小水龙头的开度，水流逐渐呈现透明，这种情况下的水流是定常流动。

4 电学的基础知识

在这里，介绍为理解本书的内容所需要的电学基础知识（电流和电压的关系等）。另外，由于本书中用大写字母表示拉普拉斯变换后的象函数，所以下面说明中所用的时域内的电流和电压等的原函数使用小写字母表示。

4.1 直流电阻

众所周知，欧姆定律表示的是直流电阻两端的电流和电压之间的关系。当电流 $i(t)$(A)流经附录图5所示的电阻 R 时，电阻两端的电压（电位差）$e(t)$(V)可用下式表示。

$$e(t) = RI(t)\ (\mathrm{V}) \tag{①}$$

表示上式关系的方程称为欧姆定律。

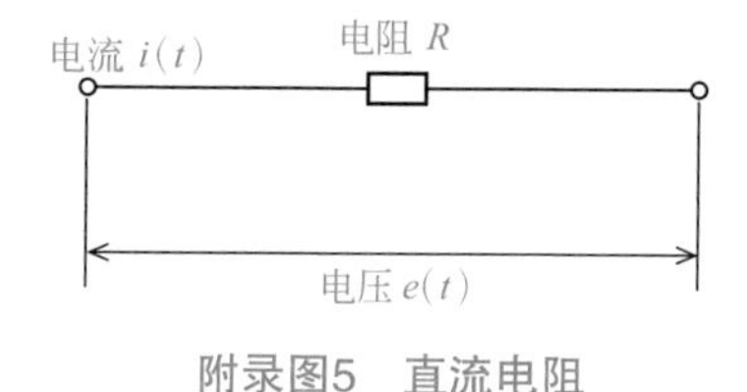

附录图5 直流电阻

4.2 电感

当附录图6所示的电感 L(H)的线圈有电流 $i(t)$(A)流通时，线圈两端的电压（电位差）$e(t)$(V)可用下式表示。

$$e(t) = L\frac{\mathrm{d}i(t)}{\mathrm{d}t}(\mathrm{V}) \tag{②}$$

由方程式可知，线圈两端的电压与流经线圈的电流的微分成正比。

在电流为恒定量的场合，可以认为线圈是单纯的导线，线圈的两端不产生电位差。

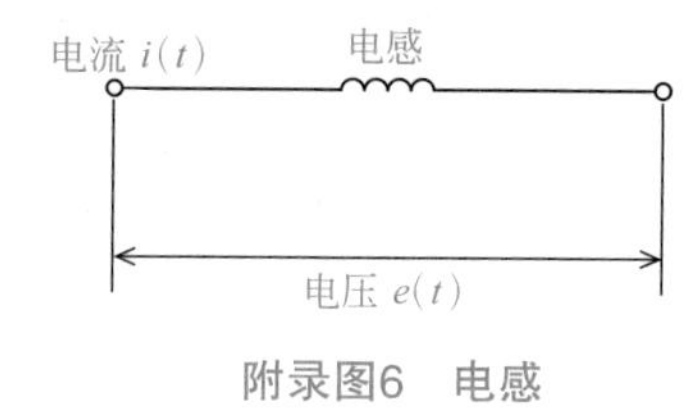

附录图6 电感

4.3 电容

当附录图7所示的静电容量 C(F)的电容有电流 $i(t)$(A)通过时，设电容存储的电荷为 $q(t)$(C)，则电容两端的电压（电位差）$e(t)$(V)可用下式表示。

$$e(t)=\frac{1}{C}\int_0^t i(t)\mathrm{d}t=\frac{1}{C}q(t)\ (\mathrm{V}) \qquad ③$$

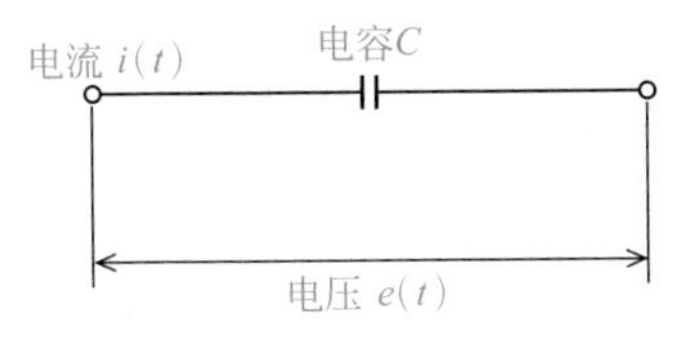

附录图7　电容

4.4　基尔霍夫定律（电学定律）

基尔霍夫定律对复杂电路的分析非常有用，它由基尔霍夫第一定律（电流定律）和基尔霍夫第二定律（电压定律）构成。

（1）基尔霍夫第一定律（电流定律）

电流定律的规则：任意一点流入的电流总和（附录图8中，i_1+i_2）等于流出的电流总和（附录图8中，i_3+i_4）。

$$i_1+i_2=i_3+i_4$$

（2）基尔霍夫第二定律（电压定律）

在回路中的任意闭合回路（附录图9中，有Ⅰ、Ⅱ或Ⅲ等），沿着闭合回路所有元件两端的电压（电动势、电压降等）的代数和等于零。例如，对于附录图9中的闭合回路Ⅰ有如下的关系。

$$e_1-R_2i_2-R_1i_1=0$$

在上式中，各项的符号要根据分析的闭合回路方向、电动势、电流的流动方向等确定。

此外，当闭合的回路中存在电容或电感时，最好使用式②或式③。

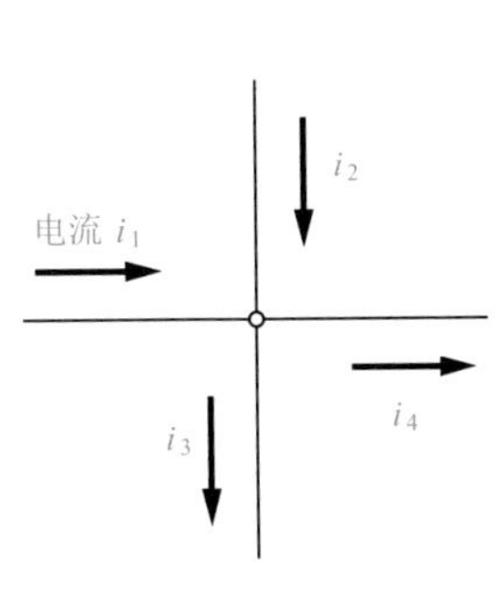

附录图8　电流定律

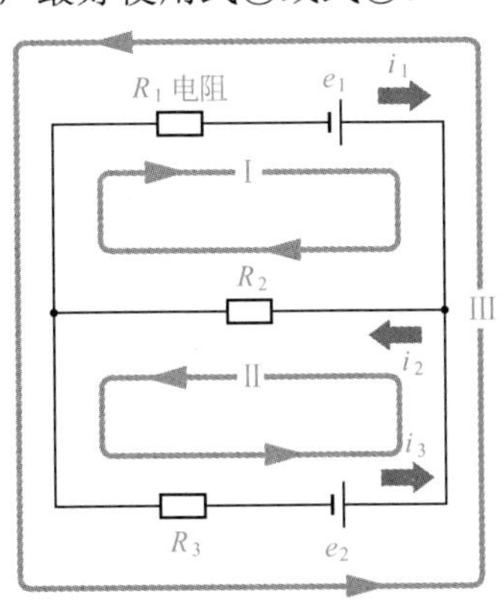

附录图9　闭合回路的分析

附录

参考文献

[1] 示村悦二郎：自動制御とは何か，コロナ社（1990）.

[2] 川田昌克，西岡勝博　共著：MATLAB/Simulink によるわかりやすい制御工学，森北出版（2001）.

[3] 金子敏夫：やさしい機械制御，日刊工業新聞社（1992）.

[4] 金子敏夫：機械制御工学，日刊工業新聞社（1988）.

[5] 山本重彦，加藤尚武：PID 制御の基礎と応用　第2版，朝倉書店（2005）.

[6] 大日方五郎　編著：制御工学—基礎からのステップアップ，朝倉書店（2003）.

[7] 小川鑛一：初めて学ぶ基礎機械システム，東京電機大学出版局（2001）.

[8] 油圧教育研究会　編：油圧教本，日刊工業新聞社（1973）.

[9] 日本機械学会：制御工学　JSME テキストシリーズ，丸善出版（2002）.

[10] 日本機械学会：機械工学のための数学　JSME テキストシリーズ，丸善出版（2013）.

[11] 日本機械学会：演習　制御工学　JSME テキストシリーズ，丸善出版（2004）.